［第2版］

生物統計学標準教科書

寺尾　哲／森川敏彦 共著

ムイスリ出版

第 2 版にあたって

前版を出版してから 5 年ほど経ちましたが、記号などわかりにくい箇所や、誤植などがあったため、このたび改訂することといたしました。

さらに 8.2 節の「多重比較」については、入門者にとって理解しにくい課題ですので、単なる手法の使用法でなく、その考え方を伝えるための内容としました。

しかし、生物統計で伝えたいことは、まだまだ沢山ありますが、紙面の制約もあり、今回はこの形で収めることにいたしました。

2023 年 8 月

寺尾哲

森川敏彦

まえがき

多くの統計の入門書が出版されています。なのにまた入門書かと思われるでしょう。私が入手した多くの入門書を読んで感じたことは、一番わかりにくい個所の説明が丁寧に説明されていないで形式的に書かれている本が多かったことです。ですから、私が教科書として使いたいと思うものがほとんどありませんでした。学生がはじめて勉強してわかりにくい個所を丁寧に解説した教科書の必要性を感じたことが、本書を書くことにした動機です。

この本はＪ大学薬学部の学生講義用に書いたものです。レベルは、高校１年生でも読めばわかるように、平易に統計概念を説明することを目的にしました。範囲としては、薬学コアカリキュラムをカバーしております。ですから領域は、生物統計学です。

推測統計の考え方を説明することを主にしました。いわゆる推定と検定です。いろいろな個所で使う公式の証明・導出は本書の目的とせず、推測統計の考え方を説明することを主にしました。必要と思われる証明・導出は、本文では取り扱わず補足として必要最小限にとどめ、大部分は他の参考書を紹介しておきました。

現実問題を考えましょう。ほとんどの薬学生は遺伝子、疾患バイオマーカー、リセプター、有機合成や生薬等に関心があるから薬学に進んだと思います。その中には、生物統計はまず入っていないでしょう。しかし、薬学では現在単変量の生物統計学が必修科目になっています。ですから、ほとんどの学生は興味を持たず、やらされの科目として嫌々勉強しているのが実情だと思います。統計は、必要性を感じて一人で勉強しても難しい学問です。いわんや、やらされて嫌々やっても結果ははっきりしています。私がここ数年教えてきた経験でも、そのとおりです。大学の薬学で統計を教える一番の困難は、このような学生達に自分でやる気を持って勉強してもらうにはどうすればいいかですが、いまだにその解決策は持っていません。ただいえることは、将来仕事をするとき、必ず統計に出くわすことです。そのとき、もう少し勉強しておけばよかったと思う人は多いはずです。ここでいえることは、そのときを思って辛抱して勉強することしかないのではないかと思っています。

次に、通り一辺倒の統計の必要性を述べてみます。

生命科学で扱うデータの特徴は、データは必ずばらつく、バラツキを制御することが困難であることです。ですから、バラツキを認めたうえでそれを科学的に分析する方法論を身につける必要があります。その考え方・技術が統計です。統計の知識が必要なのです。もっと低次元ないい方をしますと、

1. 新薬開発では、適切な統計解析が行われていないと、承認されない
2. 論文では、適切な統計解析が行われていないと、アクセプトされない

だから統計は必須の知識・技術です。

もし、統計の知識を持っているなら、どういうことが可能になるかというと、

(1) 既にある統計資料の理解ができる
   1. 論文
   2. 医薬品のパンフレット
   3. 医薬品の添付文書
   4. 新聞・ニュースなどの報道記事
(2) 自分が行う実験や調査に応用できる
   1. 実験計画のデザインが企画できる
   2. 自分で行った実験データの統計解析ができる
   3. 臨床試験に応用できる統計知識が得られる

ということがあげられます。

勉強方法ですが、統計的方法の理論的な部分を詳細に理解しようとするならば、数学的訓練と素養が必要です。しかし、研究や仕事の道具として利用するのであれば、高校1年生程度の数学知識で十分です。統計的方法を習得するには、先生の講義を聞いただけでは理解したことにはならなくて、理解を深めるには、演習をやることをお勧めします。さらに自分でじっくり時間をかけて勉強することが必要です。

本文を最後まで読破して、統計的推測の考え方を理解し、基本的な事項に対して応用もできるようになられることを期待しています。

本書の作成にあたり、共著者の森川教授は業務多忙にもかかわらず、共著の依頼を快くお引き受けいただき、大変感謝しております。先生には、本書の一部を担当していただいたり、私の原稿の不備を指摘していただいたり、私にとって得難い指導者であり、この場をもってお礼申し上げます。

2018 年 8 月

寺尾 哲

目　次

第1章　はじめに

生命科学で扱うデータの特徴は、データは必ずばらつく、しかもバラツキを制御することが困難であることである。それゆえ、個々のデータから法則・傾向は出しにくく、集団のデータでの考察が必要となる。バラツキを認めたうえで､それを科学的に分析する方法論が必要になる､それが統計学である。

初めに統計学の歴史を展望してみる。

バラツキ、言い換えれば不確実性は、生物学から人間行動に至るまで、本質的に備わっているものであり、決定論的法則よりは確率論的法則に基づいているとみる方が自然である。

では、如何に不確実性のもとで認識していけばいいのか。それには先ず、不確実性を数値化することである。長い間、すべての自然現象はあいまいなものでなく、前もって決定された法則をもっていると信じられ、古典的科学はそのような法則を探し求めてきた。世の中のすべての現象は因果律に従い、あらゆる認識がこれらの法則から推論できると信じられてきた。しかし、19世紀の中ごろから、因果律に代わるべき、偶然性の仕組みに基づいた研究がされ始めた。また、物理学の基本法則は決定論的なものであると信じられていたが、ボルツマンらにより提案された分子運動論の考えは、原子・分子のミクロな振る舞いが、確率論の言葉で表されるようになり、自然科学に大きな変化が生じた。

紀元前の古代中国の書物に、当時の国勢調査の項目が記載されているように、国を治めるのに統計はとても重要だと考えられており、18世紀までは統計学は主に国を治める統治や政治に使われていた。統計学（statistics）の語源は、ラテン語で国家 status から来ている。それが国家によるデータの収集・

利用を意味する語として使われてきた。また、生データはかさばった雑然としたものであり不都合であった。そのためいろいろな方策決定に用いるためには、解釈しやすく適当に要約することにより問題の状況を把握し、指針を決定するのに利用された。これが今日でいうところの記述統計学である。統計学は、一見雑然としたデータから意味ある情報を抽出する方法として、新しい価値をもち始めた。

バラツキを伴う現象は、原因と結果との対応がないことに難しさがある。しかし、不確実性を数量化することにより、客観的な方法で答えることができるようになった。エンゲルの法則などが典型である。不確実性の法則とは、それらが生じる確率を与えればよく、つまり各事象の結果とその起こる確率がわかれば、不確実性のもとでの推測の問題とすることができる。統計は、答えを引き出すためにデータを引っ掻き回すものではなく、不確実性を数量化し表現する方法である。その意味でも、統計学とは昔からある数学、物理、化学、生物学のように独立した学問というよりは、第4の科学、メタ科学・理性の科学ともいえるものである。

特に、生物・医学領域のデータは上で述べた不確実でバラつくデータの典型であり、この領域で客観的判断を下すには、統計学が必須の方法であるとされている。少し抽象的な説明であったが、以下、統計が使われた事例のいくつかを通して、統計とはどのような学問かを見ていただきたい。

【例 1】文章化された最初の比較臨床試験[1)]

Ambroise Pare（1510-1590,アンブロワーズ・パレ）は、ルネッサンス時代のフランスの名医であり、近代外科学の創始者といわれている。また、整骨術に関する著書はオランダ語訳を経て華岡青洲の手に渡り日本の外科医療にも大きな影響を与えたそうである。

パレは身分の低い床屋医者出身で、直接創傷に触れ治療をする外科医であった。当時医者は内科医を指し、床屋医者は一段劣ると考えられていた。1537年、パレは軍医として従軍したフランス軍のトリノ遠征で、兵士の治療にあたった。当時銃創の治療には煮えたぎった油を傷口に注ぐという治療法（焼

---

1) 床屋医者パレ、福武文庫、1991

灼止血法）が一般的であった。

戦場で初めての銃創の治療を通して2通りの処置法の比較を行っている。

- 当時の教科書の治療法である油による傷の焼灼（しょうしゃく）による処置
- 油がなくなったので卵黄・バラの油・マツヤニで作った塗り薬による処置

処置後、兵士の様子が心配で翌朝早く見に行ったところ、危惧したよりは塗り薬で治療した兵士はあまり痛みを感じていないようだった。それに比べ焼灼法を用いた兵士は発熱、痛みを伴い傷は腫脹していた。 それからは、銃創の治療には焼灼法のような患者を苦しめるような治療法はしないと決意した。

これは文章化された最初の比較臨床試験といわれている。

パレは医学史家から「優しい外科医」という評価を得ている。その理由として焼灼止血法のような侵襲性の高い治療法から血管結紮法のような侵襲性の低い治療法に切り替えたこと、患者1人1人に対して愛護的な態度で接したことにある。

【例2】文献解析学 シェイクスピア[2)]

文学において、統計学が作家の作風の数量化に用いられ、誰が著者であるかわからない作品の著者推定の問題を解決するのに役立っている。その一例を紹介する。

イギリスの古典作家として、シェイクスピアを知らない人はいないであろう。しかし、シェイクスピアについては余りにわからないことが多く、シェイクスピアは実は架空の人物であり、同時代の哲学者で政治家であったフランシス・ベーコンが本名を隠して、圧政抗議のために一連の風刺劇を書いたと主張する人々がいる。こうした議論が生まれるにはそれなりの事情があり、シェイクスピアが書いたとされる6つの署名を除いては、自筆だと証明された

---

2) 1000万人のコンピューター科学　文学編　文章を科学する、岩波書店、1995

ものは何ひとつない。シェイクスピアはいまから400年ほども前の人物ではあり、ハムレット、ベニスの商人など世界的に有名な古典を残したという著者にしては、 自筆の原稿も手紙も残っていないという。6つの署名にしても、すべて異なっている。作品集が出版されたのは、死後7年を経た1623年であることも不思議議である。この多くの謎解きに対して、多くの人が挑戦している。シェイクスピアと同時代に活躍した人物で、教養に富み、本名で作品を発表できない事情にあったことが候補にあがる条件であるが、これまでに50人を上回る人々が「真のシェイクスピア」であろうとして候補に上がっている。

メンデンホールは、シェイクスピアとベーコンの著作からそれぞれ40万語と20万語という膨大な数の単語を調べ、図に示すような結果を得た。これから、シェイクスピアは4文字単語を最も多く使い、ベーコンは3文字単語を最も多く使っていることを見つけた。このような違いから、シェイクスピアとベーコンは別人であると結論づけた。

このような、文章を統計的に分析することにより、シェイクスピア特有の文体を把握し、候補者の文体や、作者不明のものと比較することにより、誰がシェイクスピアなのか、シェイクスピアがかいたものなのかを見つけようとする分野が、文献解析学とか計量文献学などとよばれ研究されている。

文の長さという最も単純な指標が、文体定義に意外と役立ちそうなことがわかってきた。実際、文の長さに関する研究が、これまでに数多くなされてきている。

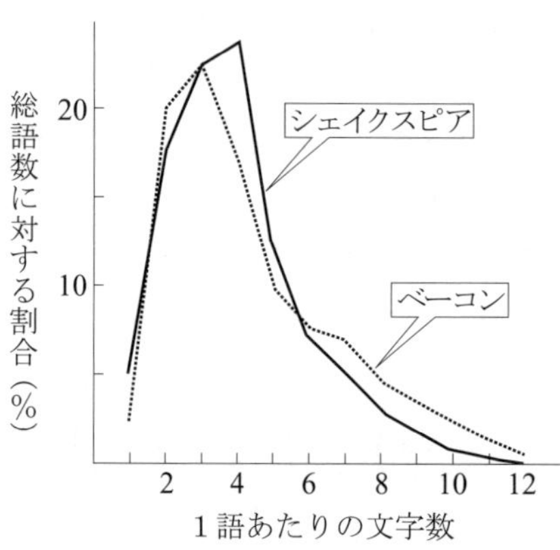

シャーマン（L.A.Sherman）は、英文学において文（ピリオドからピリオドまで）の長さが、時代が下がるにつれて、しだいに短くなってきており、また文の長さが作家ごとに安定していることを発見した。このシャーマンの成果を引き継いで、イギリスの統計学者、ユール（G. Yule, 1871-1951）も、同一作家の作品では文の長さがほぼ等しい値をもつこ

とを見つけた。

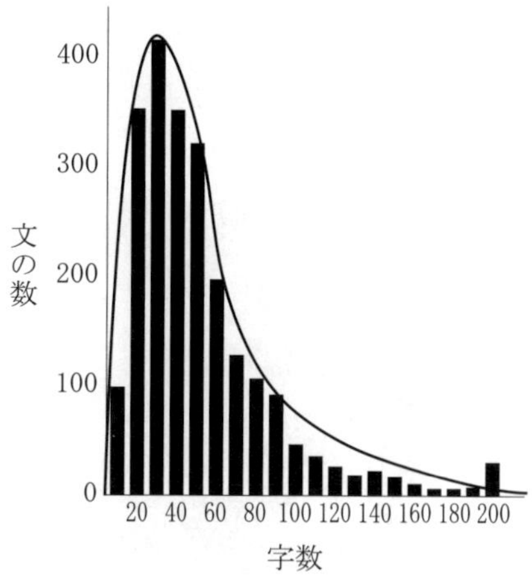

一般的にいって、文の長さの分布は図に示したように、きわめて左に偏った分布となる。この分布の違いを使う方が、単なる平均長を使うよりも、より詳細な比較ができる。実際ユールはそうした分析を行った。

文の長さや標準偏差といった特性値は、作者を特定するのに有用である。作者不詳という状況はそんなにあるものではないが、古典で作者がはっきりしないものや、盗作の疑いのもたれている作品に対する真偽の判定、脅迫文のような犯罪がらみの文章の作成者判定などで利用されている。

【例 3】ナイチンゲールと統計[3)]

近代看護教育の生みの親ともよばれるイギリスの看護師ナイチンゲール（Florence Nightingale）（1820-1910）は、統計と深い関わりがあることは日本ではあまり知られていない。

彼女は、裕福な家庭に生まれ、高いレベルの教育を受けた。また、若い頃から統計学者ベルギー人ケトレー（1796-1874）を信奉し、数学や統計に強い興味をもち、優秀な家庭教師について勉強したといわれている。ナイチンゲールは、イギリス政府によって看護師団のリーダーとしてクリミア戦争（ロシアとトルコの間の戦争で、イギリスはフランスとともにトルコに味方してロシアと戦った）に派遣されると野戦病院で看護活動に励み、敵見方分け隔てなく傷病兵の看護をしたことはよく知られている。しかし、病院内の衛生状況を改善することで傷病兵の死亡率を劇的に引き下げたことは、余り知られていない。その際、彼女は統計に関する知識を存分に使って戦死者・傷病

---

3) 統計学者としてのナイチンゲール、医学書院、1991
ナイチンゲールは統計学者だった、日科技連、2008
ナイチンゲールの統計グラフ、小林印刷、1991

者に関する膨大なデータを分析し、彼らの多くが戦闘で受けた傷そのものではなく、傷を負った後の治療や病院の衛生状態が十分でないことが原因で死亡したことを明らかにした。

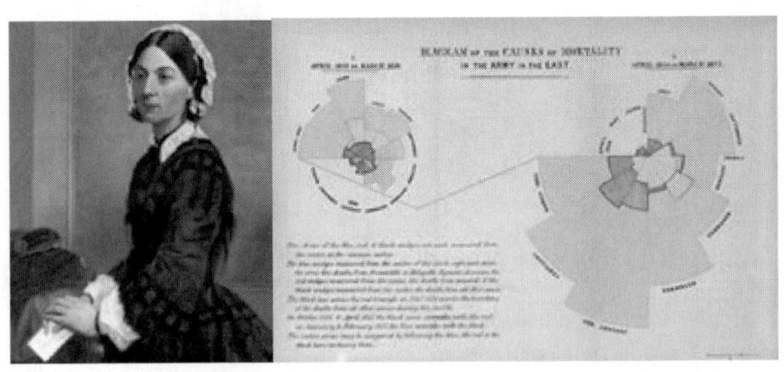

上の図は、クリミア戦争における死因分析を表したナイチンゲールのグラフである。彼女がとりまとめた報告は、統計になじみのうすい国会議員や役人にもわかりやすいように、当時としては珍しかったグラフを用いて、視覚に訴えるプレゼンテーションを工夫している。1860年には、ケトレーが立ち上げた国際統計会議のロンドン大会に出席し、統計のとり方がバラバラであっては、有効な比較分析に支障を来し、医療技術の向上にもつながらないと考え、統一的な病院統計のためのモデル形式を提案した。提案は会議の分科会で討議され、各国政府に送付する決議が採択された。国をまたいで統計調査の形式や集計方法を標準化することは、今日でも簡単なことではないが、ナイチンゲールには現場の経験と統計の知識に裏づけられた揺るぎない信念があったためにできたことである。

このような活躍が認められ、ナイチンゲールは 1859 年に女性として初めて王立統計協会（the Royal Statistical Society）の女性会員に選ばれ、その 16 年後には米国統計学会の名誉会員にもなっている。ナイチンゲールは、白衣の天使としてだけでなく、イギリスでは統計学の先駆者としても名を残している。

【例 4】ストレプトマイシンの臨床試験[4)]

1948年、Austin Bradford Hillは肺結核に苦しんでいる患者へのストレプトマイシン（streptomycin）投与の臨床試験結果をBritish Medical Journal（BMJ）へ公表した。彼の出版は臨床試験のシステマティックな方法を例示したものである。そしてその臨床試験は、医学的治療法を改善し、患者を無効な治療から守る貢献をした。Hillの論文は、今日でいうところの無作為化臨床試験（Randomized controlled trial:RCT）の初めての論文として、非常に価値あるものである。

1947 年から 1948 年にかけて、肺結核患者に対する、ストレプトマイシン投与と安静療法 （bed-rest） の比較試験が行われた。上記論文は、このときの試験報告である。この論文に記載されているのは、現代流の臨床試験、無作為化臨床試験（RCT）の基盤を作った研究報告で、本格的な RCT としては世界最初のものであった。

この臨床試験で、無作為化（randomization）が始めて本格的に使われた。この試験では、107 人の患者の内、55 人をストレプトマイシンが投与される T グループ、52 人を安静療法のみの C グループにランダムに振り分けた。半年間の治療の後、従来の治療法を受けた患者のグループの死亡率が 27%（14 人）に対して、ストレプトマイシンを投与された患者グループのそれは 7%（4 人）に止まった。またストレプトマイシンのグループでは 51%（28 例）の改善が報告されたが、安静療法のみのグループの改善例は 8%（4 例）に止まった。 結果は、統計学的仮説検定法が使われ、有効性が客観的に証明された。

ストレプトマイシンの臨床試験は 1948 年にイギリスの代表的な医学雑誌 British Medical Journal に掲載されたが、その雑誌は同号で、その研究が新治療法の効果を調べる今後の臨床試験の模範となるべきものであると称えた。またこの臨床試験は、当時のニュースでも病気に対する科学の勝利として広く報道された。

---

4) Medical Research Council. Streptomycin treatment of pulmonary tuberculosis, BMJ 1948; 2, 769-782.
BMJ leading article, Streptomycin in Pulmonary Tuberculosis and The Controlled Therapeutic Trial, BMJ, 1948, 30, 790-792.

これ以降 RCT は、主にイギリス、アメリカ両国を中心として急速に普及し、現在では、治療法の効果判定で最善の方法として学会で認知されている。

【例 5】統計学における塩[5)]

インドが 1947 年に独立を達成した直後に、デリーにおいていくつかの部族による暴動が生じた。少数の部族の人は特別地域に隔離された。残りの人達は別の地区に避難した。政府はこれらの避難民に食糧を与えるため、その仕事を請負業者に委託した。

避難民の数がわからないため政府は、避難民に与える日用品の代金を請負業者のいうままに支払うことを余儀なくされ、このため政府の支出はきわめて膨大になった。そこで政府は統計学者に隔離地域のなかにいる避難民の数の調査を依頼した。依頼された統計の専門家は、避難民の部族とは異なる別の部族であったため、調査のためその地域に入るのは危険であったため入れなかった。統計の専門家は、避難民の数に関する先見的情報や、その地域内で人間がどの程度の密度で居住しているかについて直接知る機会を一切もつことなく、さらに推定や国勢調査における既知の標本調査の技法をまったく用いずに、与えられた地域内の人間の数を推定しなければならなかった。彼らは請負業者が政府に提出した請求書を入手した。その請求書には避難民を養うために購入した米、豆類、塩といった日用品の量が記載されてあった。

ここで、全避難民に与えるために 1 日に必要とされる米、豆類、塩分の量を R, P, S とし、消費調査の結果から 1 人あたり 1 日に必要とされるこれらの日用品の量はそれぞれ、r, p, s とすると、R/r, P/p, S/s は同一集団の人数に関する推定値であって、$R/r \simeq P/p \simeq S/s$ となることが期待される。

請負業者によって値段をつけられた R, P, S の値を用いて、これらの比の値が計算された。その結果、塩の S/s は最も小さい値を示し、米の R/r が最も大きな値を示した。この結果、塩に比べて高価な日常品である米の量はおそらく過大に請求されていたといえよう（塩の価格はインドにおいては非常に低く、塩の量を過大に評価しても得にならなかったのであろう)。推定値（S/s）が統計学者によって地域にいる避難民の真の数に近いとして報告された。同

5) C. R. Rao：統計学とは何か、ちくま学芸文庫、2010

時に、この方法によって別地区の避難民数（人数はかなり少ない）を独立に推定したところ、よい近似値が得られ、この方法の妥当性が検証された。

統計学者によって与えられたこの推定値は、政府が行政的決定を行うにあたり、大変役に立ったということで、以降、統計学者は政府から厚い信頼を受けることになった。

ここで用いられた方法はいかなる教科書にも記述されていないもので、いわば慣習にとらわれない巧妙に工夫された方法であった。

【例 6】メダカに音楽を[6)]

メダカに音楽を聞かせた実験の話である。メダカが音楽がわかるかどうか知っている人はほとんどいないが、それを実験した人がいる。

メダカをランダムに 2 匹を選び、これを A, B と名づけた。

音楽は次の 11 曲を選んだ。

① 謡　黒田節

② オペラ　「魔笛」より夜の女王のアリア

③ ロック　Sowing The Seeds of Love/Tears for Fears

④ 室内楽　ベートーヴェン弦楽四重奏曲第 9 番

⋮

⑨ JAZZ　Doozy　(Second Version)

⑩ α 波　シンセサイザーを使った α 波を含む音楽

⑪ 筋少　キノコパワー

水槽に向けてこれらの音楽を順々に鳴らし、メダカの静止時間を測った。それから、各メダカごとその時間を順位変換し、プロットしたものが右の図である。

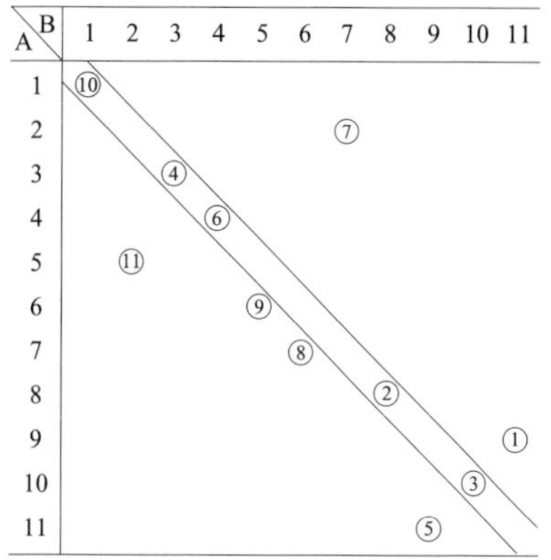

同じ反応を示すと結果は対角線

6) 森口：おはなし統計入門、日本規格協会、1997

上に並ぶ。いわゆる相関があるとそのようになる。2 匹のメダカは、特別の天才メダカではなくごく普通のメダカである。この図を見れば似た反応を示していることが一目瞭然であり、音楽を聴いていることがわかる。

このような実験にも、統計を応用することにより、面白いことを見つけることができる。

【例 7】リスクの予測[7)]

今日ではリスクの予測や、生活習慣と寿命に関する報道、記事、本、研究は山のように数多くある。なかでも 1979 年、コーエンらによって紹介された方法は有名である。彼は、損失寿命（Loss of Life Expectancy: LLE）という尺度を使い、いろいろな日常のリスクに対し損失寿命を推定した。損失寿命とは、ある人の寿命が、ある特定のリスクに遭遇することによって短くなる寿命のことである。つまり、こんなことすると寿命が何年縮むよ、ということを統計的に数値で推定した。コーエンらは、下記のいろいろな局面のリスクについて推定している。

1. 人生の選択肢（結婚、飲酒など生活習慣）
2. 種々の職業
3. 健康状態（病気）
4. 偶発的状況（事故）
5. 破滅的事象（天災）

その中の一部を紹介すると、

未婚（男性）約 8.2 年短縮
喫煙　約 7 年短縮

これらの結果は、議論すると興味がつきないが、現在統計はこのような分野で非常によく使われている。

---

7) Cohen, B.L. and Lee, I.S. 1979, A Catalog of Risks., *Health Physics*, **36**, 707.
Cohen, B.L., 1991, Catalog of Risks Extended and Updated., *Health Physics*, **61**, 317.

第2章　数字による要約尺度

試験・実験あるいは観察は、多様なデータを生み出す。2、3 のものから、何千、何万もの観察値までさまざまである。それら測定値・観察値の集まりを、ここでは**データセット**とよぶ。そして、データにはデータのタイプというものがある。このデータのタイプごとに、統計的取り扱いが変わってくる（本章補足説明 1 参照）。

第 1 章で述べたように、生データはかさばった雑然としたものであり、いろいろな方策決定に用いるためには、解釈しやすいように適切に要約しなければ使い難い。複雑な状況を整理し、指針を決定するのに要約は必須である。データセットの概観を得るには、表・グラフ、数字による要約尺度が用いられる。これらデータセットの概観を得る方法を総称して、**記述統計学**（Discriptive statistics）とよんでいる。

この章では、データのタイプ、データセットを概観するのに使われる図、数字による要約尺度を説明する。

2.1　データのタイプ

生物統計学の研究では、さまざまなタイプのデータに直面する。たとえば、性別、体重、成績（5 段階評価）、検査値の HbA1c、… などである。

これらデータは、以下の 5 つの種類に分類できる。

① 名目データ（nominal data）
② 順序データ（ordinal data）
③ 順位データ（ranked data）
④ 離散データ（計数値）（discrete (counted) data）
⑤ 連続データ（計量値）（continuous (metric) data）

2.1.1　名目データ

【例】性別

ある試験で、男性には値 1 、女性には値 0 が割りあてられたとする。この0,1という数字の順番や大きさには意味がなく、単に分類に使われるので、**名目データ**とよばれる。数字を使うことの利点は、コンピューターによる処理に便利であるためである。医学では、特に有りなしの二値のデータが比較的多く扱われる。

【例】副作用の有無

効果の有無

これらを特別に**二値データ**または**二項データ**とよぶ（binary data）。二値以上の分類があることもある。

【例】血液型

O型では1、A型では2、B型では3、AB型では4としたとき、これらの数字の順序には意味はなく、単なる分類上の名前の意味しかない。それゆえ、これらの数字を計算してもまったく意味がない。

たとえば、仮に血液型の平均は1.8などは意味をなさない。

2.1.2　順序データ

【例】学校の5段階評価

カテゴリー間の順序に意味があるもので、たとえば学校の成績評価などである。

区分化されたデータ間の順序が重要な場合、その区分化されたデータを**順序データ**とよぶ（区分化されたデータのことをカテゴリーデータともよんでいる）。

【例】怪我の重症度

致死的4、重症 3、中等症 2、軽症 1により分類できる。

この分類では、区分間で順序があり、大きな数字のほうがより重症であることを意味する。分類に用いる数字は、致死的 1、軽症 4 と逆にしても問題はない。これは、数字の絶対的大きさは意味をもたない。それゆえ、算術計算には使えない。

2.1.3　順位データ

【例】 学校での成績の席次

観察されたデータを、その値の大きさに従って小さな値をもつものから順に並べ、その観察値にその大きさの順位を割りあてるタイプのデータである（逆でもいい）。当然、データ間の間隔情報はもたない。

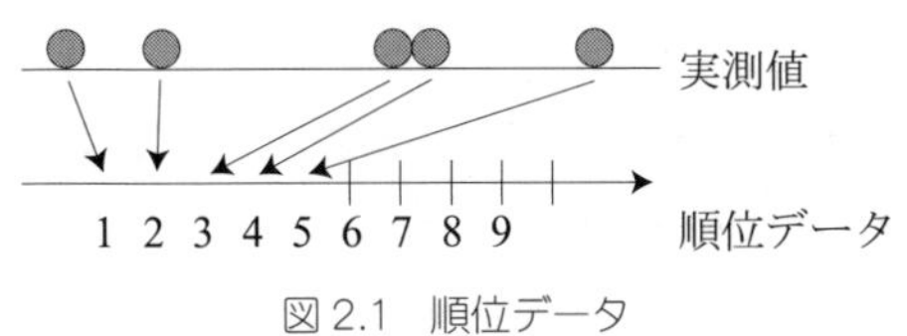

図 2.1　順位データ

2.1.4　離散データ（計数値）

【例】

・ある時点の自動車事故の件数

・女性が子供を産んだ回数

いわゆる指で何個と数えられる整数データ。

＜特徴＞

・順序と大きさの両方の意味をもつ。

・数字は単なるラベルでなく、実際の測定可能な量を現す。

・通常整数または可算数のみをとることができ、中間的な値はとれない。

データは整数値しかとりえないが、値間の間隔には意味があるため、算術ルールが適用できる。

【例】 出産 1 回と 2 回の差は、4 回と 5 回の差と同じである。

2.1.5　連続データ（計量値）

測定可能な量を表し、整数のような特定の値だけに限定されない実数データを、**連続データ**または**計量値**という。

【例】 体重、時間、血清コレステロール値

・最も情報量の多いデータのタイプ

・算術計算が可能

連続データほど詳しいデータが必要でない場合、離散データ、順序データ、二値データに変換することもある。

データタイプにより解析に用いられる方法が異なるので、データタイプは明確に区別することが必要である。

2.2　グラフ

グラフは表よりも理解しやすいが、詳細さについては劣る。

ここでは、近年探索的データ解析の代表的表示方法としてよく使われ出している箱ひげ図と幹葉図について説明する。

2.2.1　箱ひげ図

箱ひげ図（box and whisker plot）とは、図 2.2 のことをいう。

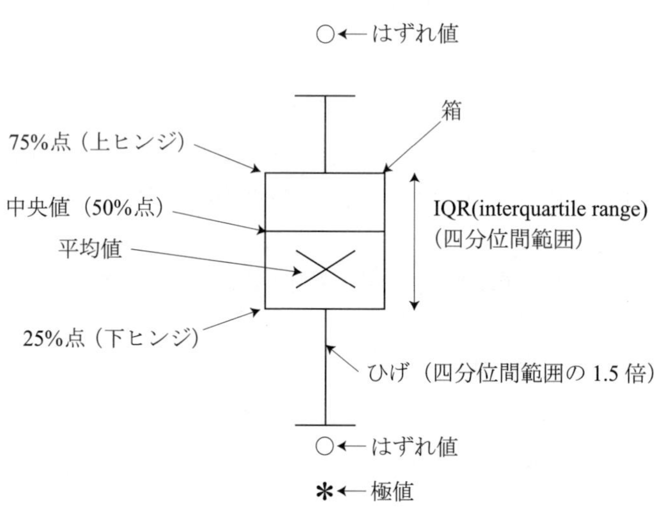

図 2.2　箱ひげ図

(1) 図の読み方

箱はデータ全体の 50%を占めている。

中央値と平均値を比べたり、箱全体の中央値から見て対称性を見ることにより、分布がピークに対して対称かどうかを知ることができる。

また、はずれ値の存在を知ることができる。

(2) 箱ひげ図の作り方

[手順]

① データを小から大の順に並べる。

② 最小値を 0%、最大値を 100%とし、データの%点（パーセンタイル）を求める。

③ 箱の表示。

パーセント点の四分位点（しぶんいてん、4 等分したパーセント点）を求める => 25%, 50%, 75%点

上ヒンジ : 第 3 四分位（75 percentile）の値

下ヒンジ : 第 1 四分位（25 percentile）の値

上下ヒンジ間を箱として描く。なお、ヒンジとは、箱の縁を指す。

④ 箱の中の該当する位置に、中央値を横線、平均値×を表示する。

⑤ ひげの表示。

⑥ 箱の上端または下端から箱の長さの 1.5 倍以内で最も遠いデータ値までひげをのばす。

⑦ はずれ値の表示（いろいろ流儀あり）。

⑧ 箱の長さの 1.5 倍以上 3 倍以下の範囲内のデータは、○で表示。

⑨ 箱の長さの 3 倍より大きい値を示す個体は「極値」として＊で表示。

クイーンズランドの月別降水量の図のひと月を抜き出し描くと、図 2.3 のようになる。

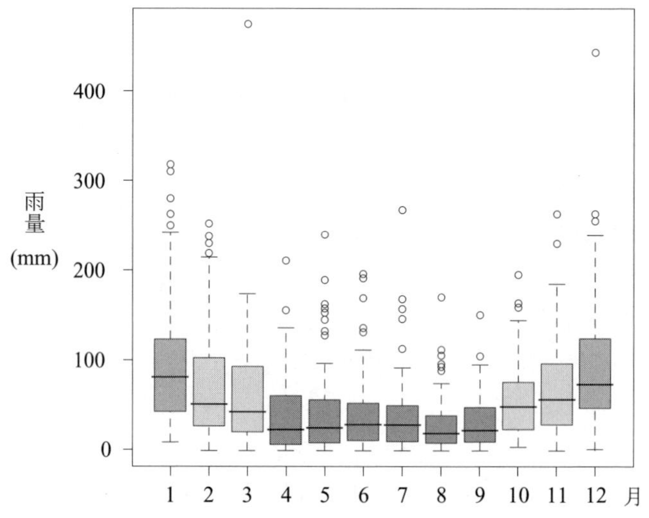

図 2.3　クイーンズランドの月別降水量

(データ提供：クイーンズランド州政府)

また、図 2.4 のグラフは、経時的な為替の変動を示したものである。

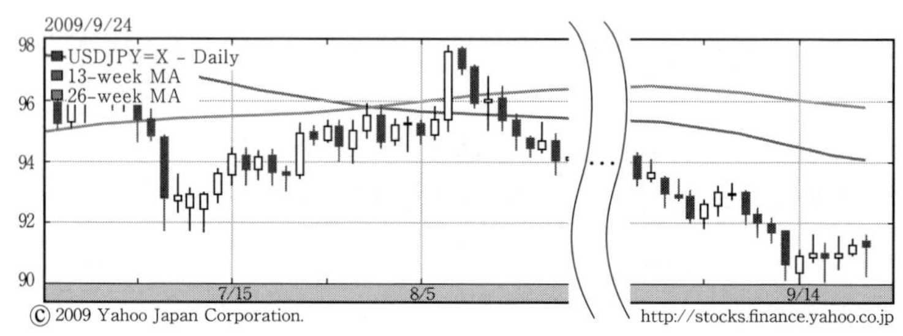

図 2.4　ドル：円 為替の変動

このグラフは、ローソク足といわれており、箱ひげ図より単純な方法で書かれているが、個々の日内変動の様子がわかりやすい図である。

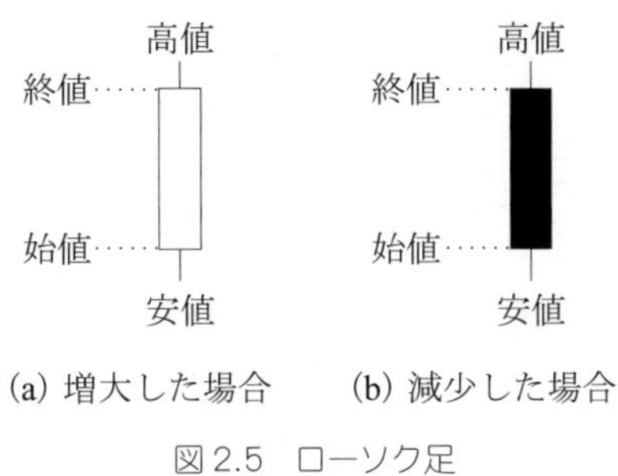

図 2.5　ローソク足

2.2.2　幹葉図

幹葉図（stem and leaf plot）とは、図 2.6 のことをいう。

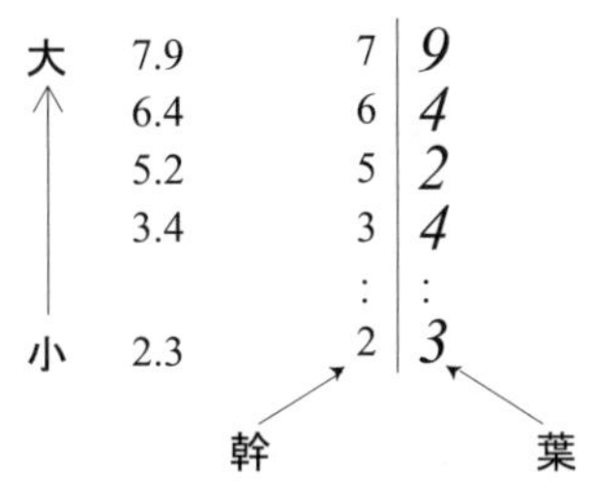

図 2.6　幹葉図

(1) 幹葉図の作り方

［手順］

図 2.6 において、2.3 から 7.9 までの数値があるとする。

① データを小さいものから、大きいものへと並べる。

② 1 の桁は、2 から 7 まであるので、左側の列「幹」に、小さいものから大きいものへと順に書く。

③ 次に、0.1 の桁をその数の右の列「葉」のところに並べて描く（ダブっている場合は、ダブっているだけ書く）。

④ 以下、その操作を最後まで続ける。

でき上がったものは、全体の分布の形状が見てわかり、個々の測定値もわかる（図 2.7、図 2.8）。

データ

79				
61	64			
52	52	53		
42	45	45	47	49
32	34	34		
20	23	28		
13	14			

➡

S&L図

```
7 | 9
6 | 14
5 | 223
4 | 25579
3 | 244
2 | 038
1 | 34
```

図 2.7

変数：RBC

```
幹 葉                   ＃箱ひげ図
58  5                   1     *
57
56
55
54  9                   1     0
53
52
51
50  001                 3     |
49  8                   1     |
48                            |
47  058                 3     |
46  008                 3     |
45  4456                4  +-----+
44  04467               5  |  +  |
43  112334558           9  *-----*
42  02357               5  |     |
41  0023467             7  +-----+
40  269                 3     |
39  223                 3     |
38  4                   1     |
37  0                   1     |
    ----+----+----+----+
    幹，葉の単位：10**+1
```

図 2.8

2.3　数字による要約尺度

この章では、データ集合（データの雲）の様相を、数値で表す方法を考える。データ集合をデータセットとよぶ。欲しい情報は、雲（分布）の中心の位置と、雲の広がりである。

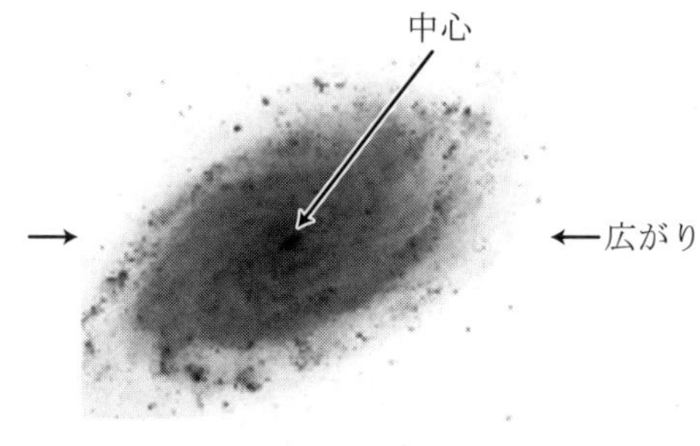

図 2.9

すでに、データセットを視覚的に要約・表示する方法として、表やグラフを知っている。これらの方法は非常に有用であるが、データセットの様子を簡潔で定量的に特徴づけるには使いづらい。これを行うためには、数値による要約尺度（numerical summary measures）が必要である。

2.3.1 分布の中心

データセットについて最大の関心事項は、その中心、言い換えると観察値が最も集まる点である。汎用される尺度として、平均値、中央値、最頻値がある。

(1) 平均値（mean）

平均値は、次式で定義される。

$$\bar{x} = \frac{x_1 + x_2 + \cdots + x_n}{n} = \frac{\sum_{i=1}^{n} x_i}{n}$$

<記号の説明>

各データを x_i、データ数を n とする。1 番目のデータは x_1、2 番目は x_2、i 番目のデータは x_i と書く。統計では、平均は $\bar{x}$ と書き、x バーと読む。

多くのデータを扱うため個々のデータを書くのは煩雑なため、i 番目のデータを x_i と書き、それらのデータを加えるときに、Σ（シグマ）という記号を使い、データの範囲を、Σの下に最初のデータ番号を、最後の番号をΣの上に書いて合計を表す。

(2) 中央値（median、**メディアン**）

データを大きさの順に並べて、真中に位置するデータ値を**中央値**とよぶ。

データが奇数個ならば、中央に位置するデータの値であり、データが偶数個ならば、中央に位置する 2 つのデータの平均値がそれになる。

たとえば、表 2.1 では、中央値は、5 番目と 6 番目の中間である。

すなわち、160 と 161 の中間

$$(160+161)/2 = 160.5$$

が中央値となる。

中央値の特徴として、次のことがあげられる。

- 各測定値にそれほど左右されない分布の中心の尺度である。
- 順序データについても、離散または連続データについても用いることができる。
- 測定値の中の50パーセント点である。
- 観察値のリストが小さいものから大きいものへと順番に並べられている場合、値のうち半数は中央値以上であり、残りの半数は中央値以下である。

【例】 13人の被験者のある測定値を順番に並べる。

2.12, 2.25, 2.30, 2.50, 2.68, 2.77, 2.80, 2.84, 3.01, 3.27, 3.40, 4.03, 4.07

この数値の並びには奇数個の観察値があるので、中央値は(13＋1)/2＝7番目の観察値2.80である。測定値のうち6つは2.80以下であり、6つは2.80以上である。

はずれ値がある場合：（はずれ値とは、集団からはずれている所に位置しているデータ）

10人目の被験者の肺活量が3.27ではなく32.7と記録された場合、測定値の順番はわずかしか変わらない。

2.12, 2.25, 2.30, 2.50, 2.68, 2.77, 2.80, 2.84, 3.01, 3.40, 4.03, 4.07, 32.7

しかし結果として、測定値の中央値は2.80のままである。中央値は平均値とは異なり、データセット中の観察値の順番のみで決まるため、はずれ値（異常値）に左右され難い。

一方、平均値は極端な観察値に左右されやすく、はずれ値（はずれ値）の方向に引っ張られ、結果として過度に大きく、または小さく見積もられることがある。データセットを要約する場合、情報がつねに失われることに注意が必要である。データセットの中心がどこにあるかを知ることは有益であるが、その情報だけでは、測定値の全体像を特徴づけるには不十分である。

(3) 最頻値（mode、モード）

最頻値とは、集められたデータの中で最も多く現れた値のことである。図2.10の例では、最頻値は156cmである。

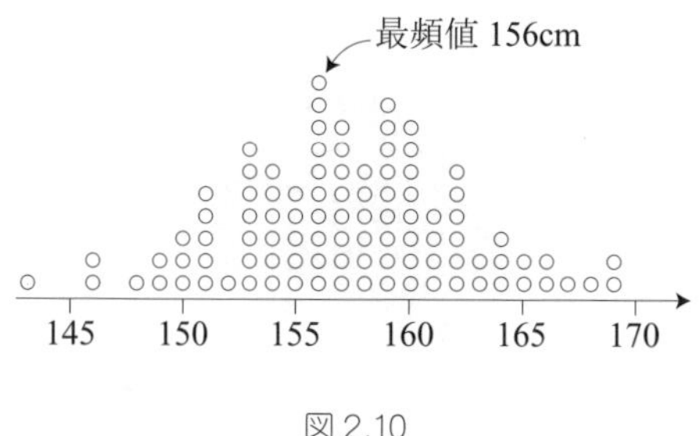

図 2.10

(4) トリム平均

n 個のデータを大きさの順に並べて、その最大値と最小値を除いた残り $n-2$ 個からの平均を**トリム平均**という（除き方にはバリエーションがある）。

【例】 表 2.1 の両端のデータを除いた場合、

(150＋155＋…＋173＋178)/8 ＝163.0

となる。これは、オリンピックのフィギュアスケートの採点などに使われることがある。最高点、最低点が主観に左右されやすいとき、それらを除いたデータによるトリム平均が使われることがある。

表 2.1

	身長
1	140
2	150
3	155
4	159
5	160
6	161
7	168
8	173
9	178
10	190

2.3.2 バラツキの尺度

以上でデータ雲の中心（核の部分）の位置を示すことができたが、次はデータ雲の存在領域を数値で表すことを考える。

領域、すなわちデータのバラツキ具合をどのように表すかということである。ここでもいくつかの方法があるが、よく使われる範囲、四分偏差、分散について紹介する。

(1) 範囲（range）

範囲とは、観察値の最大値と最小値の差として定義され、データの存在する幅を示すために用いられる尺度である。

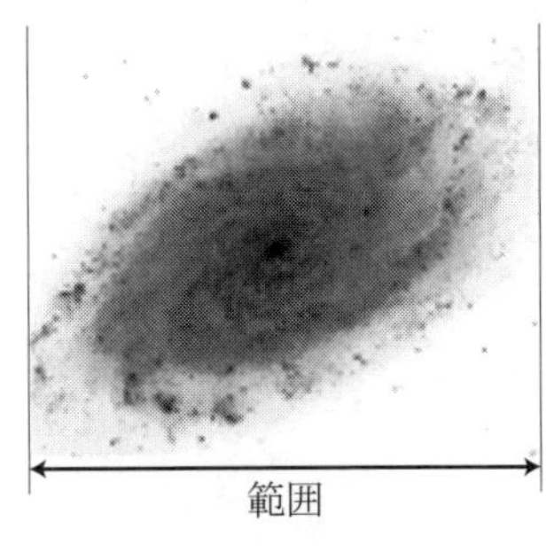

図2.11

範囲：　R＝データの最大値－データの最小値

表2.1の10人の身長のデータでは　190－140＝50が範囲である。

（2）四分位間範囲　（interquartile range）

四分位間範囲とは、75パーセント点のデータと25パーセント点のデータとの差のことである。四分位範囲ともいわれる。これは、箱ひげ図の箱の大きさにあたる。

結果として、観察値の中心50%を含むこととなる。この尺度は、極端な値に容易には影響されない利点がある。

四分位間範囲 ＝ 第3四分位点 － 第1四分位点

- 第1四分位点：データを大きさの順に並べて、最小値から数えて全体の1/4番目にあたるデータの値（25パーセント点）
- 中央値：第2四分位点（50パーセント点）
- 第3四分位点：データを大きさの順に並べて、最小値から数えて全体の3/4番目にあたるデータの値（75パーセント点）

データの集まりから極端に離れたデータ値を“異常値”とか“はずれ値”とよぶ。はずれ値（極端な値）がある場合、平均、分散は影響を受ける。特に後で説明する分散は、二乗値であるため強く影響される。メジアン、モード、トリム平均は影響を受けにくい。はずれ値の影響を受けにくいことを、“はずれ値に対してロバスト（robust、頑健）である”という。

（3）分散　（variance）

分散とはバラツキを測る代表的な物差しの1つで、個々のデータと中心位置(平均値)からのずれの二乗を個数分加えたものを平均化したものである。

いま、図 2.12 のような、バラツキのある 3 つのデータ（A,B,C）があるとする。このデータのバラツキを数値で表すため、平均を中心位置とし、そこからのデータまでのずれを求めて、この合計でデータセットのバラツキの尺度にすることを考える。ずれの求め方にいろいろな方法が考えられるが、ばらついている場合、その量が 0 ではバラツキを示す尺度として使えない。

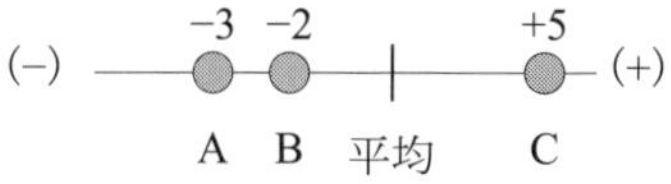

(−) −3 −2 +5 (+)

A B 平均 C

図 2.12

図 2.12 を基に、バラツキの尺度を求めてみる。平均からのデータのずれを求めて、この中心からのずれの合計でバラツキを表して見ると、

$$A+B+C=(-3)+(-2)+5=0$$

ばらついているにも関わらず和が 0 となり、その和をとる方法ではバラツキの指標に使えない。これは符号がついていたため、和が 0 になってしまったことが原因である。

では、和をとっても 0 にならないようにする方法を考えてみる。これには 2 つの方法が考えられる。

① 絶対値をとる方法

$$|A|+|B|+|C|=3+2+5=10$$

絶対値は計算上使いにくく不便である。

② 二乗する方法

$$A^2+B^2+C^2=(-3)^2+(-2)^2+5^2=38$$

平均とデータとの差を**偏差**という。

統計では式の展開や取り扱いが便利なため、②の二次形式を使用し、上式で求めたものを特に偏差の二乗和ということで、偏差平方和（sum of squares）とよび、一般的に次式で定義する。

$$SS=\sum_{i=1}^{n}(x_i-\bar{x})^2 \qquad (2.3.2.1)$$

ここで、x_iはi番目のデータ、$\bar{x}$：xバーは平均、nはデータ数である。偏差平方和SSは二乗和のため、データ数が増えればそれに伴って大きくなる。

グラフなどで、バラツキが同じようであるが、データ数が異なるデータセットでも、それぞれのバラツキの尺度は近い値をもたないと不都合である。それゆえ、偏差平方和をデータ数で平均すると、データ数に依存しないバラツキの尺度を得ることができる。この偏差平方和をデータ数で平均化したものを**分散**とよび、データのバラツキの尺度として利用する。

標本の分散は、標本分散といい次式で定義される。

$$V = \frac{SS}{n} \tag{2.3.2.2}$$

しかしnで平均すると、母集団分散の推定値として偏りが入り、$n-1$で平均するとその偏りがなくなるため（本章補足説明3参照）、推測統計では標本から推定した分散は、$n-1$で平均化した次式を使う。

$$\hat{V} = \frac{1}{n-1}\sum_{i=1}^{n}(x_i-\bar{x})^2 = \frac{SS}{n-1} \tag{2.3.2.3}$$

この$n-1$で平均化した分散のことを、母分散σ^2の偏りがない分散という意味で**不偏（標本）分散**とよぶ。

不偏標本分散 ＝ 標本分散から偏りを除いたもの

通常、データ解析では標本から求めた分散は、不偏標本分散しか使わない。それゆえ、本書では不偏標本分散という表現を使わず、標本から求めた偏りのない分散という意味で、式(2.3.2.3)を標本分散、また単に分散とよぶことにする（他書を読むとき、混乱しないように留意されたい）。

上述のように平均化の際にデータ数nでなく$n-1$で平均するが、この$n-1$を**自由度**とよぶ。この定義式(2.3.2.3)は、とても重要な式である。

（4）標準偏差　（standard deviation、略して*SD*）

あるクラスの身長（cm）を測定し、平均とバラツキ（分散）を求めたとする。平均は、単位がcmであるのに、バラツキは分散で表すとcm^2になり、単位がそろわないため使いづらい。そのため、バラツキも平均と同じ単位cmにすると使いよい尺度になるので、分散の平方根をとった尺度を新たに導入し、それを**標準偏差**とよぶ。

標準偏差とは、次式で定義されるものである。

$$SD = \sqrt{\hat{V}} \tag{2.3.2.4}$$

この定義式(2.3.2.4)も、とても重要な式である。

（5）**変動係数**　（coefficient of variation、略して CV）

変動係数は、次式で定義される。

$$CV = \frac{SD}{\bar{x}} = \frac{\text{標準偏差}}{\text{平均値}}$$

これは、平均あたりのバラツキの指標である。それゆえ、主に精度管理に用いられる。

2.3.3　グループ化されたデータ

いままでで、データセットの全容を要約するのに 2 つの尺度（平均と分散）で表すことを学んだ。平均と分散（中心位置の指標とバラツキの指標）であるそれらを求めるには、個々の測定値が必要であった。次に、応用を考える。

表2.2　成人男性1100人のLDL値

コレステロール値	人数
60－79	2
80－99	140
100－119	452
120－139	350
140－159	105
160－179	38
180－199	7
200－219	4
220－239	2
計	1100

論文や研究報告書には、個々の生データまで示されなくて、概要を示す集計表が掲載されている場合が多い。そのような集計表より、平均や分散を求める方法を知っておくと有用である。この表より平均と分散を求めてみる。

ここでは、個人の測定値は不明であり、範囲しか与えられていない。情報の欠落はあるが、個人の値は示された範囲の中央値であると見なして計算を進める。たとえば、第 1 区分の 2 人は、区分の中央値 70 をもつとみなす。そのときの 2 人の測定値の合計は、70×2 となる。以下、各区分ごと同じ計算を行えば、1100 人の合計を求めることができる。

平均＝(70×2＋90×140＋110×452＋130×350＋150×105＋170×38＋190×7＋210×4＋230×2)÷1100＝120.727

分散はこの平均値を使って、計算していく。

まず第1区分では、SS_1＝(70－120.727)^{2}が2人いるので、

第1区分　(70－120.727)^2×2＝5146.457
第2区分　(90－120.727)^2×140＝132180.794
第3区分　(110－120.727)^2×452＝52010.975
第4区分　(130－120.727)^2×350＝30095.985
第5区分　(150－120.727)^2×105＝89975.396
第6区分　(170－120.727)^2×38＝92257.484
第7区分　(190－120.727)^2×7＝33591.240
第8区分　(210－120.727)^2×4＝31878.674
第9区分　(230－120.727)^2×2＝23881.177

分散＝491018.182÷(1100－1)＝446.786

標準偏差＝$\sqrt{446.786}$＝21.137

一般に、第i区分の中央値m_i、対応する頻度をf_iとしたら、平均は次式と書ける。

$$\bar{x} = \frac{\sum_{i=1}^{k} m_i f_i}{\sum_{i=1}^{k} f_i}$$

また分散は、次式と書ける。

$$\hat{V} = \frac{\sum_{i=1}^{k} [(m_i - \bar{x})^2 f_i]}{(\sum_{i=1}^{k} f_i) - 1}$$

[補足説明 1]　データタイプと統計手法

Ph2 ～ Ph3、市販後臨床試験で汎用される統計手法

反応変数のデータタイプ	データの記述・推定	１標本 対応のあるデータ	２標本	多標本　包括検定	傾向性検定	調整解析	相関
計量データ	点推定、区間推定、箱ひげ図	paired t 検定 対応のある t 検定	t 検定	一元配置分散分析	Williams 検定、対比検定、回帰モデル	共分散分析	Pearson 相関係数
２値（比率）データ	点推定、区間推定	二項検定	χ^2 検定	χ^2 検定	Cochran-Armitage 検定	Logistic 回帰	Φ係数、オッズ比
順位データ	―	Wilcoxon 符号付 順位検定	２標本 Wilcoxon 検定（Mann-Whitney 検定）	Kruskal-Wallis 検定	Shirley-Williams 検定、Jonckheere 検定	累積ロジット解析、Van Eiteren 検定	Searman の順位、相関係数 ρ Kendall の τ
分類データ 名義データ	―	NcNemar 検定	χ^2 検定 Fisher 正確検定	χ^2 検定	―	Logistic 回帰 M-H 検定※	―
生存時間データ	Kaplan-Meier 推定量、相対リスク Median-survival-time	―	Logrank検定、一般化 M-H 検定※ Breslow-Day 検定	Logrank検定、一般化 Kruskal-Wallis 検定、M-H 検定※ Breslow-Day 検定	Tarone 検定、Cox 回帰	Cox 回帰 M-H 検定※	―

※M-H:Mantel-Haenzel

［補足説明 2］　%点（パーセンタイル、percentile）

n 個の観測値 $\{x_1, x_2, \cdots, x_n\}$ を小さいものから大きいものへ順番に並べ、改めて次のように番号をつけかえるものとする。

$$x_{(1)} \leqq x_{(2)} \leqq \cdots \leqq x_{(n)}$$

つまり、最小値が $x_{(1)}$、最大値が $x_{(n)}$ である。このとき、n 個のデータを等分に百分割し、その値以下のデータ数が i %であるような順位を i パーセンタイル順位（percentile rank）といい、それに対応する x の値を第 i 百分位数とか i パーセンタイルという。

50 パーセンタイルは、中央値（またはメディアン）とよばれ、25, 50 および 75 パーセンタイルは、それぞれ第 1 四分位数（quartile）、第 2 四分位数および第 3 四分位数ともよばれる。

［補足説明 3］　標本分散と自由度

$\hat{\sigma}$ を標本標準偏差を、$\hat{V}$ を標本分散とすると、

$$\hat{V} = \frac{1}{n-1} \sum_i (x_i - \bar{x})^2 \tag{1}$$

分散は平均値からの偏差の 2 乗の平均であるから、もし母集団の平均値 μ が既知であれば、n 個のデータ $x_1, x_2, \cdots, x_n$ から、

$$\bar{V} = \frac{1}{n} \sum_i (x_i - \mu)^2 \tag{2}$$

によってその推定値を計算すればよい。これに対して、μ が未知であるためその代わりに $\bar{x}$ を用いた

$$s^2 = \frac{1}{n} \sum_i (x_i - \bar{x}) \tag{3}$$

について、$\bar{V}$ と s^2 とを比較すると、両者の違いは母集団の平均値 μ からの偏差をとるか、あるいはデータから計算した標本平均値 $\bar{x}$ からの偏差をとるかという点にある。

$n-1$ で割るとき過小推定がちょうど適当に修正されることが次のように証明される。

$$\sum_i (x_i - \mu)^2 = \sum (x_i - \bar{x} + \bar{x} - \mu)^2$$
$$= \sum (x_i - \bar{x})^2 + \sum (\bar{x} - \mu)^2 + \sum 2(x_i - \bar{x})(\bar{x} - \mu)$$

ここで、右辺第 2 項は$n(\bar{x} - \mu)^2$であり、第 3 項は$2(\bar{x} - \mu)\Sigma(x_i - \bar{x}) = 0$であるから、両辺の期待値をとれば、

$$E[\sum (x_i - \mu)^2] = E[\sum (x_i - \bar{x})^2] + nE[(\bar{x} - \mu)^2]$$

となる (期待値は第 3 章補足説明 1 参照)。和の期待値は期待値の和であることを注意して、左辺は$n\sigma^2$、右辺第 2 項内の期待値は$\bar{x}$の分散でσ^2/nであるから、第 2 項は$n \times \sigma^2/n = \sigma^2$であり、したがって上式は、

$$n\sigma^2 = E[\sum (x_i - \bar{x})^2] + \sigma^2$$

となる。これから

$$E[\sum (x_i - \bar{x})^2] = n\sigma^2 - \sigma^2 = (n-1)\sigma^2 \tag{4}$$

が得られる。式(4)は式(1)を考えれば、

$$E[(n-1)\hat{\sigma}^2] = (n-1)E[\hat{\sigma}^2] = (n-1)\sigma^2$$

となるので、

$$E[\hat{\sigma}^2] = \sigma^2 \tag{5}$$

であり、$\hat{V}$は平均的にちょうどVになることがわかる。

以上のことは次のようにも説明できる。標本分散を計算するための平方和$\sum (x_i - \bar{x})^2$はn個の標本平均からの偏差$x_i - \bar{x}$ $(i=1,2,\cdots,n)$を含むものであるが、これらのn個の偏差は合計すると必ず 0 になる。すなわち、

$$\sum (x_i - \bar{x}) = 0 \tag{6}$$

である。そこで、n個の偏差 $x_1 - \bar{x}, x_2 - \bar{x}, \cdots, x_n - \bar{x}$ のすべてがどんな値でも自由にとれるわけではない。それらのうち$(n-1)$個を自由に決めれば、残りの 1 個は合計が 0 ということから自動的に決まってしまう。そこでn個の偏

差 $x_i - \bar{x}\,(i = 1, 2, \cdots, n)$の自由度は $n-1$ である。したがって標本分散は、標本平均からの偏差の二乗和を自由度で割ったものとして定義される。

[補足説明 4]

標本分散式(2.3.2.2)の計算では、下記の式の方が便利である。

$$V = \frac{1}{n}\sum_{i=1}^{n} x_i^2 - \bar{x}^2 \qquad ①$$

この式と式(2.3.2.2)は同値である。

証明は、以下のとおりである。

$$\begin{aligned} V &= \frac{1}{n}\sum(x_i - \bar{x})^2 \\ &= \frac{1}{n}\sum(x_i^2 - 2x_i\bar{x} + \bar{x}^2) \\ &= \frac{1}{n}\sum x_i^2 - 2\bar{x}\frac{1}{n}\sum x_i + \frac{1}{n}\sum \bar{x}^2 \\ &= \frac{1}{n}\sum x_i^2 - 2\bar{x} \times \bar{x} + \frac{n\bar{x}^2}{n} \\ &= \frac{1}{n}\sum x_i^2 - \bar{x}^2 \qquad ② \end{aligned}$$

(証明終り)

さらに、ここで上式の第1項は、

$$\frac{1}{n}\sum x_i^2 = E(X^2)$$

第2項は

$$\bar{x}^2 = [E(X)]^2$$

なので、式②は、

$$V[X] = E(X^2) - [E(X)]^2 \qquad ③$$

とも書ける。

第3章　確率分布

まずはじめに、確率（probability）とは何かを定義しておこう。確率を考える際に、何についての確率かを明確にしなければならない。たとえば、薬の副作用発現率について考えるならば、服薬した結果の「副作用あり」についての確率であり、それを事象とよぶ。すなわち**事象**とは、数学的に厳密な定義を避けて平たくいうと、観察、実験を行った結果のことである。例にあげた薬の投与による副作用発現、また疾患の改善などが事象の例としてあげられる。

確率とは、事象の起こる確からしさを示す指標で、その和が1になるように規格化されたものである。たとえば、平均的に100回に1回起きる事象なら、その確率は1/100＝0.01となる。事象の生じる（平均的）相対頻度といってもよい。事象は本書では、A,Bなどの大文字で示すことにする。

独立な実験を n 回繰り返して、事象Aが平均的に m 回起こるとき、

$$P(A) = \frac{E(m)}{n}$$

を事象Aの確率という。独立とは、それぞれの実験が互いに影響しないことを指す。ここで $E(m)$ は平均的に m 回起こることを示しており、m の期待値という（本章補足説明1参照）。

次に、確率変数について説明する。単に値が変わり得る数を変数とよぶが、さらにその変数がとり得る値がランダムであり、かつその値が確率という属性をもった変数を**確率変数**という。したがって、確率変数がどの値をとるかはあらかじめ知ることはできないが、実験や観察によって実際にはどの値が得られたかがわかる。

コイン投げ実験で、表（おもて）が出たら1、裏が出たら0という数値を便宜上与えるとする。そのときとる値を X とすると、投げる前には表($X=1$)が出るか、裏($X=0$)が出るかわからないが、表($X=1$)が出る確率は0.5と決まっている。このような X を確率変数という。

もし一様なコインであれば、表の出る確率 $p(1)$ と裏の出る確率 $p(0)$ はほぼ同じと考えてよいであろう。そうすると、$p(1)+p(0)=1$ となり、また近似的に $p(1)=p(0)$ と仮定できる。これから $p(1)=p(0)=0.5$ が導かれる。表の出る確率は0.5というのはそういう意味である。確率変数 X の各値には、その値の起こりやすさ（あるいは確からしさ）を示す指標である確率 $p(X)$ が付随している。

コイン投げ実験の場合、確率変数の値0、1はそれぞれ確率0.5、0.5を伴って分布している。このような確率変数の分布を称して確率分布とよんでいる。つまり確率分布は確率変数の値と対応する確率をセットにしたものである。確率が大きな値は出現しやすい値ということになるし、確率が小さな値は出現しにくい値ということになる。どのような確率変数も対応する確率分布をもつが、しかし確率分布は必ずしも数学的に表現できるとは限らない。

統計的推論を行う目的は、母集団の特性を推測することであるが、大きな集団の全データを集めることは一般的に無理がある。そのため、集めることのできる小数のデータ、すなわち母集団から無作為に取り出した標本を基に母集団を推測することになる。しかし、一部のデータで全体を推測するには、当然わずかの情報しかもっていないため正確にはできない。そのハンディを補ってくれるのが理論分布である。以降の章で学ぶ統計的推測は、この章で学習する理論確率分布を利用しながら推測していくため、理論確率分布の知識が要求される。

この章で学習する理論確率分布は、薬学・生物統計で重要な二項分布、正規分布である。

3.1　確率分布

辞書には、分布とは「分かれてあちこちにあること。また、その存在する状態」とある。では、頭に確率がついた確率分布とは何か。

ランダムに発生した値とその属性の確率とを対応させたものを、**確率分布**という。確率分布には、発生する値により 2 つのタイプがある。1 つは、不連続な分布、もう 1 つは連続な分布である。不連続な分布を離散分布といい、コイン投げ実験で表が出る回数のグラフ表示がそれにあたる。もう一方の連続分布は、たとえば身長の分布など、測定項目が連続量の分布である。

3.1.1 離散分布

例として、スロットマシンを考えてみる。スロットマシンとは、お金を入れ、機械の横についているレバーを引くと、3 つの窓のそれぞれの中のドラムが互いに独立に回り、一定時間後ドラムが止まったとき、3 つの窓に現れる図の組み合わせにより、お金などが出てくる賭け機である。

いま、1 ゲームする（1 回レバーを引く）のに ¥100 必要だとする。さらに下記の図の組み合わせにより、当たりの金額が決まっているとする。

¥¥¥　2000円（¥が3つ）

¥¥　1500円（¥が2つとさくらんぼ）

1000円（さくらんぼ３つ）

500円（柿3つ）

1回レバーを引いたとき、各絵の出る相対的な出現頻度が

¥	さくらんぼ	柿	他	
0.1	0.2	0.2	0.5	（和が 1 となる）

となるように機械が調整されているとする。たとえば、このとき 1000 回中平均的に、¥は 100 回、サクランボは 200 回、柿は 200 回、その他は 500 回出るということになる。

レバーを引いて、3 つの窓に出る模様の組み合わせの出る確率を求めてみる。このとき、3 つの窓は独立に回り、出る絵はどの窓でもかまわないとすると、各当たりの確率は以下のとおりとなる（各窓の絵の出る確率は独立と仮定)。

$$\mathrm{P}(¥¥¥) = (0.1)^3 = 0.001$$

$$\mathrm{P}(¥¥\ \ ) = (0.1)^2 \times 0.2 = 0.002$$

$$\mathrm{P}(\ \ ) = (0.2)^3 = 0.008$$

$$\mathrm{P}(\ \ ) = (0.2)^3 = 0.008$$

はずれの確率は、

$$1 - \mathrm{P}(¥¥¥) - \mathrm{P}(¥¥\ \ ) - \mathrm{P}(\ \ ) - \mathrm{P}(\ \ )$$

$$= 1 - 0.001 - 0.002 - 0.008 - 0.008$$

$$= 0.981$$

よって、このスロットマシンの確率分布は、次のようになる。

組み合わせ（事象）	柿 500	さくらんぼ 1000	¥¥＋さくらんぼ 1500	¥¥¥ 2000	ハズレ
確率	0.008	0.008	0.002	0.001	0.981

投資額 ¥100 を引いてお金に換算すると、

変数（もうけ）: X	¥400	¥900	¥1400	¥1900	−¥100
確率 : $P(X)$	0.008	0.008	0.002	0.001	0.981

変数：「もうけ」X（＝獲得額－投資額）は、ランダムに値が生じ、かつ値に対応する確率をもつため確率変数である。

確率変数 ＝ 変数値 ＋ 確率

このスロットマシンの場合、出る組み合わせ（もうけ）を事象とよぶと、いまの場合事象は5つのみであり、このような確率分布を**離散型確率分布**とよぶ。

この例で、1 ゲームでどれほどもうけられるか予測してみる。この予測値のことを、期待値といい、$E(X)$と書く。期待値は、次のようにして求める。

期待値 ＝∑（各もうけ金額×その確率）＝ 平均　(3.1.1.1)

（期待値と平均は双子の関係である）

式で表すと

$$\boldsymbol{E(X)=\sum[x\times P(X=x)]} \quad (3.1.1.2)$$

$P(X=x)$の意味は、確率変数 X が観測値 x、たとえば¥900 をとる確率を表している。

この例では

$$E(X)=(¥400\times0.008)+(¥900\times0.008)+(¥1400\times0.002)$$
$$+(¥1900\times0.001)+(-¥100\times0.981)=-¥83$$

1 回レバーを引くたびに期待できるもうけの金額は－¥83 、すなわち 83 円損することになる。以上は、離散型確率分布の説明である。

3.1.2　連続分布

連続分布では離散分布にはない概念「確率密度」というものが必要になる。初めに、確率密度の説明をしておこう。離散分布のときには、横軸に確率変数の値、縦軸に確率をとり、分布をグラフで表すことがよく行われる。そのとき、縦軸は直接確率を示すことができたが、連続分布の場合の横軸（確率変数）は連続値なので、縦軸は直接確率を示すことができない。なぜか。

数学的な「実数区間」（たとえば、0.0 と 1.0 との間）には、無限個の実数が存在するため、その各実数が 0 でない確率をもてば、確率の合計値は無限大になって、確率問題を取り扱うことができなくなる。したがって、連続型確率分布なら、どの値をとる確率もすべて 0 でなければならない。しかしすべてが 0 であれば、無限個の「合計」も 0 になって、通常の確率計算が成り立たなくなる。

そのような理由により、連続型確率変数では「各値に与えられた確率」に基づいて確率分布を定義することができないため、各値の「生じやすさ」を表現するのに離散型変数の「確率」とは違った概念と計算方法が必要になる。問題は、「実数区間」に実数をとったため、無限個発生することである。そこで、ヒストグラムをとるように小さな区間を考えると、この区間の数は有限個になり、各区間の確率は離散分布と同様に考えることができる。

文科省の身長分布（表 3.4）も、たとえば 151cm の%は実は 150.5＜＊≦151.5 の 1cm の区間の%（確率）を示したものである。この区間あたりの確率を、ある区間における確率の密度を表していると見なすと、すなわち「**確率密度**」という概念を元にすれば、連続型確率分布を取り扱うことが可能になる。

例として、大学と最寄りの駅の間を行き来している大学のシャトルバスについて考えてみる。シャトルバスは 10 分ごとに必ず来るが、特定の 10 分の間でいつ来るかわからないとする（このような確率分布は、どの時点区間でも同じ確率でバスは来るので一様な確率といい、そのような確率分布を一様分布とよぶ）。ここで時間は実数値である。10 分間にバスが来る確率、全確率（全事象が起こる確率）は 1 であるので、1 分あたりバスが来る確率は、1(全確率)÷10 分＝0.1 となる。

待ち時間の確率分布を図に表すと図 3.1 のようになる。縦軸は各時点におけるバスが来る生じやすさを示すものとする。いま、各時点でバスが来る生じやすさは一定であるとしているため、図のような長方形の分布となる。この図の長方形の部分は、全確率を表しているので面積は 1 である。

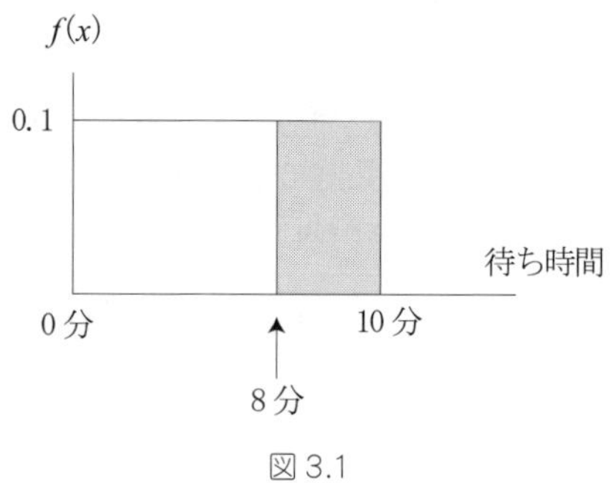

図 3.1

仮に、長方形の面積を「人口」とし、横軸の時間を「土地の広さ」としてみる。そのとき、

人口 ÷ 土地の広さ ＝ 人口密度

となる。これは、1km^{2}あたり何人いるかを示す指標として使われている。

ここで、上の式の言葉を置き換えてみると、

確率（人口）÷ 時間（土地の広さ）＝ 確率密度（人口密度）

となる。すなわち、バスが来る生じやすさを示そうとした縦軸 $f(x)$は、直接確率を示しておらず確率密度を示している。それゆえ、確率密度に横軸（変数）の長さを掛けた面積により、確率が定義できる。

たとえば、バス待ちの例では 8 分以上待たないといけない確率は、8 分から 10 分の間にバスが来る確率であり（あるいは 0〜8 分の間にバスが来ない確率）は、

$$0.1 \times (10-8) = 0.2$$

となる。

一般的には、確率変数 X が $[x_a, x_b]$の区間で連続値をとる変数とすると X が幅 Δx の微小区間$[x, x+\Delta x]$中の値をとる確率は、幅 Δx をもつ面積 $f(x)\Delta x$ となる。この微小面積を $f(x)\Delta x$ とするとき、この $f(x)$の値を確率密度、関数 $f(x)$を**確率密度関数**とよぶ。

このように連続型の確率分布では、1 点の「生じやすさ」を表すのに、確率は 0 になって適切でないが、それに代わる概念として「確率密度」を導入すると、確率を定義することができる。

以上のことをもとにして、**連続型の確率分布**の性質を調べてみる。

$$b - a = \Delta x$$

とすると、

$$P(a \leqq X \leqq b) = f(a)\Delta x$$

それゆえ、X が a である確率は、

$$P(X = a) = \lim_{\Delta x \to 0} f(a)\Delta x = 0$$

すなわち、1 点での確率は 0 である。

X は、とりうる値が連続であるので、全確率は

$$\int_{x_{\min}}^{x_{\max}} f(x)dx = 1$$

と積分で定義される。代表的な連続分布である正規分布（後出）の場合、$f(x)$は正規確率密度関数である。

また、

$$f(x) = \int_{-\infty}^{x} f(x)dx$$

で定義される確率密度関数の累積分布を**分布関数**という。離散型確率分布では

$$\sum_i f(x_i) = 1$$

となる。

確率変数をXとし、1つの値$X=b$が与えられた場合、確率$P(X \leqq b)$を「下側（したがわ）確率」とよぶ。

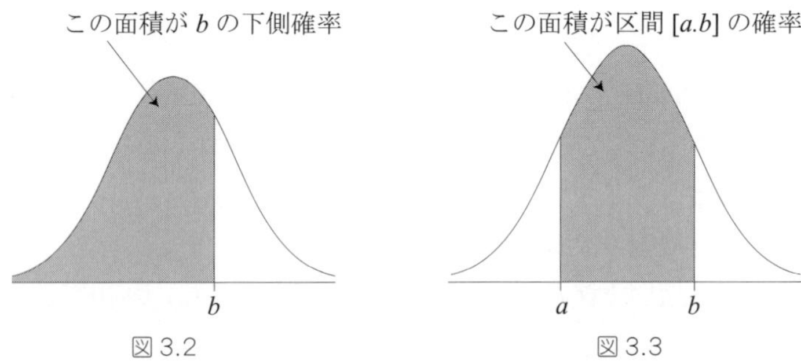

図3.2　図3.3

連続型確率変数を例として図で表すと、図3.2のような確率密度曲線と横軸との間に囲まれたbまでの面積が確率$P(X \leqq b)$である。下側確率$P(X \leqq b)$に対応する$P(X \geqq b)$を「上側（うわがわ）確率」とよぶ。上側確率は全体1から下側確率を引くことで求めることができる。

$$P(X \geqq b) = 1 - P(X < b)$$

区間$[a,b]$の確率$P(a \leqq X \leqq b)$は図3.3のような区間内$a \leqq X \leqq b$の確率密度曲線と横軸との間に囲まれた面積で求められる。

$$P(a \leqq X \leqq b) = P(X \leqq b) - P(X \leqq a)$$

3.2　二項分布

「成功・失敗」、「副作用の有無」、「有効・無効」などは、薬や医学の研究でよく出てくる事象である。これらは、2 つの事象のどちらかが生じるもので、二値データ（binary data）とよばれている。以下 2 つの事象を成功・失敗とし、関心のある事象を成功とよぶ。

独立な試行回数 n を固定したとき、π を成功事象の発生率、その成功の回数 X とするとき、X の分布は二項分布（binomial distribution）に従う。ここで試行とは、たとえば n 人にある薬を投与し、x 人に副作用が発現した場合、n が試行回数となる。

$X \sim B(n, \pi)$

上式は、「確率変数 X はパラメータ (n, π) をもつ二項分布に従う」と読む。

表記ルール

X : 対象とする確率変数

～ : 右辺の分布に従う

B : 二項分布（分布形を指定する。二項分布なら B、正規分布なら N が使われる）

二項分布には 3 つの仮定が置かれる。

- 事象は相互に排他な 2 つの結果の 1 つをとる: たとえばコインの裏表
- n 個の結果は独立である: たとえばコインのトス
- 成功の確率は、それぞれの試行で一定である: たとえばコインの表の出る確率は 0.5

二項分布を勉強するにあたり下記の知識が必要である。（補足説明参照）

① 階乗（並べ方）

② 順列

③ 組み合わせ（分け方）

3.2.1　二項分布

以上で準備は終り、次に二項分布の説明に移る。野球の例で説明していく。イチローの打率が、0.35 であるとするとき、3 打席で 1 ヒットする確率を求める。ここで各打席は独立であるとする。

なぜ独立としなければならないかというと、第1打席でヒットが出ると気分が良くなって第2打席もヒットが出る可能性が高くなるかもしれない。逆にアウトになると、沈んで第2打席でヒットが出にくくなるかもしれない。このように打席間で影響を及ぼさなく、1回1回同じ状態で実施し、またその結果も前の影響を受けないということを前提に二項分布は成り立つためである。

イチロー選手の打率が0.35であるので、ヒット、アウト、アウトの確率は、

$$0.35 \times 0.65 \times 0.65 = 0.35 \times 0.65^2 \tag{3.2.1.1}$$

となる。ヒットが、第1打席、第2打席、第3打席のどこで出るかわからないため、1ヒット出る確率は、

（**ヒット**、アウト、アウト）、（アウト、**ヒット**、アウト）、（アウト、アウト、**ヒット**）

の3つの場合の確率の和となる。

次に、それぞれの場合（ヒットが出る場合）の数を求める。3打席1ヒットの場合は簡単にわかるが、5打席2ヒットの場合になるとすぐわからない。そこで、場合の数を一般的に求めるにはどうすればいいかを考える。それには、ヒット・アウトの並び方（場合の数）が何通りあるか求めればよい。並べ方は全部で3!通り＝6通りある。

いま、ヒット1つ、アウト2つの3つの記録用ボードがあるとする。それぞれのボードに3打席の結果をすべて書き込むと次の表になる。表3.1はすべての結果を示したものである。ここでアウトを見ると1行目と2行目は、第2打席と第3打席は区別がつかない。それゆえこれを重複とみなし1件に数える。すなわち、ヒット・アウトの並び方は組合せで求めることができる。

求めたい場合の数は、

$${}_3C_1 = 3 \text{通り}$$

となる。よって、求めたい確率は、

$$[\text{式(3.2.1.1)の確率}] \times {}_3C_1$$

となる。

表 3.1

場合	ヒットのボード	アウトのボード1	アウトのボード2
1	1	2	3
2	1	3	2
3	2	1	3
4	2	3	1
5	3	1	2
6	3	2	1

（セルの数値は打席）

【例】5 打席 2 ヒットならば、${}_5C_2$ が並び方（場合）の総数となる。

1 つの場合の起こる確率は、n 打席 k ヒットでは、$0.35^k \times (0.65)^{n\text{-}k}$ で与えられる。n 打席に k ヒット（$k \leqq n$）の起こる場合の数は、n を k ヒットと $n-k$ アウトに分ける方法の数に等しいから、${}_nC_k$ 通りある。

したがって、n 打席に k ヒットの起こる確率は、$0.35^k \times (0.65)^{n\text{-}k}$ の場合数が ${}_nC_k$ 通りあるので、

$$ {}_nC_k \times 0.35^k \times (0.65)^{n\text{-}k} $$

で求まることになる。

一般に、確率変数を X、事象の起きる確率を p とすると

$$ P(X=k) = {}_nC_k \times p^k \times (1-p)^{n\text{-}k} \qquad (k=0, 1, \cdots, n) \qquad (3.2.1.2) $$

この式で表される分布を**二項分布**といい、${}_nC_k$ を**二項係数**という。また、p と n を二項分布の母数（パラメータ）という。p はイチローの場合は 0.35、コインの表が出る場合は 0.5 である。

【例】30 席の喫茶店を開こうとしたとき、喫煙席を特別に設けなければならないので、6 席用意しようと思う。喫煙率が 0.3 とすると、30 人の客が来たときに 6 席までうまる確率を求めてみる。6 席までうまる確率は、

$$ P(0 \leqq k \leqq 6, \pi=0.3) = P(k=0)+P(k=1)+P(k=2)+P(k=3) \\ +P(k=4)+P(k=5)+P(k=6) $$

$$= \sum_{h=0}^{6} {}_nC_k\, \pi^k (1-\pi)^{n-k}$$

$$= 0.159523$$

である。

k	$30-k$	${}_{30}C_k$	$0.3^k 0.7^{30-k}$	$P(k)$
0	30	1	0.000022539	0.000023
1	29	30	0.00000966	0.00029
2	28	435	0.00000414	0.001801
3	27	4060	0.000001774	0.007203
4	26	27405	0.00000076	0.020838
5	25	142506	0.000000326	0.04644
6	24	593775	0.00000014	0.082928
				0.159523

3.2.2　二項分布の性質

Z_i を第 i 回目にある事象が起きたときに 1、起きないときに 0 の値をとる確率変数、ある事象が起きる確率を π、起きない確率を $1-\pi$ とすると、

期待値の定義　式(3.1.1.2)より、$Z_i : \{0,1\}$

平均値（期待値）　$E(Z_i) = \sum [Z_i \times p(Z_i)] = 1 \times \pi + 0 \times (1-\pi) = \pi$　(3.2.2.1)

第2章補足4③より

分散　$$\begin{aligned} V(Z_i) &= E(Z_i^2) - [E(Z_i)]^2 = \sum [Z_i^2 \times p(Z_i)] - [E(Z_i)]^2 \\ &= [1^2 \times \pi + 0^2 \times (1-\pi)] - \pi^2 \\ &= \pi - \pi^2 = \pi(1-\pi) \end{aligned} \qquad (3.2.2.2)$$

Z_i は独立な確率変数列であるので測定値が n 個あるとき、$X = Z_1 + \cdots + Z_n$ の分散は、

$$V(X) = \sum_{i=1}^{n} V(Z_i) = n\pi(1-\pi) \qquad (3.2.2.3)$$

標本比率 $\hat{\pi} = \frac{x}{n}$ の分布は、

$$E(\hat{\pi}) = E\left(\frac{x}{n}\right) = \frac{1}{n} E(X) = \frac{n\pi}{n} = \pi$$

$$V(\hat{\pi}) = V\left(\frac{x}{n}\right) = \frac{1}{n^2} V(X) = \frac{n\pi(1-\pi)}{n^2} = \frac{\pi(1-\pi)}{n}$$

次に、n, π を変化させたとき、二項分布の変化を見てみる。この図 3.4 より、$\pi=0.5$ では左右対称の分布をしており、π が 0.5 より離れるほど左右対称性が崩れているのがわかる。さらに、π が 0.5 より離れても n が大きくなるに従い、次第に左右対称の釣り鐘型の分布に近づく。これは、次に学習する正規分布に近づくことを示している。

n が大きいとき、二項分布 $B(n, \pi)$は正規分布 $N(n\pi, n\pi(1-\pi))$で近似できるということである。この性質は、「ド・モアブル-ラプラスの定理」というもので、とても便利な定理である（またド・モアブル–ラプラスの定理を一般化したものが、中心極限定理である）。特に n が大きいとき、二項係数 ${}_nC_k$ の計算は大変であるが、この定理を使えば簡単に確率を求めることができる。

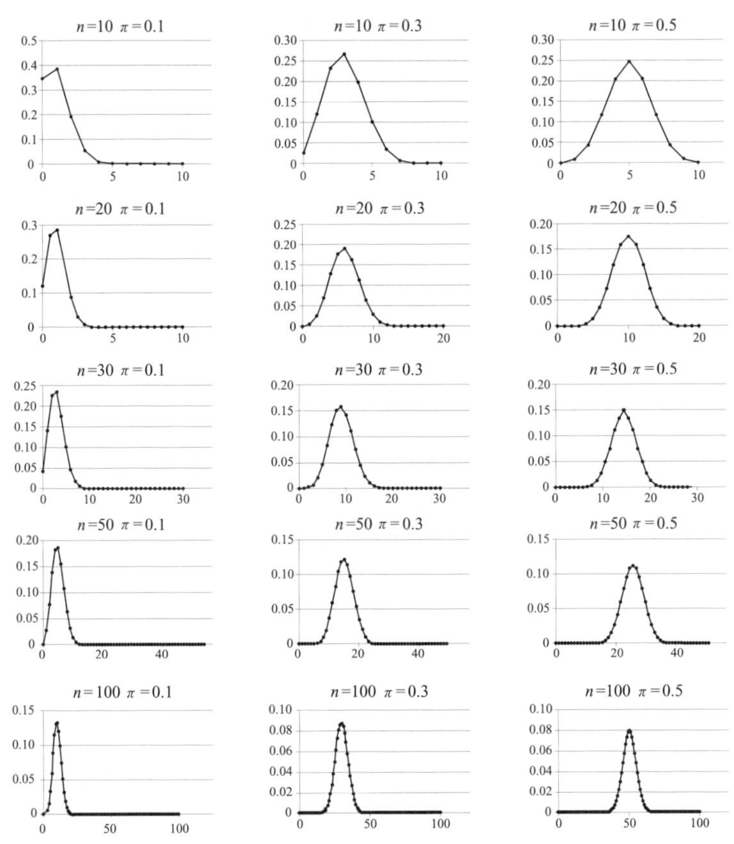

図 3.4　n, π を変化させた二項分布の形の変化

まとめ

＜二項分布の性質＞

- n と発生率 π が決まれば、二項分布は一意に決まる

　　=> $B(n, \pi)$　また $\mathrm{Bin}(n, \pi)$ と表記

- 二項分布 $B(n,\pi)$に従う確率変数 X（発生数）の平均値（期待値）、分散

$$\begin{cases} E(X) = n\pi \\ V(X) = n\pi(1-\pi) \end{cases}$$

または
イベント発生率を
$\hat{P} = \dfrac{x}{n}$ とすると

$$\begin{cases} E(\hat{P}) = \pi \\ V(\hat{P}) = \dfrac{\pi(1-\pi)}{n} \end{cases}$$

- π=0.5 では左右対称の分布をしている。
- n が大きくなるに従い、次第に左右対称の釣り鐘型の分布(正規分布)に近づく。

3.3　正規分布

確率変数が連続値をとる場合の分布であり、統計で扱われる最も重要な分布である。文部科学省の HP に全国の年齢別の身長分布がある。

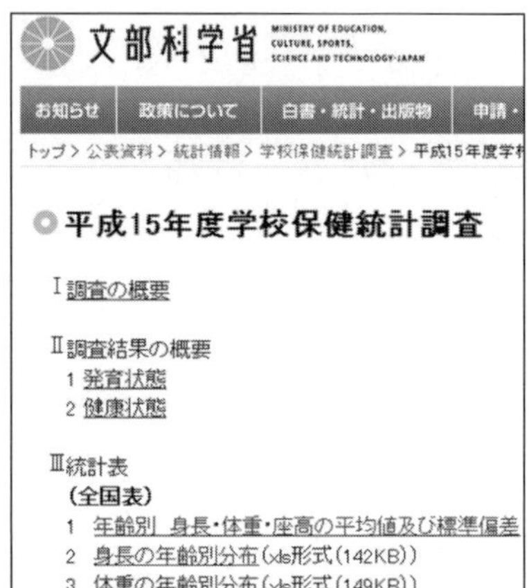

この HP 中の 15 歳女子の身長のデータを表 3.2 と表 3.3 に示す。

表 3.2　15 歳女子身長分布

	身 長 (cm)		体 重 (kg)	
	平 均 値	標準偏差	平 均 値	標準偏差
17	157.8	5.29	53.5	8.40

表 3.3　15 歳女子身長分布

	身長	%	累積%		身長	%	累積%
1	137	0.0	0.0	26	162	5.4	81.8
2	138	0.0	0.0	27	163	4.4	86.2
3	139	0.0	0.0	28	164	3.6	89.8
4	140	0.1	0.1	29	165	3.0	92.7
5	141	0.0	0.1	30	166	2.3	95.0
6	142	0.1	0.3	31	167	1.8	96.9
7	143	0.1	0.4	32	168	1.1	97.9
8	144	0.2	0.6	33	169	0.8	98.7
9	145	0.4	0.9	34	170	0.5	99.2
10	146	0.6	1.5	35	171	0.3	99.5
11	147	1.0	2.5	36	172	0.2	99.7
12	148	1.3	3.8	37	173	0.1	99.8
13	149	2.0	5.8	38	174	0.1	99.9
14	150	2.6	8.4	39	175	0.0	99.9
15	151	3.3	11.7	40	176	0.1	100.0
16	152	4.0	15.6	41	177	0.0	100.0
17	153	5.3	20.9	42	178	0.0	100.0
18	154	6.1	27.0	43	179	0.0	100.0
19	155	6.7	33.6	44	180	0.0	100.0
20	156	7.3	40.9	45	181	0.0	100.0
21	157	7.2	48.2				
22	158	7.7	55.8				
23	159	7.1	63.0				
24	160	7.2	70.2				
25	161	6.2	76.4				

表3.3をグラフにしたものが、図3.5である。実測値は、理論的に求めた曲線に非常によく乗っていることがわかる。言い換えれば、身長は正規分布しているといえる。

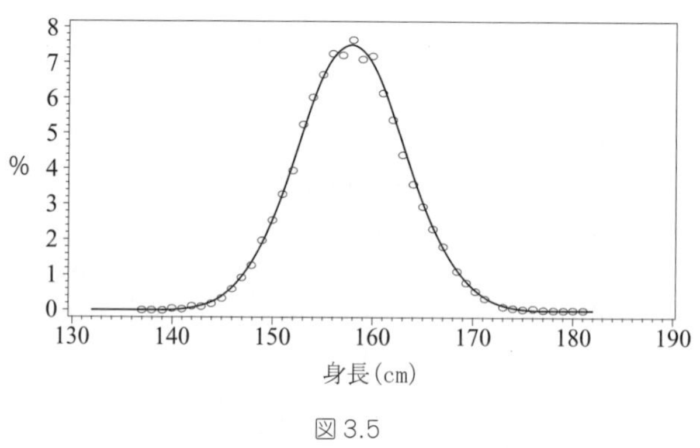

図3.5

○は、表3.3の実測定値
曲線は表3.2の要約統計量をもつ理論正規確率密度曲線

【例】 女子学生の確率分布がわかっていれば、たとえば新学年の女子学生用の白衣を準備するとき、168cmより大きな人用の白衣を何人分用意すればいいか、測定せずに予測することができる。

身長は、文部科学省調査結果より、平均 : 157.8cm、標準偏差 : 5.29cmの正規分布するものと見なせるので、正規分布表より、168cm以上の確率が0.027であることが読みとれる。それゆえ、クラスの人数を100人とすると、大きな人用の白衣は3着用意すればいいと予測できる。ここで、確率0.027をどのようにして求めたのかは、3.4節にて説明する。

■連続分布の代表として正規分布がある。

数学ではガウスにより導出されたものでガウス分布、物理や化学ではマクスウェル-ボルツマン分布、統計では正規分布とよばれているものはすべて同じものである。

ボルツマンが気体分子運動論で見つけた方法は、正規分布の特徴を見るのに手助けとなるので紹介する。ボルツマンは、平衡状態の気体中の分子の速度分布を求めるのに、以下の仮定を置くことにより導いた。

①「分子は互いに影響しない」=> 統計の言葉ではデータは独立である

②「速度空間で原点に対称」=> 統計の言葉ではチラバリには方向性はない

③「速さの大きいものほどその数は少ない」=> 統計の言葉では中心から大きくずれるものは少ない

上記前提より、ニュートンの方程式から正規分布が導かれる（マクスウェル-ボルツマンの速度分布則）。

上記の前提は、一般の計量値として得られるデータに対してもよくあてはまっている。計量値として得られるデータの母集団分布の多くは、近似的に正規分布と見てよいことが多い。これは、正規分布に基づく統計解析の方法が非常によく用いられている理由でもある（通常、測定値は負の値をとらないが、正規分布は理論的には－∞から＋∞の値をとる。したがって、厳密な意味で正規分布に従うケースはたぶん稀である）。

(a) ガウス　(b) マクスウェル　(c) ボルツマン

図 3.6　正規分布を見つけた人達

正規確率密度関数（normal probability density function）は次式で示される。

$$f(x)=\frac{1}{\sqrt{2\pi\sigma^2}}\exp\left\{-\frac{1}{2}\left(\frac{x-\mu}{\sigma}\right)^2\right\} \tag{3.3.1}$$

$(-\infty < x < \infty,\ \sigma > 0)$

ここでμ（ミュー）、σ（シグマ）は関数形を決める定数であり、母数（population

parameter)、または分布のパラメータとよばれている。母数 μ、σ をもつ正規分布を $N(\mu, \sigma^2)$ と表す（統計では、通常母数はギリシャ文字が使われる）。

（参考）：exponential :

$\exp(x) = e^x$

e は自然対数の底で、2.718 … なる無理数。

x に対する部分が複雑な形の場合は、e^x でなく $\exp(x)$ と表現することにより表示が楽になる。

この関数、式(3.2.5.3)は、μ を中心に左右対称であり、σ が大きくなると両横に広がる。正規分布する確率変数 X の期待値（平均）と分散は、

$E(X) = \mu$

$V(X) = E[(X-\mu)^2] = \sigma^2$

である。

式(3.2.5.3)がどのような形の関数か見ておく。話を簡単にするため、以下のような平均 0、分散 1 の次式の正規分布を考える。

$$f(x) = \frac{1}{\sqrt{2\pi}} \exp\left(-\frac{x^2}{2}\right) \tag{3.3.2}$$

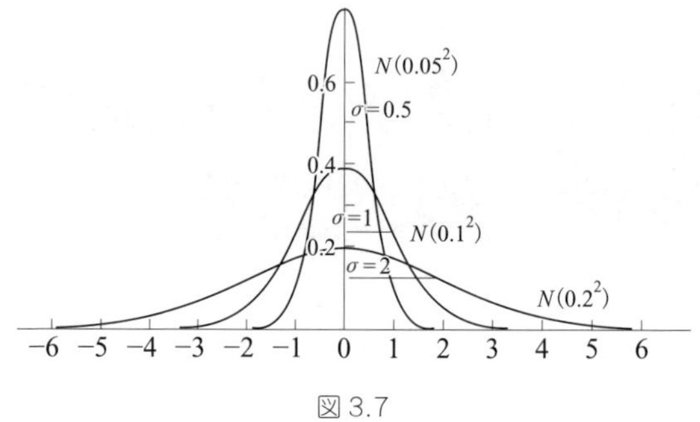

図 3.7

- X の部分（項）は二乗のため、$x=0$ に対して左右対称である。
- 指数が負であるため、e の負値になるので、いわゆる指数関数的に減少する。
- $X=0$ で定数 $1/\sqrt{(2\pi)}$ をとる。

以上のことを考慮すると、正規分布の形状は左右対称の裾を引いた釣り鐘型をした分布になる。図 3.7 は、正規確率密度関数をプロットしたものである。平均が等しいとき、分散の大小によりこの図のようになる。

分散が等しく、平均が異なった場合は図 3.8 のようになる。これらの正規分布は、すべて 2 つのパラメータで分布の形が決まってしまう。

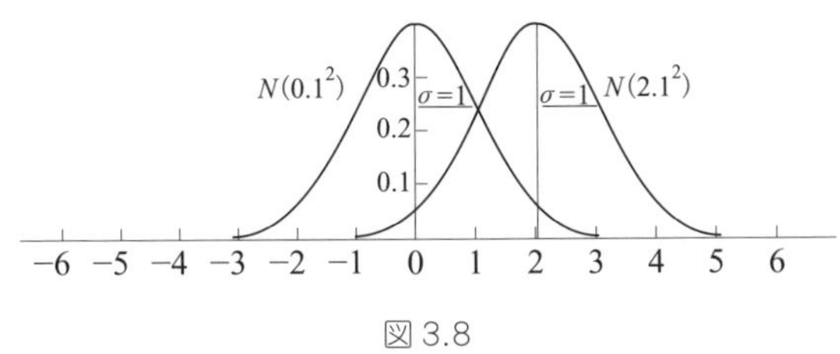

図 3.8

3.4 標準化

確率変数 X が、$N(\mu, \sigma^2)$に従うとき

$$Z = \frac{X - \mu}{\sigma} \tag{3.4.1}$$

なる変換を施すと、X を Z へ変換することができる。

この Z は、

$$Z \sim N(0, 1)$$

なる分布をする。この X から Z への変換を**標準化**とよび、Z のことを **Z スコア**とよぶ。また、$\mu=0, \sigma^2=1$ の正規分布を**標準正規分布**とよぶ。標準化の利点は、どのような正規分布でも標準化を施せば図 3.10 のように、標準正規分布 $N(0, 1)$に従う Z スコアに変換できるため、確率が直接読みとれる正規分布表（3.5 節）が利用できることである。

$f(x)$を標準正規密度関数とすると、以下の式は $Z \geqq k$ の確率（上側確率）を示している。

$$P = \int_k^{\infty} f(x)\, dx \tag{3.4.2}$$

この k に対して、式(3.4.1)を積分をした結果を求めたものが正規分布表であり、表 3.4 に示した。

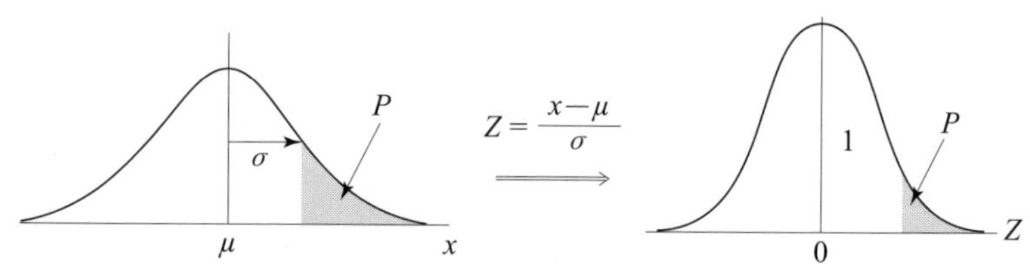

図3.9　標準化

【例】女子学生の身長は、平均 $\mu = 157.8$cm、標準偏差 $\sigma = 5.29$cm の正規分布をし、X を身長を表す確率変数とする。

（問）100人のクラスに、168cm 以上の人は平均何人いるか?

1. 標準化により、標準正規変量（Z スコア）に変換する

   $x = 168$ の場合

   $Z = (168 - 157.8)/5.29 = 1.928$

2. $Z = 1.93$ の上側確率（右側の面積）は正規分布表より、0.0268

   以上を式で書くと、

   $P(X \geqq 168) = P(Z \geqq 1.93) = 0.0268$

   クラス100人中、168cm 以上の人は、$100 \times 0.0268 \fallingdotseq 2.7$(人)

   端数を切り上げて3人となる。

表3.4　標準正規分布表

k	*= 0	1	2	3	4
1.6*	0.0548	0.0537	0.0526	0.0516	0.0506
1.7*	0.0446	0.0436	0.0427	0.0418	0.0409
1.8*	0.0359	0.0351	0.0344	0.0336	0.0329
1.9*	0.0287	0.0281	0.0274	0.0268	0.0262
2.0*	0.0228	0.0222	0.0217	0.0212	0.0207

3.5 正規分布表の見方

この表は、Z スコアの値が k のときの**上側確率**を示している。表の額縁に Z スコアの値が示されている。表の中の数値は上側確率 P を示している。

左のカラムは Z スコアの値の小数 1 桁目を、1 番上の行は小数 2 桁目を示している。たとえば、$k=1.81$ では、$P=0.0351$ となる。下の Z スコアの値と確率の値はよく使うので､覚えておくと便利である。

上側確率：P	0.025	0.05
Zスコア：k	1.960	1.645

[補足説明 1] 期待値と平均値

いま、裏・表の出る確率が同じで均質な 3 枚の硬貨を投げるとき、表の出る枚数を x とすれば、x の確率分布は

$$P(x)={}_3C_x 0.5^x 0.5^{3-x},\quad x=0, 1, \cdots, 3$$

である。

$P(x=0)={}_3C_0 0.5^0 0.5^3=0.125=1/8$
$P(x=1)={}_3C_1 0.5^1 0.5^2=0.375=3/8$
$P(x=2)={}_3C_2 0.5^2 0.5^1=0.375=3/8$
$P(x=3)={}_3C_3 0.5^3 0.5^0=0.125=1/8$

たとえば $x=1$ の場合、すなわち $P(1)=3/8$ について考えれば、それは数多く反復して 3 枚の硬貨を投げるとき 3 枚のうち 1 枚だけ表の出る場合の相対的頻度であると考えられる。このように考えると、たとえば 1,000 回実験を繰り返すとき、おおよそ $1{,}000\times1/8=125$ 回は 1 枚も表が出ず、$1{,}000\times3/8=375$ 回は表が 1 枚、同じく 375 回は表が 2 枚、そして 125 回は 3 枚とも表が出ると期待できるであろう。そこで、1,000 回の実験で表が平均的に何枚出るかを考えてみると、表の枚数は 1,000 回の実験全体で

$$0\times125+1\times375+2\times375+3\times125=1500$$

と期待できるので、1 回あたりでは表の枚数は平均で 1500 枚/1000＝1.5 枚と期待できる。これが x の期待値（expected value または expectation）あるいは平均値（mean value）である。

1.5 という結果は、上式の両辺を 1000 で割ったものを考えれば、x の可能なすべての値にそれぞれの確率を掛けて加え合わせることによっても得られる。すなわち

$$0 \times (1/8) + 1 \times (3/8) + 2 \times (3/8) + 3 \times (1/8) = 1.5$$

である。

以上のような期待値は理論的平均値（つまり、このような実現を無限界繰り返したときの平均値）である。実際には、1 回の実験で x がその期待値をとることは必ずしも期待しない。上の硬貨の例では期待値は1.5枚であるが、実際には表が 1.5 枚出るということはありえない。期待値の代わりに単に平均値という使われ方が実際には多い。

以上のことより、一般的には期待値は次のように定義される。確率変数 X の期待値を $E(X)$という記号で表すと、X が確率分布 $P(x)$をもつ離散確率変数であるとき、

$$E(X) = \sum_x xP(x)$$

で定義される。ここで Σ は x のとり得る値のすべてにわたって和をとることを意味する。上の 3 枚の硬貨の例では、期待値は

$$E(X) = \sum_{x=0}^{3} xP(x) = 1.5$$

である。

もし、X が連続確率変数で、その確率密度関数が $f(x)$であるとすれば、X の期待値は（x のとりうる値を一般的に$-\infty$から$+\infty$までとして）、

$$E(X) = \int_{-\infty}^{+\infty} xf(x)\,dx$$

で定義される。

[補足説明 1]

階乗（かいじょう、factorial）

A, B, C, D, E の 5 人の並べ方は何通りあるかを考える。

1 番目 : 5 通り、2 番目 : 4 通り、3 番目 : 3 通り、4 番目 : 2 通り、5 番目 : 1 通り => 全部で 5×4×3×2×1＝120 通り

5×4×3×2×1 を書くのは煩雑なので、5×4×3×2×1＝5! という表記を使う。5 の階乗と読む。

（参考） $_5P_5 = \frac{5!}{(5-5)!} = \frac{5!}{0!} \equiv 1$

∴0!＝1 とすると都合より、0!＝1 とする（約束事）

一般的に n 人の並べ方は、$n\times(n-1)\times(n-2)\times\cdots\times2\times1=n!$ 通りある。

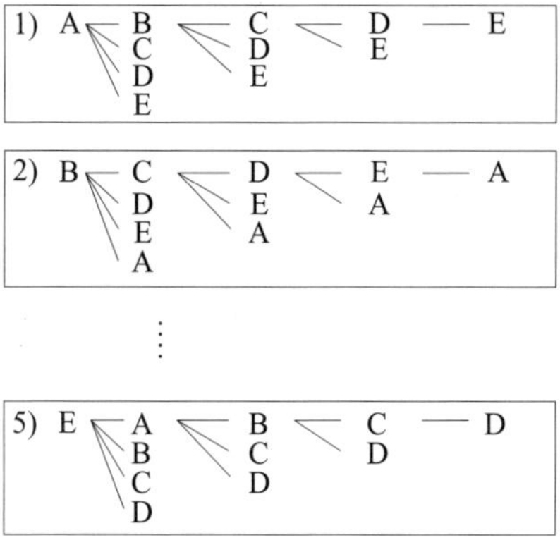

1) A ─ B, C, D, E ─ C, D, E ─ D, E ─ E

2) B ─ C, D, E, A ─ D, E, A ─ E, A ─ A

⋮

5) E ─ A, B, C, D ─ B, C, D ─ C, D ─ D

図 3.10

順列（permutation）

A, B, C, D, E の 5 人の中から 2 人を選んで、2 つの指定席に並べる方法は何通りあるかを考える。

【例】

席1	席2
C	B

1つ目の席は5通り、2番目は残りの4通り。よって、下の表に示したように5×4＝20通りある。

表3.5

AB	AC	AD	AE
BA	BC	BD	BE
CA	CB	CD	CE
DA	DB	DC	DE
EA	EB	EC	ED

ABとBAは異なるとする。表3.5は、5人から2人を選ぶので、最初は5通り、次は残りの人を選ばなければならないので4通りである。一般にn人から3人を選ぶ場合、最初はn通り、2番目は残りの$n-1$通り、3番目は残りの$n-2$通りとなり、最後の3番目の項は$n-3+1$となっている。

それゆえ、一般的にn人からk人を選ぶ場合、$n(n-1)\times\cdots\times(n-k+1)$となり、これを${}_nP_k$と書く。すなわち、

$$ {}_nP_k = n(n-1)\times\cdots\times(n-k+1) = \frac{n!}{(n-k)!} $$

これを**順列**とよぶ。特に、n人からn人を選ぶ並べ方（順列）は$nPn=n!$となる。

組み合わせ（combination）

次に、5人を2人と3人の2組に分ける方法は、何通りあるのかを考える（この場合、並びはどうでもいいとする）。この問題を**組み合わせ**（分け方、combination）という。A,B,C,D,E　=>　(AC),(BDE) のように分けていく。ここで、上の順列と異なる点は、ACとCAは1つの組み合わせとして数えることである。それゆえ、表3.5から重複分を除いてやる必要がある。

ABの組はAB, BAの2通り並びがある。すなわち1つの組あたり、2!重複している。すなわち、${}_5P_2$から重複分2!で割ってやればよい。

$$ {}_5P_2 \div 2! = \frac{5!}{3!} \div 2! = \frac{5!}{3!\times 2!} = 10 $$

よって10通りある。この5人を2人と3人の2組に分ける方法は、

${}_5C_2$または$\binom{5}{2}$と表記する。

一般的には、n個からk個を分ける分け方Xは、

$$X = {}_nC_k = \binom{n}{k} = {}_nP_k \div k! = \frac{n!}{(n-k)! \times k!}$$

となる。

上の例で、逆に5人から3人を選ぶ場合を考えてみる。

CDEの組の順列は、CDE, CED, DCE, DEC, ECD, EDC の6通りで、組み合わせではこれらは1つと数える。すなわち1つの組あたり、3! 重複している。ゆえに、

$${}_5P_3 \div 3! = \frac{5!}{2!} \div 3! = \frac{5!}{2! \times 3!} = 10$$

すなわち、${}_5C_3 = {}_5C_2$ となる。よって、一般的に${}_nC_k = {}_nC_{n-k}$が成り立つ。

第 4 章　標本平均の分布

4.1　統計的推論とは

統計的推論とは、標本（sample、部分）から母集団（population、全体）の特徴を推測する方法である。

例として、

- 100 人の糖尿病患者への治療薬の有効率から、日本中の糖尿病患者への有効率を推定する。
- 100 人の J 大学薬学部の男子学生の身長（標本）平均から、日本の男子大学生全体の身長（母集団）の平均を推定する。

があげられる。母集団の特徴を知るためには、母集団を直接調べることが理想的な方法である。しかし、莫大な人手、時間、費用がかかるなどの理由で難しかったり、母集団が無限に近く、全数調査が不可能であったりするのが普通である。そこで、母集団から無作為（ランダム）に取り出した「標本」を調査することで、その取り出し元である母集団を推測する必要が生ずる。

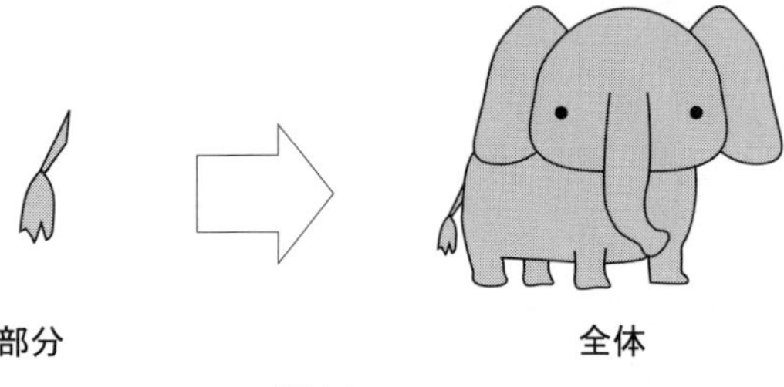

図 4.1

4.2　標本変動

標本の平均値が確率変数である次のような状況を考えて見る。

【例】 J 大学薬学部の男子学生 100 人を無作為に選び、日本の男子大学生全体の平均身長を推定する。ある 100 人を無作為に選んでその 100 人の平均身長（標本平均）を計算したら、175cm であった。⇒「日本の男子大学生の平均身長は 170cm を超えた」といえるか？

すべての男子大学生の身長を測定したわけでないため、つねに、「たまたま比較的背の高い 100 人ばかりを選んでしまったのではないか？　他の 100 人を選ぶと平均は 170 を下回るのではないか？」という疑いがつきまとうことになる。実際、100 人の「選び方」はほぼ無限にある。したがって、どの 100 人を選ぶかによって（標本抽出するたびに）、異なった平均が得られる。すなわち、どの標本が抽出されるかによって、そこから求められる標本平均も異なる。このことを、**標本変動**という。同一母集団から抽出された標本による平均であっても、どの標本が抽出されるかによって異なる値をとる。

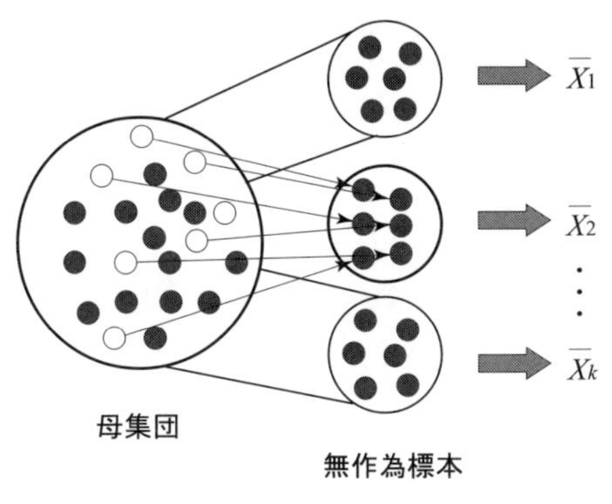

図4.2

無作為にどの 100 人（どの標本）が選ばれるかによって、計算される平均身長（標本平均）も異なるということは、標本平均はいろいろな値が実現可能で、何が出てくるかはわからない。しかし、母集団平均の近くは多くて、それから離れるほど少なくなることは想像できる。

これは、標本から得られる平均身長自体が**確率変数**であると言い換えることができる。そして、確率変数である以上、「どの値が出やすくて、どの値が出にくいか」、すなわち**確率分布**をもつことを意味する。

仮に、男子大学生の平均身長が左右対称の確率分布をもっていたとする。この場合、無作為に標本抽出して平均を計算するという作業を何度も繰り返すと、標本平均の分布の真ん中あたりの値が比較的多く得られることになる。一方、両端の値はほとんど得られないであろう。ここで重要なのは、標本平均はどのような確率分布に従うのかである。すなわち、標本平均はどのあたりを中心に、どれ位の幅で散らばるかである。

4.3　標本平均の確率分布

どのような確率分布に従うのか？

① 平均はいくらか？

② 分散（標準偏差）はいくらか？

③ 分布の形は？

標本平均という確率変数の平均、分散を理論的に計算してみる。

① 標本平均の期待値

標本平均$\overline{X}$はどのあたりを中心に分布しているのか？　母集団の平均とは、期待値のことなので、期待値を計算してみる。まず、男子大学生の母集団で身長という確率変数Xは、平均μ、分散σ^2をもつとする。

最初に取り出すデータをX_1、2番目に取り出すデータをX_2、…、n番目に取り出すデータをX_nとすると、標本平均$\overline{X}$は次のように表すことができる。

$$\overline{X} = \frac{X_1 + \cdots + X_n}{n}$$

期待値を計算すると、

$$\begin{aligned} E(\overline{X}) &= E\left(\frac{X_1 + \cdots + X_n}{n}\right) \\ &= E\left(\frac{X_1}{n} + \cdots + \frac{X_n}{n}\right) \\ &= E\left(\frac{X_1}{n}\right) + \cdots + E\left(\frac{X_n}{n}\right) \end{aligned}$$

$$= \frac{1}{n}E(X_1) + \cdots + \frac{1}{n}E(X_n)$$

ここで、1 番目の標本も 2 番目の標本も同じ母集団から取り出しているので、その期待値 はすべて同じμであり、

$$E(\overline{X}) = \frac{1}{n}\mu + \cdots + \frac{1}{n}\mu = \mu \tag{4.3.1}$$

となる。これは無作為抽出だからこそ、この導出ができる。すなわち、無作為に抽出された標本の**標本平均の期待値（平均）は、その取り出し元である母集団の平均に等しい**。

つまり、男子大学生 100 人を無作為に抽出して平均身長を計算する作業を何回も繰り返すと、その多くは、いま知ろうとしている「母集団の平均」と同じ値の周辺に集まることになる。

② 標本平均の分散

$$V(\overline{X}) = V(\frac{X_1 + \cdots + X_n}{n})$$

$$= V(\frac{X_1}{n} + \cdots + \frac{X_n}{n})$$

ここで、「独立な確率変数の和の分散は、それぞれの確率変数の分散の和に等しい」という性質を使うと、

$$V(\overline{X}) = \frac{1}{n^2}V(X_1) + \cdots + \frac{1}{n^2}V(X_n)$$

$$= \frac{1}{n^2}\sigma^2 + \cdots + \frac{1}{n^2}\sigma^2$$

$$= \frac{n}{n^2}\sigma^2 = \frac{\sigma^2}{n} \tag{4.3.2}$$

すなわち、無作為に抽出された標本の**標本平均の分散は、取り出し元である母集団の分散を標本の大きさ（データ数）で割ったものに等しい**。

最後の式(4.3.2)を見るとわかるように、標本平均の散らばり具合は、取り出すデータ数 n が大きいほど小さくなる。これを前の性質①と併せれば、標本サイズが大きいときには、標本平均は母集団の平均の近い範囲に集中することになる。分散が小さくなる理由は、ある特定の標本が極端な値を数個含んでいても、平均

をとると他の測定値により相殺されてしまうため、その平均値はそれほどばらつかないため、標本平均の分散は小さくなると考えられる。

③ 標本平均の分布の形

母集団がどのような形の分布をしていようとも、そこから取り出した標本によって計算される標本平均 $\overline{X}$ の分布の形は、データ数 n が大きくなるとき正規分布に近づく、ことが知られている。

この性質を**中心極限定理**といい、統計学での重要な性質である。ここでは①、②、③をまとめて**標本平均の分布の定理**とよぶ。

標本平均 $\overline{X}$ は正規分布に漸近的（n が大きいとき）に従う。

$$\overline{X} \sim N(\mu, \sigma^2/n)$$

すなわち、標本平均はいろいろな値が出る可能性があるが、最も出やすいのは母集団の平均の周辺の値である。そして、標本サイズ（データ数）が大きくなればなるほど、母集団の平均に近い値が出やすくなる。さらに、分布の形が正規分布になるため、標準正規分布表を用いれば確率計算が容易になる。この事実を利用すると、標本平均から母平均を推定することが可能になる。

データのバラツキ σ を 標準偏差とよんだが、ここで取り扱った標本平均のバラツキのことを、データのそれと区別するために**標準誤差**とよぶ。

データのバラツキ ＝ 標準偏差 SD（standard deviation）

標本平均のバラツキ ＝ 標準誤差 SE（standard error）

また、標本平均を標準化した変数 Z は、標準正規分布に漸近的に従う。

$$Z = \frac{\overline{X} - \mu}{SE}$$

$$Z \sim N(0,1)$$

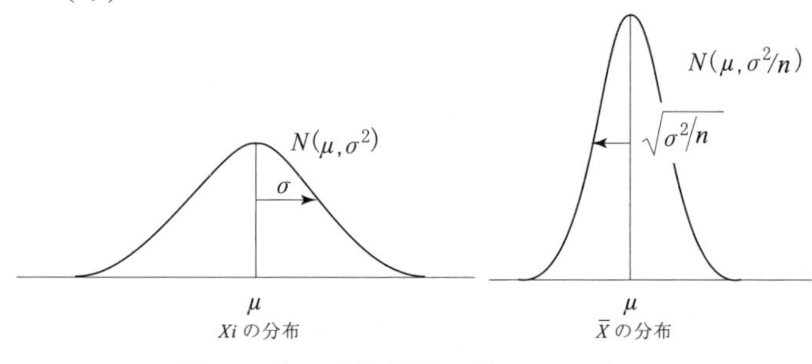

図 4.3　データと標本平均のバラツキ SD と SE

まとめ

標本平均の確率分布

① 平均 => μ

② 分散（標準偏差） => σ^2/n $\left(\dfrac{\sigma}{\sqrt{n}}\right)$

③ 分布形 => 近似的に正規分布

【例】数値実験による確認1

平均＝10、標準偏差＝5.0の正規乱数1000個の母集団について考える（図4.4）。母集団の分布をヒストグラムおよび要約統計量で示す。

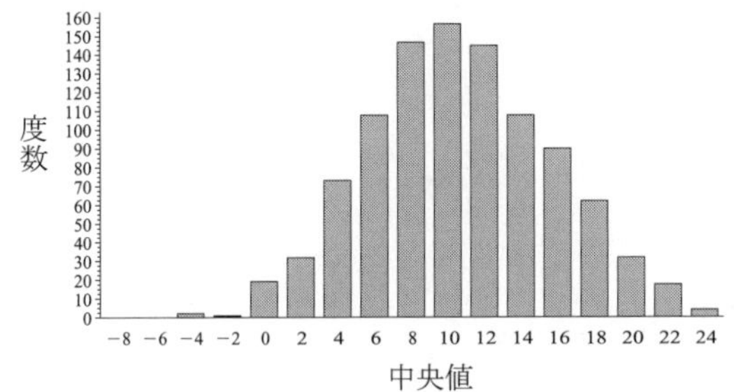

N	平均	標準偏差	最小値	最大値
1000	10.2	5.01	−8	24

レンジ：32

図4.4

この母集団より、データ数 $n=5$ の10個の標本をランダムに取り出し、その要約統計量を表4.1に示す。

表4.1　平均の標本分布

標本	n	平均	SD	min	max
$g=1$	5	10.2	5.40	5	17
$g=2$	5	12.6	4.93	5	17
$g=3$	5	8.8	2.59	6	11
$g=4$	5	10.6	5.94	3	17
$g=5$	5	8.8	4.82	4	14
$g=6$	5	9.6	4.98	6	18
$g=7$	5	7.2	6.42	2	18
$g=8$	5	9.4	7.13	−1	17
$g=9$	5	13.4	2.70	10	17
$g=10$	5	8.8	4.44	5	16
	平均	9.94	4.94		

<理論値>

$\sigma^2 = 25.0$

$n = 5$

$\sigma^2/n = 25.0/5 = 5.0$

標本平均の標準偏差$= \sqrt{5.0} = 2.24$

<実測>

標本平均の偏差平方和$= 31.364$

分散$= 31.364/9 = 3.485$

標準偏差$= \sqrt{3.485} = 1.877$

平均値は、平均が 9.94 と理論値に近い。一方標準偏差は、理論値の 2.24 に対し実測のそれは 1.88 であり少し乖離が認められる。原因は、データ数が少ないためと思われる。平均は理論値どおり、標準偏差はデータ数が小さいため少し誤差があるものの、元の標準偏差と比べると十分小さな値となっており、標本平均の分布の定理が働いていることが確認できる。

【例】数値実験 2　元の分布が正規分布でない場合

・対数正規分布の平均の変動（10000 回の試行）

① $n=10$　大きく右裾を引いている。

② $n=100$　右裾の引きずりは、かなり短くなっている。

③ $n=1000$　ほとんど左右対称で広がりも非常に小さくなっている。

・正規分布の平均値の変動（10000 回の試行）

n に対応してバラツキは大きく異なるが、分布は左右対称である。

・いかに標本平均の分布の定理が成り立つといえども、特に少数例では非正規分布のデータは、正規分布に近づける変換（正規化変換）を行うのが望ましい。

・正規化変換則が見つからない場合、正規近似を使用しない方法の検討が必要となる。これは第 9 章のノンパラメトリック検定で説明する。

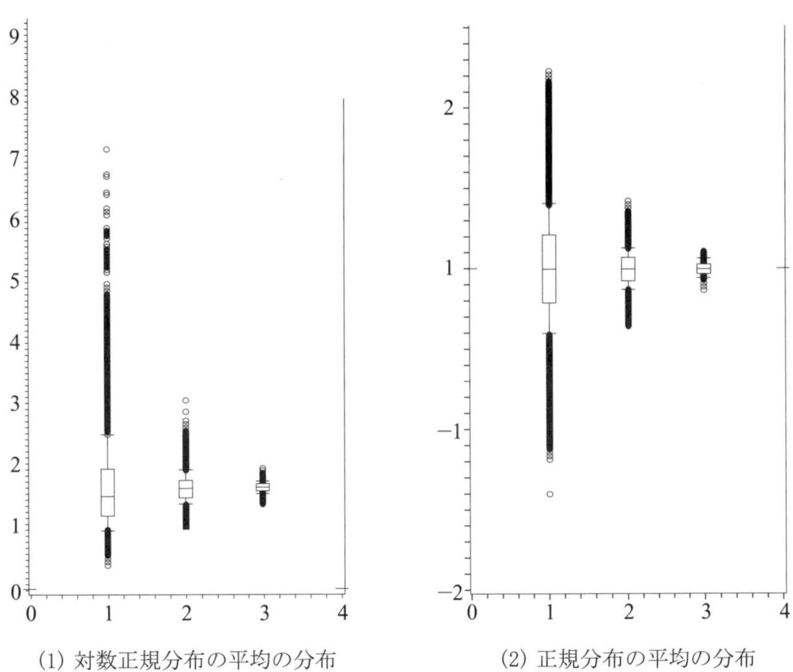

(1) 対数正規分布の平均の分布　　(2) 正規分布の平均の分布

図4.5

【例1】成人男性の血清コレステロール値（/100mL）母集団の平均値$\mu=211$mg、標準偏差$\sigma=46$mgより、$n=25$の標本を繰り返し無作為に抽出したとき、その平均値≧230mg/100mL（高脂血症）となる標本が生じる確率はいくらになるか求めてみる。

標本平均の分布の定理より、$\overline{X} \sim N(211, 46^2/25)$

標準化すると

$Z=(\overline{X}-211)/9.2=(230-211)/9.2=2.07$

ただし、$9.2=46/5$

正規分布表より、右側面積（確率）は0.019

＜考察＞　平均値≧230mgである標本は1.9%しかない。

【例2】成人男性の血清コレステロール値母集団、平均値$\mu=211$mg/100mL、標準偏差$\sigma=46$mg/100mLより、$n=25$の無作為標本を抽出したとき、標本平均の分布において、95%を占める領域の上限値と下限値はいくらか求めてみる。

数値表より、$Z=1.96$の上側の確率は0.025、$Z=-1.96$の下側の確率0.025。

ゆえに、

$P(-1.96 \leqq Z \leqq 1.96)=0.95$

よって$-1.96 \leqq Z \leqq 1.96$となる$\overline{x}$を求める。

$-1.96 \leqq (\overline{x}-211)/9.2 \leqq 1.96$

$211-1.96(9.2) \leqq \overline{x} \leqq 211+1.96(9.2)$

$193.0 \leqq \overline{x} \leqq 229.0$

＜考察＞これにより、近似的に大きさ25の標本平均のうちの95%は193.0mg/100mLと229.0mg/100mLとの間にあることがわかる。

【例 3】 成人男性の血清コレステロール値の母集団の平均 $\mu=211$mg/100mL、標準偏差 $\sigma=46$mg/100mLより、標本平均のうちの 95%が母集団平均 μ の±5mg/100mL 内にあるようにするには、標本の大きさをいくらにすればよいか？

$$P(\mu-5 \leqq \bar{x} \leqq \mu+5)=0.95$$
$$P(-5 \leqq \bar{x}-\mu \leqq 5)=0.95$$

左辺の 3 つの項を標準誤差で割ると、

$$P\left(\frac{-5}{46/\sqrt{n}} \leqq \frac{\bar{x}-\mu}{46/\sqrt{n}} \leqq \frac{5}{46/\sqrt{n}}\right)=0.95$$
$$P\left(\frac{-5}{46/\sqrt{n}} \leqq Z \leqq \frac{5}{46/\sqrt{n}}\right)=0.95$$

95%は $Z=-1.96$ と $Z=1.96$ との間にある。

標本の大きさ n を求めるには区間の上側限界を使って、$Z=1.96=5/(46/\sqrt{n})$ を解けばよい（下側限界を使っても同じ）。

$$\sqrt{n}=1.96(46)/5$$
$$n=(1.96(46)/5)^2=325.2$$

標本の大きさを扱うときは、切り上げて丸める。326 人の標本が必要である。

第5章　信頼区間

錠剤Aの製造条件が、1.0g/錠、標準偏差0.35gと設定されたとする。1錠の重量をXとすると、設定値は母集団パラメータであるので、

$$X \sim N(1.0,\ 0.35^2)$$

の分布に従うと仮定する。

100錠入りのビンの1錠あたりの平均を求めたら、0.95g/錠となった。この推定値を統計では**点推定値**（point estimate）という。点推定値は、標本バラツキにより母平均からはずれることが多い。いまの場合、標本平均は母平均からずれている。これは、一発勝負の点推定で未知の母平均を言い当てようとしたからである。もし、幅をもたせて推定したら、かなりの確率で的中するであろう。そのとき問題なのは、幅を客観的にどのようにして決めたらいいのかである。答えは、信頼区間という考え方でその幅を決めることである。

この章では、信頼区間について考える。

5.1　平均値の信頼区間（母分散が既知の場合）

標本は、母集団から取り出されたものなので、標本平均$\bar{x}$は母平均μに近い値となるはずである。そのため、

$$\Delta\text{（大文字デルタ）} = \text{標本平均} - \text{母平均} = \bar{x} - \mu$$

とすると、$|\Delta|$が小さい値をとる確率は大きく、$|\Delta|$が大きい値をとる確率は小さい。

$$\Delta/\text{標準誤差（定数）} = \delta\text{（小文字のデルタ）}$$

とすると、δは標準化の性質より少なくとも近似的にZの分布すなわち標準

正規分布に従う。それゆえ、真の平均（母平均μ）との差δ以上出る確率は、Zの分布（標準正規分布）上で考えることができる。

図 5.1 に示しているように、標本平均を中心として見たとき、標本平均（点推定値）からδのとる幅を大きくすれば母平均μの的中率が上がり、狭くとれば的中率が下がる。

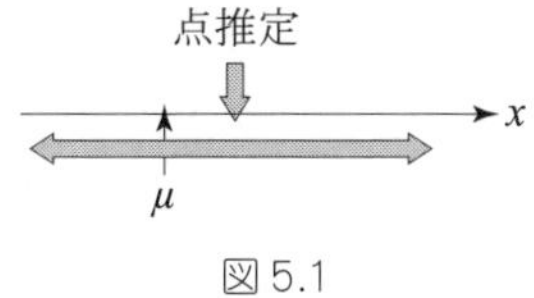

図 5.1

この的中率（確率）は、差δが標準正規分布に従うことより幅をZ_aからZ_bとすると、$P(Z_a < Z < Z_b)$で表すことができる。通常的中率は、100 回中 95 回以上当たるならよしとするとの慣例で 95%が使われる（この値は、状況によって変えてもよい）。

よって

$$P(Z_a < Z < Z_b) = 0.95 \tag{5.1.1}$$

と決める。この式が幅の大きさを客観的に決める関係式である。この的中率を**信頼率**（また**信頼係数**）とよぶ。上の場合、信頼率は 95%である。実際面で使いやすいように式(5.1.1)を変形する。

標準化の式は次式である。

$$Z = \frac{|\text{標本平均} - \text{母平均}|}{\text{標準誤差}}$$

絶対値をつけている理由は、絶対値の中が正のときや負のときがあるが、いまはその大きさだけに注目するため符号を無視している。この式を変形すると、

$$\text{母平均(未知)} = \text{標本平均(既知)} \pm |Z| \times \text{標準誤差}$$

であり、この式の意味は、

未知の母平均＝既知の標本平均±(Z：標準化したときのずれの程度)×(標準誤差：1 目盛りの大きさ)

であり、上式の右辺第二項は、標本平均の真の平均からのずれの大きさを示している。さらにこの項の Z は直接確率に対応しており、この確率とは真の平均と標本平均のずれが生じる確率を意味している。

仮に、許されるずれの程度が標準誤差の 2 倍だとする。つまり$|Z|=2$ であるとすると、母平均がその区間にある確率は $P(-2<Z<2)$、つまり約 0.95 であることを指している。信頼係数 0.95 とすると、$P(Z_a<Z<Z_b)=0.95$ の Z_a は $-Z_b$ であるため、Z_b は数値表より 1.960 である。

式(5.1.1)に、標準化したときに使った式と上記 Z_b の数値を代入してやると

$$P(-1.96<\frac{\bar{x}-\mu}{SE}<1.96)=0.95 \tag{5.1.2}$$

μ についての区間を求めたいので、上式を μ について整理する。

$$P(\bar{x}-1.96\times SE<\mu<\bar{x}+1.96\times SE)=0.95 \tag{5.1.3}$$

式(5.1.3)が、標本平均 $\bar{x}$ を中心とした幅（$\pm1.96\times SE$）の間に母平均 μ を含んでいる確率が 0.95 であることを示している。言い換えれば、100 回標本を集めた場合、この区間に母平均が 95 回含まれているということである。この区間を信頼率 95%の**信頼区間**とよぶ。

信頼率についてもう少し説明しておく。ここで説明してきた「信頼率 95%（信頼率 0.95 でもいい）」は、厳密な表記をすれば「両側 95%の信頼率」である。この両側 95%とは、的中率を 95%とするとき、はずれの確率は 5%であり、図 5.2 では Z_a と Z_b との間が当たりの領域で 95%である。それゆえ、Z_a と Z_b の値はおのおの-1.960 と 1.960 であり、外側確率は＋と－両方あり、0.05 の半分の 0.025 である。

この領域で使われる統計用語を以下に示しておく。

- $a=\bar{x}-1.96\times SE$: 下側信頼限界（lower confidence limit）
- $b=\bar{x}+1.96\times SE$: 上側信頼限界（upper confidence limit）
- 0.95 : 信頼係数（confidence coefficient）、信頼率（coverage probability）
- (a,b) : 信頼区間 confidence interval（CI と略記することが多い）
- 信頼区間を推定することを、区間推定 interval estimation という。

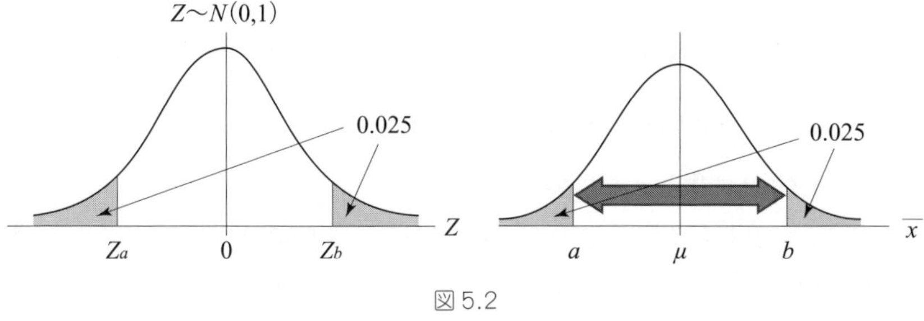

図 5.2

5.2　平均値の信頼区間（母分散が未知の場合）

そもそも、母平均未知なので、それを推定しようとしているとき、母分散がわかっていることが不自然である。多くの場合、母平均未知ならば、同時に母分散も未知である。それゆえ、この節で学ぶことが実用上有用である。

式(5.1.1)では強調しなかったが、標準化の際、母分散が既知の場合 Z で確率を求めることができる。しかし母分散が未知の場合、標本分散しか使えないので t 分布で確率を求めなければならない。母分散 σ^2 が未知であるので、σ^2 に対してその母集団から取り出した標本の分散

$$\hat{V}=\frac{\sum_i (x_i-\bar{x})^2}{(n-1)}$$

で代用する。

この標本分散を使って標準化を行うと、

$$t=\frac{\bar{x}-\mu}{\sqrt{\hat{V}/n}}=\frac{\bar{x}-\mu}{SE} \tag{5.2.1}$$

ここで

$$SE=\sqrt{\hat{V}/n} \tag{5.2.2}$$

t は標準正規分布には従わないで、自由度 $n-1$ の **t 分布**（t-distribution）に従う確率変数である。

よって、母分散が未知の場合、前節での考え方は変わらないが、両側 95% の信頼率の式(5.1.1)は次の式となる。

$$P(-b < t < b) = 0.95 \tag{5.2.3}$$

ここでbは、t分布上での値で、

$$b = t(\text{自由度}, 0.025)$$

である。信頼区間は次式で求められる。

$$P[(\bar{x} - t(\text{自由度}, 0.025) \times SE < \mu < \bar{x} + t(\text{自由度}, 0.025) \times SE)] = 0.95 \tag{5.2.4}$$

式(5.2.4)が母分散が未知の場合の両側 95%の信頼率の信頼区間を求める式である。式(5.2.4)のSEは、式(5.2.2)である。

信頼区間の下限、上限は

$$\bar{x} - t(\text{自由度}, 0.025) \times SE、\bar{x} + t(\text{自由度}, 0.025) \times SE \tag{5.2.5}$$

となる。

[例題]　アルミニウムを含んだ制酸剤を与えられた乳児の母集団から無作為に選ばれた20人の子供の標本を考える。それらの制酸剤は、しばしば消化不良を治療するために使われている。血漿アルミニウム濃度の分布は、近似的に正規分布であることが知られているが、平均μと標準偏差σは未知である。

20人の乳児の標本に対する平均アルミニウム濃度は35.0μg/L、標本標準偏差は$s = 6.8$μg/L である。母標準偏差σ未知のもとで、t分布を使ってμに対する95%信頼区間を求めてみる。

自由度 20－1＝19 の t 分布に対して、数値表より観測値のうちの 95%は－2.093 と 2.093 との間にある。σをsで置き換えると、母平均μに対する95%信頼区間は、

$$\left(\bar{X} - 2.093\frac{s}{\sqrt{20}}, \bar{X} + 2.093\frac{s}{\sqrt{20}}\right)$$

である、$\bar{x}$とsの値を代入すると、信頼区間は

$$\left(35.0 - 2.093\frac{6.8}{\sqrt{20}}, 35.0 + 2.093\frac{6.8}{\sqrt{20}}\right) = (31.8, 38.2)$$

5.3 比率（割合）の信頼区間

以上は計量値の場合であったが、次に比率（あるいは割合）の場合を考えてみる。計量値の場合と考え方は同じである。

母集団比率を π とし、標本比率を x/n とする。x は対象としている事象が起こる数、n は試行回数とする。たとえば臨床研究の場で、10 人に投与し、有効例が 4 例であるとき、$n=10, x=4$ である。このとき x は n, π を母数（パラメータ）とする二項分布に従う。

二項分布の章でみたように、二項分布は π が 0.5 に近いか n が大きいとき正規分布に近づき、3.2.5 項より平均は $n\pi$、式(3.2.5.2)より分散は $n\pi(1-\pi)$となる。すなわち、x の分布は

$$x \sim N(n\pi, n\pi(1-\pi)) \tag{5.3.1}$$

で近似できる。x を n で割った標本比率の分散は、$\pi(1-\pi)/n$ となり、標本比率の分布は正規分布で近似できる。

$$x/n \sim N(\pi, \frac{\pi(1-\pi)}{n}) \tag{5.3.2}$$

それゆえ、比率の標準化の式は下記のように書ける。

$$Z=\frac{\frac{x}{n}-\pi}{\sqrt{\frac{\pi(1-\pi)}{n}}} \tag{5.3.3}$$

$$SE=\sqrt{\frac{\pi(1-\pi)}{n}} \tag{5.3.4}$$

式(5.3.4)を式(5.1.3)へ代入すると、

$$Pr\{\frac{x}{n}-1.96\sqrt{\frac{\pi(1-\pi)}{n}}<\pi<\frac{x}{n}+1.96\sqrt{\frac{\pi(1-\pi)}{n}}=0.95$$

このままでは信頼区間の式に π が入っているので求められないため、n が大のとき π を $\hat{p}$ で置き換える。

$$\hat{P}=\frac{x}{n}$$

ここで、{ }内の π（未知）にその点推定値 $\hat{p}=x/n$ を代入すると、

$$Pr\{\frac{x}{n}-1.96\sqrt{\frac{\frac{x}{n}(1-\frac{x}{n})}{n}}<\pi<\frac{x}{n}+1.96\sqrt{\frac{\frac{x}{n}(1-\frac{x}{n})}{n}}\}=0.95 \tag{5.3.5}$$

式(5.3.5)が比率の両側信頼率 95%の信頼区間を決める式である。

信頼区間の下限、上限は、

$$\frac{x}{n}-1.96\sqrt{\frac{\frac{x}{n}(1-\frac{x}{n})}{n}},\quad \frac{x}{n}+1.96\sqrt{\frac{\frac{x}{n}(1-\frac{x}{n})}{n}}$$

である。

以上は、二項分布の正規近似に基づく説明であるが、近似によらず二項分布の正確な信頼区間を求めなければならない場合もある。10.2 節で二項分布の正確な（正規近似を使わない）信頼区間の求め方を説明する。

第6章　検定と検出力

6.1　はじめに

10人の喘息患者に新抗喘息薬投与試験を実施し、投与前に比べ投与後の発作回数が減少したかどうかを調べたいというとき、統計学的仮説検定が利用される。検定は、日常用語として使われており、たとえば英語検定などでは検定結果は、合格・不合格の二者択一の結果である。統計学的仮説検定（以下検定）も同様で、二者択一の結果を示す。検定はそのため答えが明瞭であり、それゆえ実社会で便利なためよく使われている。

新薬の薬効評価で、デンプン錠剤（対照）と新薬錠剤（処置）をそれぞれ20人の患者に投与したとする。デンプン錠剤を投与された20人の集団を対照群、新薬を投与された20人の集団を処置群とよぶと、この2群の特性値の平均が異なっているかどうかで、処置効果すなわち新薬が有効かどうかを調べることができる。そのとき、新薬が有効であることを証明する方法として、統計学的仮説検定法（簡単に仮説検定）が使われる。

新薬の薬効評価では、2群の特性値の平均に差があることを証明したいが、仮説検定では“2群の特性値の平均に差がない”と仮定し、その仮定のもとでデータが生じる確率が小さいとき仮定が間違っているとして、反対仮説の“2群の特性値の平均に差がある”ことを証明する。この方法は、高校で学んだ背理法である。

通常、仮説検定はこれだけ知っていれば、以降の話は理解できるが、いま示した方法に不自然さを感じられないだろうか。その不自然さとは、直接違いを証明せず、なぜ背理法を使うのかである。

背理法を使う理由は、簡単に差があることを証明できるからである。さらにいまのところ背理法を使わずに証明する方法が他にないためである。ユークリッドが$\sqrt{2}$が無理数であることを背理法を使って証明したことはよく知られている。このように証明が難しい場合も、背理法を使うと簡単に解決できる。

次に、なぜ証明したいことの逆の仮定を置くのかについては、逆の仮定でないと、統計的仮説の証明ができないからである。さらに、ある仮定の可能性の排除は、その逆仮説の肯定になっているからで、対立仮説が証明できることになる。これは背理法の論理そのものから出てきているが、この議論は、少し長くなるので、補足を参照されたい。

“2 群の特性値の平均が異なっている”ことを証明したいとき、検定は、証明したい反対の仮説、すなわち“2 群の特性値の平均が等しい”と仮定したうえで、そのときデータが生じるのに矛盾がないかどうかを調べる。矛盾していたら、等しいという仮定を捨て、その反対仮説である“2 群の特性値の平均が異なっている”ことが証明できる。

この論理の中で、データが生ずるのに矛盾がないかどうかを調べるのに、確率を利用する。こうすることにより、客観的な基準のもとに結論が誘導できる。これが、仮説検定論の考え方である。バラツキのある場で、主観に頼らず客観的な基準のもとで結論を出せる方法論という意味で、仮説検定は広く使われている。この仮説の考え方を使って、データのタイプ、比較群の数などにより、種々の検定方法があるが、よく使われる検定法については、次の章から1つずつ説明していく。ここでは、最も簡単な基準値と標本平均との比較についての検定法を説明する。

6.2　1 標本の検定

最も簡単な検定は、基準値と標本平均との比較である。このとき、標本は1つだけであるので、1 標本問題とよばれる。例を通して、説明する。

【例】クラスの中でランダムに10人を選んで、右目の視力を測定し、次のデータを得た。

0.3　0.5　0.6　0.7　1.1　1.3　1.3　1.4　1.5　1.6

標本平均 1.03

正常視力 1.5、標準偏差 0.5 が正常値の母数だとすると、このクラスの学生の視力は正常値からはずれているか検定してみる。

■検定の考え方

A を正常値、*B* を標本取り出し元の母平均とすると、主張したいことすなわち"差がある $A \neq B$"を証明したいとする。いまの場合、標本平均は規格値（母平均）と異なっていることを証明したいとする。

そのとき、検定ではその反対の仮説である"差がない $A = B$"という仮説をもとにしたとき、データから求めた統計量が確率論的に仮説と矛盾していることを証明することにより、反対仮説"$A \neq B$ である"ことを証明する。つまり反証の論理であることは前に述べた。

具体的には、次の手順で進める。

手順 1：2 つの仮説を立てる。

仮説 1 として、標本取り出し元母集団の平均視力は 1.5 である（捨てるつもりの仮説：帰無仮説）。

仮説 2 として、標本取り出し元の母集団の視力は平均 1.5 でない（証明したい仮説：対立仮説）。

手順 2：仮説 1（帰無仮説）のもとで、起こりにくいとする確率を事前に決める。これを**有意水準**とよび、記号 α で表す。

手順 3：検定統計量を決め、手順 1、2 に応じて棄却域を定める。

有意水準に対応する統計量の値を**棄却限界値**とよぶ。棄却限界値の外側を**棄却域**（事象が有意水準より稀にしか起こらない領域で、仮説を棄却する統計量の値の領域）という。

手順 4：データをとり、検定統計量の値を計算する。

手順 5：手順 4 で求めた検定統計量の値が棄却域に入っていれば、有意（に仮説と異なる）と判定し、初めに立てた仮説 1（帰無仮説）が間違っており、仮説 2（対立仮説）が証明できたとする。

手順 6：実科学の立場で考察する。

結論をいうと平均 1.03 の標本が平均 1.5 の母集団からのものとすると、平均 1.03 以上の差が生じる確率は 0.001 と小さい（この確率 0.001 は正規分布表から求めるが、その説明は後の節で行う）。

これは、母平均 1.5 の母集団から見ると非常に起こり難いことである。ゆえに平均 1.03 の標本は、母平均 1.5 の母集団とは異なった母集団の標本と見なす、言い換えれば、当該クラスの学生の視力は正常値からはずれているというのが結論となる。

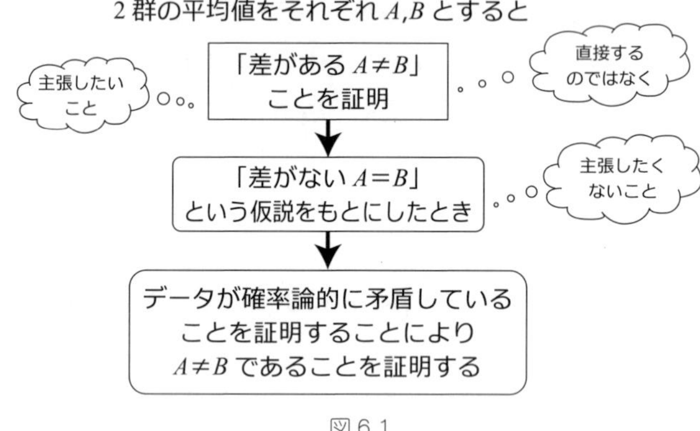

図 6.1

実際の計算方法を示そう。母集団は日本中の全学生の視力データの集まりで、正規分布すると仮定する。ここでは話を簡単にするため、

　　母集団分散 $\sigma^2 = 0.5^2$

さらに、

　　正常値 $\mu = 1.5$

　　標本平均 $= 1.03$

$n = 10$　個々の測定値を x_i で示す。

$x_1, x_2, \cdots$ が $N(1.5, 0.5^2)$ に従うなら、標本平均の分布は標本平均の（中心極限）定理より

$$\bar{x} \sim N(1.5, 0.25/10)$$

に従う。

標準化により、

$$Z_0 = \frac{\bar{x} - \mu}{\sigma/\sqrt{n}} = \frac{1.03 - 1.5}{0.5/\sqrt{10}} = -2.973$$

が求まる。この Z_0 は、「差がない、すなわち μ＝1.5 という仮定」の標準正規分布上で、データから求めた値である。

正規分布表より $Pr\{|Z| \geqq 1.960\} = 0.05$

Z_0＝2.973 は 1.960 より大きいので、0.05 以下の確率でしか生じないことになる。「標本取り出し元の母平均＝1.5 が成り立っている」ならば、$\bar{x}$ が 1.03 もしくはそれ以上の小さな値となるのは、小さな確率でしか起こり得ない。

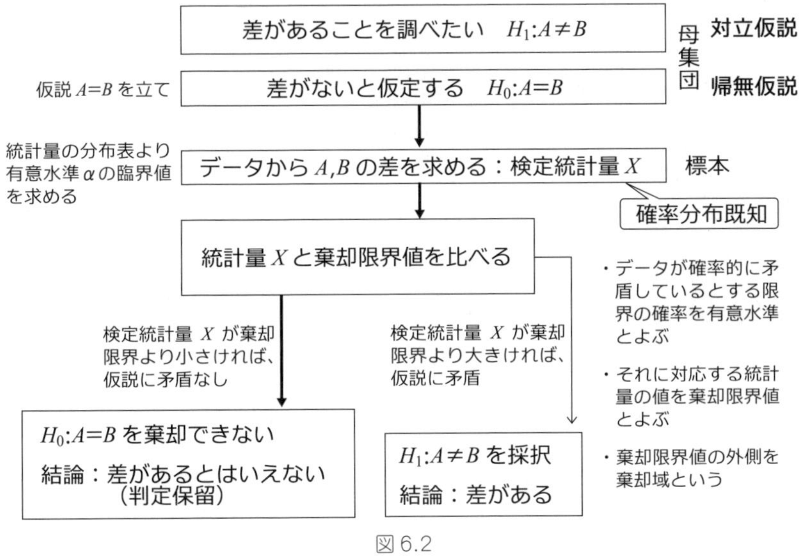

図 6.2

言い換えると、μ＝1.5 の正規分布からの標本だと仮定すれば「**“μ＝1.5 が成り立っている”ならば、得られたデータの値は不自然である**」。原因は仮説、“標本取り出し元の母平均＝1.5 が成り立っている”と考えたからであり、仮定が間違っていたと判断し、仮定を捨てる。これを統計では**棄却する**という。それゆえ、結論としてこの仮定を捨てて、「データは μ＝1.5 の母集団の標本ではない」と結論する。以上の流れで結論づける方法論を**仮説検定**とよぶ。仮説検定を流れ図として書くと図 6.2 となる。次に、一標本問題で分散既知・分散未知の各場合について手順を示す。

6.3　1標本：分散既知の場合の母平均 μ に関する検定の手順

手順1：作業仮説を設定する。

・帰無仮説　$H_0: \mu = \mu_0$

μ_0 は指定された値（視力の例では 1.5）

μ は標本取り出し元の母平均

・対立仮説　$H_1: \mu \neq \mu_0$

手順2：有意水準 α を決める。

手順3：検定統計量を決め、手順1、2 に応じて棄却域を定める。

有意水準に対応する統計量の値を棄却限界値とよぶ。棄却限界値の外側を棄却域という。

両側検定の棄却域 $= \{|Z_0| \geqq Z(\alpha/2)\}$

手順4：データ $x_1, x_2, \cdots, x_n$ をとり、検定統計量 Z_0 の値を求める。

（σ^2 は既知の母分散の値）

手順5：Z_0 の値が、手順3 で定めた棄却域にあれば有意と判断し、H_0 を棄却する。

手順6：実科学の立場で考察する。

6.4　1標本：分散未知の場合の母平均 μ に関する検定の手順

分散既知の場合と基本的には同じである。違うのは、検定統計量の分布が t 分布になることである。

手順1：作業仮説を設定する。

・帰無仮説 $H_0: \mu = \mu_0$

μ_0 は指定された値（視力の例では 1.5）

・対立仮説 $H_1: \mu \neq \mu_0$

手順2：有意水準 α を決める。

手順3：検定統計量を決め、手順1、2 に応じて棄却域を定める。

・（例）両側検定の棄却域 $= \{|t_0| \geqq t(\text{自由度}, \alpha/2)\}$、ここで ϕ は自由度である。

手順 4：データ $x_1, x_2, \cdots, x_n$ をとり、検定統計量 t_0 の値を求める。

（注）検定統計量は標本分散を使うため、t 統計量となる。

（$\hat{V}$ は標本分散）

手順 5：t_0 の値が、手順 3 で定めた棄却域にあれば有意と判断し、H_0 を棄却する。

手順 6：実科学の立場で考察する。

6.5　仮説検定時の 2 つの誤り（過誤）のタイプ

裁判の判決は表 6.1 のようになる。

・公判中の被告は無罪か有罪のどちらか。

・陪審は事件に関する証拠を提出された後、判決を下す。

表 6.1

陪審	被告	
	無罪	有罪
無罪	正しい	誤り
有罪	誤り	正しい

このとき、判決には 2 種類の過ちが生じる可能性がある。検定の場合にも、同様なことが生じる。

・母集団の真の平均は μ_0 か μ_0 でないかのどちらかである。

・検定結果は、帰無仮説が棄却されるか、されないかのどちらかである。

法律制度と同様に、仮説検定も完璧ではなく、2 種類の過誤が生じる可能性がある。“誤り 1”を、**第一種の過誤**（type I error）、記号で α、“誤り 2”を、**第二種の過誤**（type II error）、記号で β とよぶ。

つまり、第一種の過誤(α)とは、H_0 が正しいのに H_0 を棄却（有意と）する確率、第二種の過誤(β)とは、H_1 が正しいのに H_0 を採択する確率である。

表6.2

検定結果	母集団	
	$\mu=\mu_0$	$\mu\neq\mu_0$
棄却されない	正しい	誤り2
棄却	誤り1	正しい

6.6　検出力

両側検定を考える（図6.3）。

μ_0 を母集団の母平均

μ を標本取り出し元の母平均

とする。

帰無仮説　$H_0: \mu_0=\mu$

対立仮説　$H_1: \mu_0\neq\mu$

としたとき、両側5%の検定を考える。このとき検定統計量は次式で与えられる。

$$Z_0=\frac{\bar{x}-\mu_0}{\sqrt{\sigma^2/n}} \sim N(0,1) \tag{6.6.1}$$

また棄却域は次式となる。

$$|Z_0|=\frac{|\bar{x}-\mu_0|}{\sqrt{\sigma^2/n}} \geqq Z_{0.025}=1.960 \tag{6.6.2}$$

対立仮説が成り立っている（$\mu_0\neq\mu$）とすると、

$$Z=\frac{\bar{x}-\mu}{\sqrt{\sigma^2/n}} \sim N(0,1) \tag{6.6.3}$$

となる。この対立仮説が成り立っているとき、検定統計量（式(6.6.1)）を変形すると、

$$
\begin{aligned}
Z_0 &= \frac{\bar{x}-\mu_0}{\sqrt{\sigma^2/n}} \\
&= \frac{\bar{x}-\mu}{\sqrt{\sigma^2/n}} + \frac{\mu-\mu_0}{\sqrt{\sigma^2/n}} \\
&= Z + \sqrt{n}\,\frac{\mu-\mu_0}{\sigma} = Z + d\sqrt{n} \qquad (6.6.4)
\end{aligned}
$$

ここで、$d=(\mu-\mu_0)/\sigma$ とする。

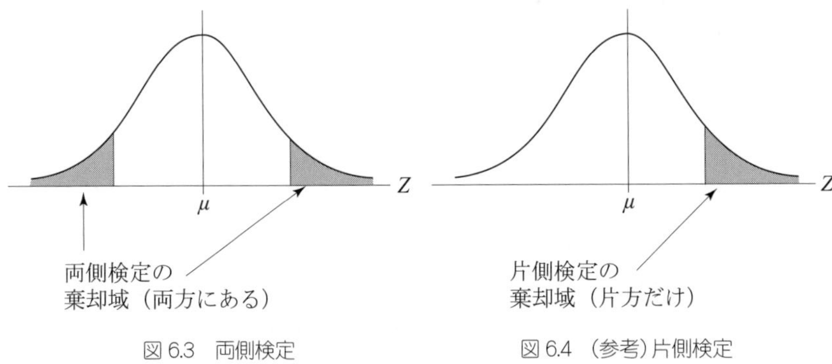

図 6.3　両側検定

図 6.4　(参考)片側検定

式(6.6.4)すなわち対立仮説が成り立っているときは、検定統計量 Z_0 は標準正規分布 $N(0,1)$ から左右いずれかに $d\sqrt{n}$（非心度）だけずれた正規分布 $N(d\sqrt{n},1)$ に従うことを示している。この状況を示すと図 6.5 のようになる（この図は、ある特定の母平均に対したものである）。

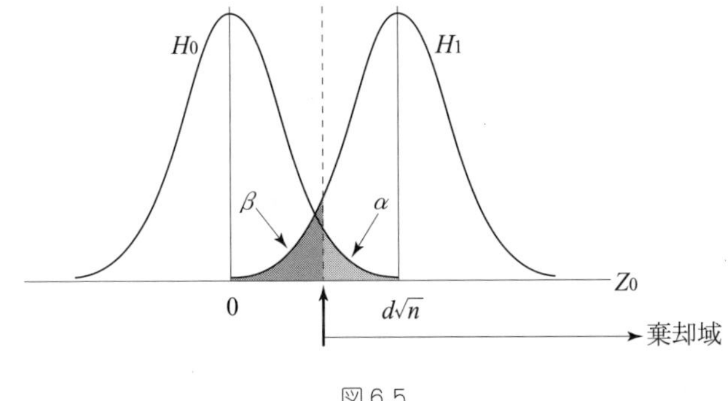

図 6.5

この図で矢印↑は棄却限界値であり、図では大きい方（右のもの）だけを示している。両側検定であるので、H_0の分布の小さい方（左側）にも0に対し対称な同様の棄却域が存在するが、図が煩雑になるので示していない。

検出力$(1-\beta)$：検出力(power)とは、検定の切れ味を示すもので、

① H_1が正しいとき、H_1を採択する確率
② H_1が正しいとき、有意とする確率

を指す。検証的な研究では、80%以上の確率が要求される。

図 6.5 において、右側の分布（H_1）は、対立仮説が正しいときの検定統計量 Z_0の確率分布であり、この分布に基づいて Z_0が棄却域に入る確率を求めれば、検出力が求まる。すなわち、$1-\beta$ が検出力である。

検出力を式で表すと、式(6.6.4)を用いて、

$$\begin{aligned} 1-\beta &= P(|Z_0| \geqq 1.960) \\ &= P(Z_0 \leqq -1.960) + P(Z_0 \geqq 1.960) \\ &= P(Z + d\sqrt{n} \leqq -1.960) + P(Z + d\sqrt{n} \geqq 1.960) \\ &= P(Z \leqq -1.960 - d\sqrt{n}) + P(Z \geqq 1.960 - d\sqrt{n}) \end{aligned} \tag{6.6.5}$$

となる。

例として $n=25$、$d=0.1$ の場合、式(6.6.5)を用いて検出力を求めてみる。

$$\begin{aligned} 1-\beta &= P(Z \leqq -1.960 - 0.1 \times \sqrt{25}) + P(Z \geqq 1.960 - 0.1 \times \sqrt{25}) \\ &= P(Z \leqq -2.46) + P(Z \geqq 1.46) \\ &= 0.00695 + 0.0721 = 0.079 \end{aligned}$$

となる。

検出力を上げるには

① 有意水準を大きくする（図 6.3、図 6.4）。
② μ_0、μ_1を中心とする分布のかさなりを減らす。
③ $\delta=\mu_0-\mu_1$が大きな値になる測定項目を探す。
④ 分布の分散を小さくする。
⑤ 標準誤差（$\sigma/\sqrt{n}$）を小さくする、すなわち サンプルサイズを大きく

する。

⑥ より検出力の高い検定統計量を見つける。

などである。

6.7 サンプルサイズの推定（例数設計）

両側検定での棄却限界値を $Z_{\alpha/2}$ とする。帰無仮説が成り立っている場合、検定統計量 Z_0 は式(6.6.1)となり、

$$\bar{x} = \mu_0 + Z_0 \times \sigma / \sqrt{n}$$

このときの棄却限界値は、大きい側のみでは、

$$\bar{x} = \mu_0 + Z_{\alpha/2} \times \sigma / \sqrt{n} \tag{6.7.1}$$

となる。

一方、対立仮説の分布から見ると、確率 β に対応する Z の値 $Z = -Z_\beta$ となる。ここで、$-Z_\beta$ となる $\bar{x}$ の値は、式(6.6.3)より、

$$\bar{x} = \mu - Z_\beta \times \sigma / \sqrt{n} \tag{6.7.2}$$

となる。

式(6.7.1)と式(6.7.2)は同値であるので、次の関係が成り立つ。

$$\mu_0 + Z_{\alpha/2} \times \sigma / \sqrt{n} = \mu - Z_\beta \times \sigma / \sqrt{n}$$

$\delta = \mu - \mu_0$ とし、上式から n を求めると、

$$n = \left[\frac{(Z_{\alpha/2} + Z_\beta)\sigma}{\delta} \right]^2 \tag{6.7.3}$$

この n は、有意水準 α の両側検定をする際、検出力 $1-\beta$ を達成するのに必要な1群のサンプルサイズである。

【例】 $\mu-\mu_0=5.0$、$\sigma=10.0$ としたとき、有意水準 0.05 の両側検定をする際、検出力 0.8 を達成するのに必要なサンプルサイズを求めてみる。

式(6.7.3)より、$1-\beta=0.8$

$$\beta=0.2$$

$$n=\left[\frac{(1.960+0.84)10.0}{5.0}\right]^2=31.36$$

データ数は切り上げで求めるので、$n=32$ の標本が必要となる。有意水準が同じ場合、片側と両側を比べると、両側検定の方がサンプルサイズが大きくなる。それは、式(6.7.3)の $Z_{\alpha/2}$ と Z_α の違いによる。

例数設計で必要なプロセスをあげると、

・エンドポイント（評価項目）を1つ決定する。
・「臨床的に有効と考えられる最小の効果の大きさ δ」および「σ」を決定する。
・評価に適切な検定法を選択する。
・有意水準 α、検出力（$1-\beta$）で有意となる最小の症例数を計算する。

倫理的には、多すぎてもいけなく、必要最小限の症例数を集める努力が重要である。重要なポイントとして、「臨床的に有効と考えられる効果の大きさ」の設定があり、効果の大きさを推定するには、

・過去の探索的試験
・類似の試験

などを考慮して決めることになる。

[補足説明]

(1) 検定の際、なぜ証明したいことの逆の仮定を置くのか。

「2群の平均の差の検定」を例に説明していく。

平均の差の検定では「差がある」ことを示したいが、統計学的、あるいは統計的仮説検定では「差がない」という仮説を設定する。そして矛盾が導き

出されれば、積極的に「差がある」ことがいえる。

すなわち、検定の論理は「背理法」であるので、否定したい仮説をいったん設定し、得られたデータから確率論的に仮説の矛盾を導こうとするものである。そうでないことを示すために設定する仮説を「帰無仮説」、矛盾と見なす確率を「有意水準」とよぶ。

しかし、最初から平均に差があることを仮定して仮説検定する方が自然ではないかと考えられる。そこで、仮説をひっくり返して、「差がある」という仮説を帰無仮説とする検定方法を考えてみる。この方式を、ここでは逆検定とよぶことにする。統計検定は、本来、帰無仮説を棄てて対立仮説をとる場合に有力な方法であるが、「逆検定」の帰無仮説は「2 群の平均に差がある」なので、本来の「通常の検定」の仮説とは逆になっている。

そのため、「逆検定」で「差がある」という仮説が棄却された場合、積極的に「差がない」すなわち同等であると結論することができるが、棄却されない場合、積極的に「差がある」ということはいえない。棄却されないことは単に同等性を示す十分な証拠がないということであって、「差がないとはいえない」という煮え切らない結論しか導けない。したがって、2 群の母集団の平均に差があることを証明したいという場合、「逆検定」では「差がない」「差がないとはいえない」のどちらに判定が下っても、差のあることを示す結果は得られない。

背理法を用いないと検定はできないし、また背理法を使う限り、「差がある」ことの有意性を積極的に評価するためには「通常の検定」に拠らなければできない。

(2) 通常の検定の論理（ネイマン-ピアソン基準）

統計的仮説検定では、標本から得られた統計量が仮説とどれくらい乖離すると、仮説を棄却しうるかという域値を設けることになるが、その際、2 種類の判定の誤りが生じる。

- 「仮説が真であるのにそれを棄却する」誤りを第一種の過誤 α
- 「仮説が偽であるのにそれを採択する」誤りを第二種の過誤 β

である。

これら、2 種類の判定の誤りは、一方を減らすと他方が増えるという**トレードオフの関係**にある。これら2種類の判定の誤りを同時に減らすことはできないが、検定では、「危険率は小さく、検出力は大きく」が要請される。ここで、危険率とは第一種の過誤 α、検出力とは $1-\beta$ である。この2条件は両立できないため、統計検定では妥協策として危険率（第一種の過誤 α）を中心として基準（ルール）が設定されている。

有意水準を前もって指定しておき、p 値がこの水準を越えない範囲で検出力がなるべく大きくなるように棄却域を定めるようにした検定基準がネイマン-ピアソン基準といわれるものである。すなわち、一定の第一種の過誤確率 α について、第二種の過誤確率を最小にするような棄却域の選び方がネイマン-ピアソン基準である。ネイマン-ピアソン基準の本質は α を厳しくおさえておいて帰無仮説が棄却できるかを問うことであり、α が厳しくおさえられているからこそ帰無仮説が棄却できれば安心して対立仮説を採択できる。逆に帰無仮説が棄却できないとき、対立仮説が真であるとは判定できないことになる。

平均の差の検定において、有意水準 α の有意性検定で帰無仮説が棄却されたら、それは積極的に「差あり」を主張できるが、棄却されないときは、積極的に「差なし」＝「同等」を主張できないということである。有意性がない（帰無仮説が棄却されない）というのは単に検出力やサンプルサイズが不十分で有意性が示せない(有意性を示す十分な証拠がない)だけかもしれず、積極的に帰無仮説を支持できない。すなわち「差があるとはいえない」ということであって、これは有意性ありが積極的に対立仮説を支持するのと大きく異なる点である。

このように、検定の論理は対立仮説を積極的に認めることはできるが、帰無仮説を積極的に認めることは難しいという構造になっている。つまり、有意性検定では、“同等”とする帰無仮説と“異なる”とする対立仮説が対等に扱われていない。有意性検定において、有意性のないことをもって同等と見なしていることが往々にしてあるが、そのような解釈は間違いである。

(3) 同等性の検証

ネイマン-ピアソン基準では、帰無仮説と対立仮説を同等に考えないで、帰無仮説を棄却することを重視しているので、有意性検定で帰無仮説が棄却されない場合は、積極的な“2 群の母平均が等しい”という証明にはならないということは、前述のとおりである。つまり“有意性なし”は、“同等”という意味ではないということである。

しかし、積極的に同等性を検証することも必要な場合がある。たとえば、薬剤で特許切れになった時点で、ジェネリック薬品が開発されるが、製造承認を得るには、既存薬との生物学的同等性を示さねばならない。そのような場合に、有意性検定とは別の、“積極的に”同等性を証明する検定が必要になる。

同等性検定では、ある程度以上の差 δ を見逃す確率を一定値 β 以下に抑えることが要求される。その際、

① 具体的に δ、β をどのような値に設定するか
② 見逃せない差 δ の値を第三者に説得できるか

などの問題が生じる。同等性検定では、δ 上乗せ方式によって、逆検定の話を通常の検定と同様の有意性検定に置き換える方式がとられている。

第 7 章　2 つの平均の比較

2 群（2 標本）の平均の比較に関する問題は、検定問題の基本の基本であり、とても重要なものである。初めに話を簡単にするため、2 群の平均の比較に関して特殊な場合として、1 群の平均が母平均であり、他の群の平均が母平均と等しいかどうかの比較を考える。その後で、2 つの群の平均の比較について説明する（群と標本は同義語である）。

7.1　1 標本問題

7.1.1　母平均と標本平均の比較

駅伝部選手の大学生は、文科系の大学生と比べ、平均身長が高いと思われるが、それが本当かどうか、J 大学駅伝部選手から無作為に標本抽出して調べることを考える。文科系の大学生の身長は、過去の全国調査ですでにデータがあるものとする。このような場合、取り出した標本は 1 つしかないので、1 標本問題という。

文科系の大学生の平均身長（単位 cm）を μ_0、（ここでは基準母集団とよぶ）

駅伝部選手の取り出し元の母集団平均を μ、（サンプル母集団）

標本（駅伝部選手）の平均身長を $\bar{x}$、

標本の大きさ（データ数）を n、

標本の分散を $\hat{\sigma}^2$

とする。

いま、考えているのは、標本の平均についての話なので標本平均の標準偏差、すなわち標準誤差（SE）は、

$$SE = \frac{標準偏差}{\sqrt{n}} \tag{7.1.1.1}$$

となる。

ここで、上式の分子の標準偏差（SD）は、

$$SD = \sqrt{\frac{\sum_i (x_i - \bar{x})^2}{n-1}} \tag{7.1.1.2}$$

である。帰無仮説は、$\mu_0 - \mu = 0$、対立仮説は$\mu_0 - \mu \neq 0$ である。

この帰無仮説の意味は、標本の取り出し元の母集団平均μ と規準母集団の母平均μ_0が等しい、言い換えれば標本取り出し元の母集団と規準母集団は同じものであることを指している。この帰無仮説のもとで$\bar{x} - \mu_0$ が稀な値であるかどうかを、確率により判定するのが検定である。

$\bar{x} - \mu_0$ の値が稀かどうかを確率で直接簡単に知ることはできないが、標準化することによって分布表よりそれを簡単に知ることができる。すなわち、$\bar{x} - \mu_0$ を SE で標準化してやればよい（通常、標準化とは、標準正規分布に従う Z スコアへの変換を指すが、本書ではもう少し広義に t への変換も標準化とよぶことにする）。

$$t_0 = \frac{\bar{x} - \mu_0}{SE} \tag{7.1.1.3}$$

考えているのは、帰無仮説のもとでの分布で$\bar{x} - \mu_0$ がどこに位置しているかであり、帰無仮説のもとということを明示するため統計量 t の右下に添え字として 0 をつけることにする。この式(7.1.1.3)がいまの場合の検定統計量である。

ここで、t_0は t 分布をする統計量であり、標本標準偏差を使って求められているので、属性として自由度をもっている。すなわち、t_0 は帰無仮説のもとで自由度 $n-1$ の t 分布に従う統計量である。それゆえ、事前に決めた両側有意水準を α としたときの仮説の棄却域は、図 7.1 の A と B である。

A は $t_0 \leqq -t$（自由度 $n-1$, $\alpha/2$）

B は $t_0 \geqq t$（自由度 $n-1$, $\alpha/2$）

の 2 つの条件式をまとめると、

$$|t_0| \geqq t\ (\text{自由度}\ n-1,\ \alpha/2)$$

となる。

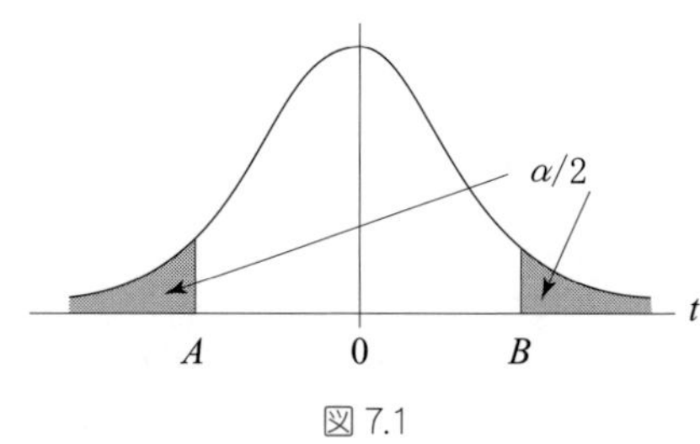

図 7.1

以上を整理して、手順として書くと以下のようになる。

1) 仮説を決める

帰無仮説 $H_0 : \mu_0-\mu=0$

対立仮説 $H_1 : \mu_0-\mu\neq 0$

2) 有意水準を決める

（たとえば）両側 0.05 とする。

3) 検定統計量 t_0 を決め、棄却域を定める（両側の場合）

$|t_0|>t$（自由度 $n-1, 0.05/2$）

4) 検定統計量 t_0 を求める

$$t_0=\frac{\bar{x}-\mu_0}{SE}$$

ここで，　$SE=\dfrac{\text{標準偏差}}{\sqrt{n}}$

5) 3)の棄却域に検定統計量 t_0 が入っているかどうか調べる

棄却域に入っていれば、データは帰無仮説のもとでは稀な事象である、すなわち統計学的に有意として、帰無仮説を棄却し対立仮説が証明されたことになる。逆に棄却域に入っていなければ、データは帰無仮説のもとでは稀ではないとして、対立仮説が証明できなかったことになる。

6) 実科学の立場で、考察を記述する

考察は、対立仮説について記述する。その理由は、検定は対立仮説を証明する機能をもった方法論であり、帰無仮説を証明する機能は論理的にもっていないことに注意すべきである。それゆえ、帰無仮説を棄却できなかったといって、帰無仮説を証明したことにならない。

7.1.2　対応のある(paired)標本

対応のあるデータ（またはペアードデータ）とは、

・薬の投与前と投与後との特性値の差
・右手と左手の長さの違い
・右目と左目の視力の差

などをいう。それらは、2 つの観測データであるが、一個人においてデータは対をなしているので、差をとると 1 つのデータで表すことができる。それゆえ、2 つの項目で違いがあるかどうかを調べるには、差のデータによる一標本問題として取り扱うことができる。この場合、一個人について対応する 2 つの観測値が生ずる。

対応のあるデータは、個体内で差をとるため、個体差（被験者間の生物学的変動）を取り除けるので、2 つの観測値を独立データとした場合に比べ、通常精度のよい比較ができる。

表 7.1　測定値およびその差

前値	後値	前値 − 後値 = 差
x_1	y_1	d_1
x_2	Y_2	d_2
:	:	:
x_n	Y_n	d_n

(1) **paired *t* 検定、または 1 標本 *t* 検定**

正規分布に従う、薬剤投与前と投与後との特性値の差について考える。言い換えれば、前後差を d とし、d の期待値（＝真値）がゼロかどうかについて調べる。さらに、dは正規分布するものとする。

真の差をδとすると、仮説は

帰無仮説 $H_0 : \delta = 0$

対立仮説 $H_1 : \delta \neq 0$

このδは、前節での基準値に対応している。

両側有意水準0.05とすると

棄却域は　$|t_0| \geqq t_{n-1}(0.025)$

標本についての検定だから、検定統計量はtである。すなわち、

$$t_0 = \frac{\bar{d}-\delta}{\hat{SE}} = \frac{\bar{d}-0}{\hat{s}/\sqrt{n}} = \frac{\bar{d}}{\hat{s}/\sqrt{n}}$$

ここで$\bar{d}$は差の標本平均　$\bar{d} = \dfrac{\sum_{i=1}^{n} d_i}{n}$

Sは差の標本標準偏差　$\hat{S} = \sqrt{\dfrac{\sum_{i=1}^{n}(d_i - \bar{d})^2}{n-1}}$

nは対の数（例：人数）

である。

データから求めた t_0 が棄却域にあれば有意とし、帰無仮説を棄却し、対立仮説を採択する。有意でなければ帰無仮説を棄却できないので、「差はあるとはいえない」と結論する。

（2）対応がある場合の母平均の差の推定

j番目の個体のデータを（x_j, y_j）とし、その差を

$$d_j = x_j - y_j$$

とする。$x \sim N(\mu_x, \sigma_x^2)$、$y \sim N(\mu_y, \sigma_y^2)$ とすると、対応があると$x_1, x_2, \cdots, x_n$と$y_1, y_2, \cdots, y_n$の独立性が成り立たないが、$(x_1, y_1), \cdots, (x_n, y_n)$の独立性、および差$(x_1 - y_1), \cdots, (x_n - y_n)$の独立性は成り立つ。

さらに、差をとることのメリットとして、個体差がキャンセルできる。

点推定：差$(\mu_x - \mu_y)$の推定値$=\bar{d}$

区間推定：信頼率$100(1-\alpha)$%の差δの信頼区間は次式で求められる。

$$(\bar{d}-t(\phi,\alpha/2)\frac{\hat{s}}{\sqrt{n}},\ \bar{d}+t(\phi,\alpha/2)\frac{\hat{s}}{\sqrt{n}})$$

ここで $\hat{S}=\sqrt{\dfrac{\sum_{i=1}^{n}(d_i-\bar{d})^2}{n-1}}$、$\phi=n-1$

（補足） $t_\phi(\alpha/2)=t(\phi,\alpha/2)$ である。

7.2 2 群の平均の比較（2 標本問題）

薬剤効果を調べるとき、対照を置かなければ薬剤効果か自然治癒かわからない。また疾患改善状態には絶対基準がないため、試験（実験）内にベースラインを設けなければ効果判定できない。そのため、対照群が必要となる。

通常臨床試験では、集められた被験者が新薬投与群と対照群にランダムに割り付けられたうえで両群が比較される。単に別途対照群の被験者を集めて両群を比較するだけでは、バイアス（偏り）の混入を防ぐことはできず比較可能性が保証されない。極端なことをいえば、新薬群に重症例が偏ったりすることだが、このような場合検定結果が有意になっても新薬と対照の違いを反映しているのか、重症度の違いなのかを区別できない。このような状況を**交絡**（こうらく）というが、交絡の存在下ではバイアスが入り妥当な検定はできない。あくまでも妥当な検定を実施するためには、比較可能性を保証しなければならない。このために実施されるのが治療を被験者にランダムに割り付ける**ランダム化（ランダム割り付け）**という操作である。このような操作をへて、治療（処置）間の比較ができる。

臨床試験で新薬投与群の薬効評価を行おうとするとき、対照群との比較は必須である。このような状況で、対照群と新薬投与群の 2 つの群の評価項目の平均の比較が行われる。ここでは、標本が 2 つあるので **2 標本問題**という。2 標本問題では、標本分散が 2 つ求まるが、この 2 つの分散が等しいときと等しくないときで使われる検定統計量が異なる。それゆえ、検定を進める前に、2 つの群の分散が等しいかどうかを調べたうえで、どちらの検定統計量で検定すべきかを決めなければならない。この手法選択のために行う検定を、一般に**予備検定**という。ここでの予備検定には、等分散性を調べるために新

たな確率分布 F 分布が必要になる。予備検定で等分散か等分散でないかが決まると、ようやく本検定の2つの平均の比較の検定を実施することになる。以下、等分散性の検定、次に等分散/等分散のおのおのの場合の2標本 t 検定について説明する。

7.2.1　等分散性の検定（2つの母分散の比較）

2つの正規母集団 $N(\mu_x, \sigma_x^2)$ と $N(\mu_y, \sigma_y^2)$ がある。ここで、これらの母集団間で分散が異なっているかどうかを調べる。

第1母集団　$x_1, x_2, \cdots, x_{nx} \sim N(\mu_x, \sigma_x^2)$

第2母集団　$y_1, y_2, \cdots, y_{ny} \sim N(\mu_y, \sigma_y^2)$

のとき、分散比は F 分布に従うという性質を利用し、等分散かどうかの検定（等分散性の検定）は2群の場合、分散比に基づいた F 検定を使う。第1母集団の標本分散を V_x とする（第2母集団の標本分散は添え字が y になる）。

$$\hat{V}_x = \frac{\sum_i (x_i - \bar{x})^2}{n_x - 1}$$

$$\hat{V}_y = \frac{\sum_i (y_i - \bar{y})^2}{n_y - 1}$$

F 統計量は、次式で定義される。

$$F = \frac{\dfrac{\hat{V}_x}{\sigma_x^2}}{\dfrac{\hat{V}_y}{\sigma_y^2}} \sim F(\phi_x, \phi_y) \tag{7.2.1.1}$$

$F(\phi_x, \phi_y)$ は自由度 ϕ_x, ϕ_y の F 分布である。2つの自由度の順序にも意味がある。分子の自由度 ϕ_x を第1自由度、分母の自由度 ϕ_y を第2自由度とよぶ。2群の分散が等しい帰無仮説のもとで、統計量 F は F 分布に従う。この性質を使って検定を行う。

■等分散性の検定

作業仮説を次のように置く。

帰無仮説 $H_0: \sigma_x^2 = \sigma_y^2 = \sigma^2$

対立仮説 $H_1: \sigma_x{}^2 \neq \sigma_y{}^2$

帰無仮説のもとで式(7.2.1.1)は

$$F_0 = \frac{\hat{V}_x}{\hat{V}_y} \sim F(\phi_x, \phi_y)$$

となる。

ここで、$\phi_i = n_i - 1$ は第 i 群の自由度、V_i は第 i 群の標本分散である。等分散性の検定での有意水準 α の棄却域は、

$F_0 \geqq 1$ のとき $F_0 > F_{\alpha/2}(\phi_x, \phi_y)$

$F_0 < 1$ $F_0 < 1/F_{\alpha/2}(\phi_y, \phi_x)$

となる。等分散性の検定では、2 つの分散が等しいか等しくないかを判定したいため、検定は両側検定である。左側限界値を求めるには下記関係式を利用する。

$F_{1-\alpha}(\phi_x, \phi_y) = 1/F_\alpha(\phi_y, \phi_x)$)（補足説明参照）

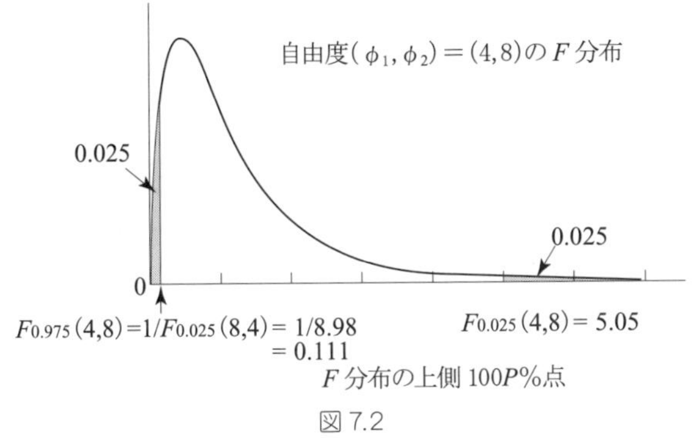

図 7.2

前にも述べたように、「等分散性の検定」結果により、「主検定」手法の使い分けが必要になるとき、「等分散性の検定」を「主検定」と区別するため、**予備検定**とよばれる。予備検定では、有意水準は 0.20 程度が望ましいとされている。

なお、F 分布表で、通常 0.10 の表は作られていない。そのため Excel 関数で FINV(確率, 第 1 自由度, 第 2 自由度)を指定することで限界値を求めることができる。

表7.2　F 分布表 (2.5%)

$F(\phi_1, \phi_2; 0.025)$　（分子の自由度 ϕ_1、分母の自由度 ϕ_2 の F 分布の上側2.5%の点を求める表）

ϕ_2 \ ϕ_1	1	2	3	4	5	6	7	8	9	10	12
1	648.	800.	864.	900.	922.	937.	948.	957.	963.	969.	977.
2	38.5	39.0	39.2	39.2	39.3	39.3	39.4	39.4	39.4	39.4	39.4
3	17.4	16.4	15.4	15.1	14.9	14.7	14.6	14.5	14.5	14.4	14.3
4	12.2	10.6	9.98	9.60	9.36	9.20	9.07	8.98	8.90	8.84	8.75
5	10.0	8.43	7.76	7.39	7.15	6.98	6.85	6.76	6.68	6.62	6.52
6	8.81	7.26	6.60	6.23	5.99	5.82	5.70	5.60	5.52	5.46	5.37
7	8.07	6.54	5.89	5.52	5.29	5.12	4.99	4.90	4.82	4.76	4.67
8	7.57	6.06	5.42	5.05	4.82	4.65	4.53	4.43	4.36	4.30	4.20
9	7.21	5.71	5.08	4.72	4.48	4.32	4.20	4.10	4.03	3.96	3.87
10	9.94	5.46	4.83	4.47	4.24	4.07	3.95	3.85	3.78	3.72	3.62
11	9.72	5.26	4.63	4.28	4.04	3.83	3.76	3.66	3.59	3.53	3.43
12	6.55	5.10	4.47	4.12	3.89	3.73	3.61	3.51	3.44	3.37	3.28

【例】 FINV(0.90,10,5) = 0.397,FINV(0.10,5,10) = 2.52 より両側0.2有意水準の棄却域は $F_0 < 0.397$ および $F_0 > 2.52$ となる。

（参考）等分散性について

・予備検定として等分散性を調べ、不等分散の場合、Welch（ウェルチ）の検定を使うとされている。

・2群のサンプルサイズが大きく異ならない限り、不等分散でも t 検定の妥当性は保証される。

・臨床試験では、等例数で実施されるので、等分散性を調べないことがある。

7.2.2　2標本 t 検定

基本事項

第1母集団　$x_1, x_2, \cdots, x_{nx} \sim N(\mu_x, \sigma_x^2)$

第2母集団　$y_1, y_2, \cdots, y_{ny} \sim N(\mu_y, \sigma_y^2)$

一般的定理

期待値の性質　$E(X \pm Y) = E(X) \pm E(Y)$　（X と Y が独立でなくとも成立）

分散の性質　$V(X \pm Y) = V(X) + V(Y)$　（X と Y が独立のとき）

および標本平均の分布の定理より、2群の平均の差は下記の分布に従う。

$$\bar{x} - \bar{y} \sim N\left(\mu_x - \mu_y, \frac{\sigma_x^2}{n_x} + \frac{\sigma_y^2}{n_y}\right)$$

標準化を行うと

$$Z=\frac{\bar{x}-\bar{y}-(\mu_x-\mu_y)}{\sqrt{\dfrac{\sigma_x^2}{n_x}+\dfrac{\sigma_y^2}{n_y}}}$$

$Z \sim N(0, 1)$

$H_0: \mu_x=\mu_y$ のもとでは、

$$Z_0=\frac{\bar{x}-\bar{y}}{\sqrt{\dfrac{\sigma_x^2}{n_x}+\dfrac{\sigma_y^2}{n_y}}}$$

Z_0 を求めるには、σ_x^2, σ_y^2 の値が既知でなければならないが、いまは未知である。そのため、データから求めた推定値を代用する。σ_x^2, σ_y^2 の値をデータから求めるのに 2 つの方法がある。

① 等分散の場合

② 等分散かどうか不明の場合

(1) 等分散の場合（$\sigma_x^2=\sigma_y^2$）

1) 検定

$H_0: \mu_x=\mu_y$ のもとでは

$$Z_0=\frac{\bar{x}-\bar{y}}{\sqrt{\sigma^2(1/n_x+1/n_y)}}$$

第 1 母集団のデータ　n_x 個、平方和 $S_x=\sum_i(x_i-\bar{x})^2$

第 2 母集団のデータ　n_y 個、平方和 $S_y=\sum_i(y_i-\bar{y})^2$ とすると、

$$\hat{\sigma}^2=\hat{V}=\frac{S_x+S_y}{(n_x-1)+(n_y-1)}$$

この $\hat{V}$ を**共通分散**とよぶ。Z_0 に $\hat{\sigma}^2$ を代入すると

$$t_0=\frac{\bar{x}-\bar{y}}{\sqrt{\hat{V}(1/n_x+1/n_y)}}$$

t_0 は $H_0: \mu_x=\mu_y$ のもとで自由度 $\phi=n_x+n_y-2$ の t 分布に従う。この t_0 が検定統計量となる。

＜手順の整理＞

等分散の場合（$\sigma_x^2 = \sigma_y^2 = \sigma^2$）

- **手順** 1：作業仮説を設定する。

  帰無仮説　$H_0 : \mu_x = \mu_y$

  対立仮説　$H_1 : \mu_x \neq \mu_y$

- **手順** 2：有意水準 α を決める。
- **手順** 3：検定統計量 t_0 を決め、手順 1、2 に応じて棄却域を定める。

  両側検定の場合、棄却域は $|t_0| \geqq t(n_x + n_y - 2, \alpha/2)$

  つまり

  $t_0 > 0$ のとき、$t_0 \geqq t(n_x + n_y - 2, \alpha/2)$

  $t_0 < 0$ のとき、$t_0 \leqq -t(n_x + n_y - 2, \alpha/2)$

  である。

- **手順** 4：2つの母集団からそれぞれ、データ $x_1, x_2, \cdots, x_{nx}$、$y_1, y_2, \cdots, y_{ny}$ をとり、検定統計量 t_0 の値を計算する。

  $$t_0 = \frac{\bar{x} - \bar{y}}{\sqrt{\hat{V}\left(\frac{1}{n_x} + \frac{1}{n_y}\right)}}$$

  自由度 $\phi = n_x + n_y - 2$

  $$\hat{V} = \frac{S_x + S_y}{n_x + n_y - 2}$$

  S_i：各群の偏差平方和

- **手順** 5：t_0 の値が、手順 3 で定めた棄却域にあれば統計学的に有意と判断し、H_0 を棄却する。

この検定法を 2 標本 t 検定とよぶ。

【例】 7人の被験者にタバコを1本吸わせて、喫煙後12時間、24時間後に唾液中ニコチン濃度（nmol/L）を測定した。ニコチン濃度に時間変動があるか検定してみる。

＜測定結果＞

12時間後　平均：69.857、偏差平方和：10692.86

24時間後　平均：30.429、偏差平方和：2675714

である。

- **手順** 1：作業仮説を設定する。

  μ_x：群 1 の母平均、μ_y：群 2 の母平均とする。

  帰無仮説　$H_0 : \mu_x = \mu_y$

  対立仮説　$H_1 : \mu_x \neq \mu_y$

- **手順** 2：両側有意水準 $\alpha = 0.05$ とする。
- **手順** 3：検定統計量 t_0 の棄却域。

  $|t_0| \geqq t(\phi = n_x + n_y - 2, 0.025)$

  $= t(12, 0.025) = 2.179$

- **手順** 4: 検定統計量を求める（等分散と仮定する）。

$$t_0 = \frac{\bar{x} - \bar{y}}{\sqrt{\hat{V}(\frac{1}{n_x} + \frac{1}{n_y})}}$$

$$\bar{x} = 69.857$$

$$\bar{y} = 30.429$$

$$\hat{V} = \frac{s_x + s_y}{n_x + n_y - 2} = \frac{10692.86 + 2675.714}{12}$$

$$= \frac{13368.57}{12} = 1114.048$$

$$t_0 = \frac{69.857 - 30.429}{\sqrt{1114.048(\frac{1}{7} + \frac{1}{7})}} = \frac{39.429}{\sqrt{318.299}} = 2.210$$

$t_0 = 2.210 > t(12, 0.025) = 2.179$ ゆえ、t 値は棄却域に入っているので有意であり、帰無仮説を棄却する。よって、喫煙後 12 時間後に比べ 24 時間後のニコチン濃度は、有意な低下が認められる。

2）推定

<等分散の場合>

各群の平均を $\bar{x}, \bar{y}$ とすると、その差の点推定は、

$$\bar{x} - \bar{y}$$

信頼率 $100(1-\alpha)$%における（$\mu_x - \mu_y$）の信頼区間は、

下側信頼限界　$\bar{x} - \bar{y} - t(\phi_x + \phi_y, \alpha/2)\sqrt{\hat{V}(\frac{1}{n_x} + \frac{1}{n_y})}$

上側信頼限界 $\bar{x}-\bar{y}+t(\phi_x+\phi_y,\alpha/2)\sqrt{\hat{V}(\frac{1}{n_x}+\frac{1}{n_y})}$

ただし、$\phi_x=n_x-1, \phi_y=n_y-1$

となる。

(2) 等分散でない場合（$\sigma_x^2 \neq \sigma_y^2$）

1) 検定

第1母集団のデータ　n_x 個、平方和 S_x、標本分散 V_x

第2母集団のデータ　n_y 個、平方和 S_y、標本分散 V_y

とすると、t_0 は $H_0 : \mu_x=\mu_y$ のもとでは、近似的に自由度 ϕ^* の t 分布に従う。

$$t_0=\frac{\bar{x}-\bar{y}}{\sqrt{\hat{V}_x/n_x+\hat{V}_y/n_y}}$$

$$\phi^*=\left(\frac{\hat{V}_x}{n_x}+\frac{\hat{V}_y}{n_y}\right)^2/\left\{\left(\frac{\hat{V}_x}{n_x}\right)^2/\phi_x+\left(\frac{\hat{V}_y}{n_y}\right)^2/\phi_y\right\}$$

ただし、$\phi_x=n_x-1,\ \phi_y=n_y-1$

＜等分散でない場合（$\sigma_x^2 \neq \sigma_y^2$）の検定手順＞

- **手順1**：作業仮説を設定する。

  帰無仮説　$H_0 : \mu_x=\mu_y$

  対立仮説　$H_1 : \mu_x \neq \mu_y$

- **手順2**：有意水準 α を決める。
- **手順3**：手順1、2 に応じて検定統計量 t_0 の棄却域を定める。
- **手順4**：2つの母集団からそれぞれ、データ $x_1,x_2,\cdots,x_{nx}$、$y_1,y_2,\cdots,y_{ny}$ をとり、検定統計量 t_0 の値を計算する。

$$t_0=\frac{\bar{x}-\bar{y}}{\sqrt{\hat{V}_x/n_x+\hat{V}_y/n_y}}$$

$$\phi^*=\left(\frac{\hat{V}_x}{n_x}+\frac{\hat{V}_y}{n_y}\right)^2/\left\{\left(\frac{\hat{V}_x}{n_x}\right)^2/\phi_x+\left(\frac{\hat{V}_y}{n_y}\right)^2/\phi_y\right\}\qquad \text{修正自由度}$$

ただし、$\phi_x=n_x-1,\ \phi_y=n_y-1$

- **手順 5**：t_0の値が、手順 3 で定めた棄却域にあれば有意と判断し、H_0を棄却する。

この検定は「Welch の検定」または「Aspin-Welch の検定」とよばれている。また、修正自由度 ϕは整数にならない。等価自由度、サタースウェイト（Satterthwaite）の自由度などとよばれることもある（t 分布表を使うときは、補間を用いる)。

2）**2 つの母平均の差の推定**

不等分散の場合（$\sigma_x^2 \neq \sigma_y^2$）の信頼率 100(1－α)%の差（$\mu_x - \mu_y$）の信頼区間は次式となる。

$$\left(\bar{x}-\bar{y}-t(\phi^*,\alpha/2)\sqrt{\frac{\hat{V}_x}{n_x}+\frac{\hat{V}_y}{n_y}},\qquad \bar{x}-\bar{y}+t(\phi^*,\alpha/2)\sqrt{\frac{\hat{V}_x}{n_x}+\frac{\hat{V}_y}{n_y}}\right)$$

ϕ^*：修正自由度

［補足説明］

期待値と分散の公式（X と Y が独立な場合）

$$E(aX)=aE(X) \qquad ①$$

$$V(aX)=a^2V(X) \qquad ②$$

$$E(X\pm Y)=E(X)\pm E(Y) \qquad ③$$

$$V(X\pm Y)=V(X)+V(Y) \qquad ④$$

証明（式①）

$$E(aX)=\frac{1}{n}\sum_{i=1}^{n}a\,x_i=a\frac{1}{n}\sum_{i=1}^{n}x_i=aE(X)$$

証明（式②）

式（2 章補足 4、式②）より、

$$\begin{aligned}V(aX)&=E[(aX)^2]-[E(aX)]^2\\&=a^2E(X^2)-a^2(E(X))^2\\&=a^2[E(X^2)-(E(X))^2]\\&=a^2V(X)\end{aligned}$$

証明（式③）

$$E(X\pm Y)=\frac{1}{n}\sum(X_i\pm Y_i)=\frac{1}{n}\sum X_i\pm\frac{1}{n}\sum Y_i=E(X)\pm E(Y)$$

証明（式④）

式（2章補足説明4、式②）より、

$$V(X\pm Y)=E(X\pm Y)^2-[E(X\pm Y)]^2$$
$$=E(X^2\pm 2XY+Y^2)-(E(X)\pm E(Y))^2$$
$$=E(X^2)\pm 2E(XY)+E(Y^2)-\{E(X)\}^2\mp 2E(X)E(Y)-\{E(Y)\}^2$$

X,Yは独立なので$E(XY)=E(X)E(Y)$が成り立ち、

$$=E(X^2)\pm 2E(X)E(Y)+E(Y^2)-\{E(X)\}^2\mp 2E(X)E(Y)-\{E(Y)\}^2$$
$$=E(X^2)-\{E(X)\}^2+E(Y^2)-\{E(Y)\}^2$$
$$=V(X)+V(Y)$$

［補足説明］

F分布の性質

F分布表は上側50%より大きなパーセント点は与えられていない。たとえば、$F(\phi_1,\phi_2;0.975)$はF分布表には示されていないが、以下の関係を利用して求めることができる。

$$Pr\left\{\frac{V_1}{V_2}<F(\phi_1,\phi_2;0.975)\right\}=0.025$$

上式を簡単に書くと、$Pr(X<a)-0.025$

( )内をaXで割ると、$Pr(1/a<1/X)=0.025$

整理すると、$Pr(1/X>1/a)=0.025$。元に戻すと

$$Pr\left\{\frac{V_2}{V_1}>\frac{1}{F(\phi_2,\phi_1;0.975)}\right\}=0.025$$

一方、V_2/V_1は自由度ϕ_2、ϕ_1のF分布に従うので

$$Pr\left\{\frac{V_2}{V_1}<F(\phi_2,\phi_1;0.025)\right\}=0.025$$

が成り立つ。このことより次の関係が得られる。

$$F(\phi_2,\phi_1;0.025)=\frac{1}{F(\phi_1,\phi_2;0.975)}$$

これより$\dfrac{V_1}{V_2}>F(\phi_1,\phi_2;0.025)$　または$\dfrac{V_2}{V_1}>F(\phi_2,\phi_1;0.025)$

のとき棄却という方式が得られる。データから、分母・分子をF値が1より大きいように取り出せば、下側限界値は見る必要がなくなる。

第 8 章　多群の平均の比較（一元配置分散分析）

ある糖尿病の新治療薬の有効性を調べる臨床試験をする際、必要患者数を確保するため 3 カ所の病院で実施したとする。薬効比較をするとき、3 病院のデータを足し込んで解析したいが、もし各病院での血糖値の平均が異なっていると、病院により糖尿病の程度（重症度）が異なることになり、病院ごとの効果が異なるかもしれない。そのとき、単純に 3 病院のデータを足し込んで解析できない。すなわち 3 病院の血糖値の平均が等しければ問題なく足し込んで解析できるが、そうでなければ足し込んで解析できない。

このようなとき、3 病院の血糖値が異なっているかどうかをより一般的に表現をすると、多群の平均の一様性を検定する問題となる。この問題に対する統計手法として、一元配置分散分析がある。

8.1　一元配置分散分析

一元配置分散分析（one-way analysis of variance）は、多群の平均の一様性検定を行う統計手法である。話を単純にするため、3 群に限定して進める。以下、第 i 群の母平均を μ_i とする。

ここでの検定における仮説を次のようにする。

- 帰無仮説 H_0: 群間の母平均は等しい。

  $H_0 : \mu_1 = \mu_2 = \mu_3$

- 対立仮説 H_1: 群間の母平均に違いがある。

  $H_1 : \mu_i \neq \mu_j$　($i, j = 1,2,3$ 少なくとも 1 つは不等号)

仮説を図示すると、次のようになる（図 8.1）。左が帰無仮説の状態で、右が対立仮説の状態である。

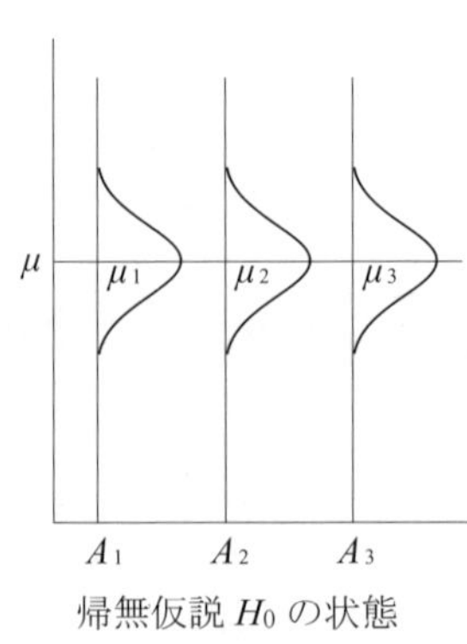

帰無仮説 H_0 の状態

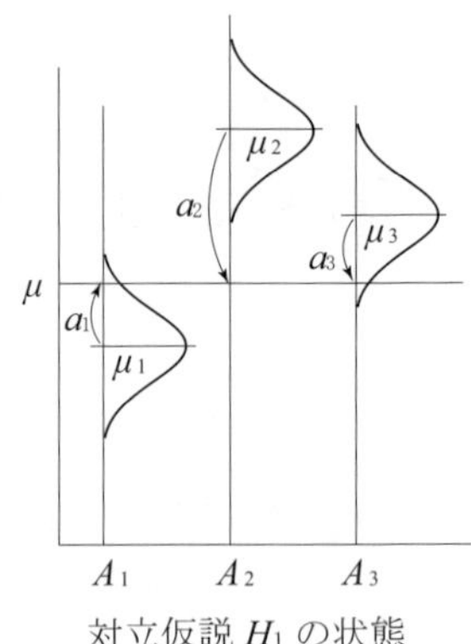

対立仮説 H_1 の状態

図 8.1　分散分析における帰無仮説と対立仮説

最初に、3 つ以上の群の母平均の違いを検出するための尺度が必要である。2 群の場合は単純に母平均の差を調べたが、3 群になると単純に差をとることはできない。μ_1, μ_2, μ_3 の間隔が等しい図 8.2 の場合、全体平均 μ と各群の平均 μ_i との差をとり、平均のずれを示すためそれらを合計すると

$$\text{全体の差} = (\mu - \mu_1) + (\mu - \mu_2) + (\mu - \mu_3) = 0 \tag{8.1.1}$$

ここで全体平均 μ とは、3 群の各取り出し元の母集団が同じ 1 つの母集団だったとするとき、その母集団の母平均である。標本から推定する場合、この μ は、全データの合計を 3 群の全データ数で割ったもので推定する。式(8.1.1)では 3 群で平均が異なっているにも関わらず全体の平均のずれを示していないため、平均のずれの指標として利用できない。

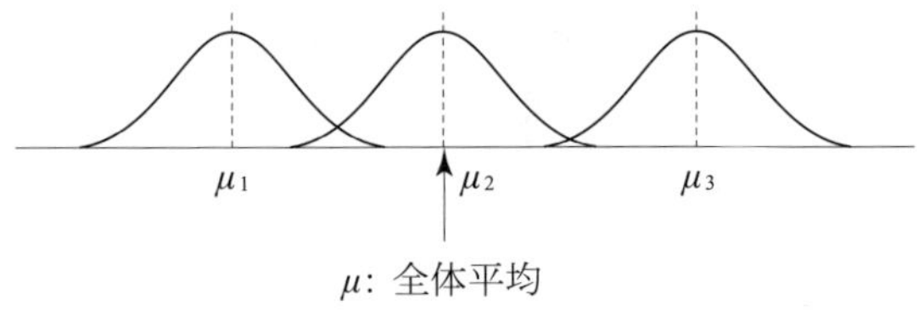

図 8.2

このとき、分散を求めた場合と同様の考え方を利用する。すなわち全体平均と各群の平均の差を二乗すると符号がすべて＋になり、差の二乗和（偏差平方和）で群間の平均のバラツキの大きさを測ることができる。1つの要因、たとえば病院間の血糖値の平均の違いを偏差平方和（血糖値の平均のバラツキ）を用いて調べる統計的方法を**一元配置分散分析**という。

第 i 群 $(i=1\sim a)$、群内 j 番目 $(j=1\sim n_i)$ のデータを x_{ij}、第 i 群の平均を $\bar{x}_i$、全データの平均を $\bar{x}$ としたとき、全体の偏差平方和をいくつかの成分に分解することができる。以下、偏差平方和を平方和、全体の平方和を総平方和とよぶ。以下に総平方和の分解過程を示す。

総平方和とは、

$$S_T=\sum_{i=1}^{a}\sum_{j=1}^{n_i}(X_{ij}-\bar{X})^2$$

で定義される。この総平方和のカッコを展開すると次式となる。

$$\begin{aligned}S_T&=\sum_{i=1}^{a}\sum_{j=1}^{n_i}(X_{ij}-\bar{X})^2=\sum\sum[(X_{ij}-\bar{X}_i)+(\bar{X}_i-\bar{X})]^2\\&=\sum\sum(X_{ij}-\bar{X})^2+\sum\sum(\bar{X}_i-\bar{X})^2=S_E+S_A\end{aligned}\tag{8.1.2}$$

ここで $\displaystyle\sum_i\sum_j(x_{ij}-\bar{x})=\sum_i[\sum_j^n(x_{ij}-\bar{x}_i)]=\sum_i[\sum_j^n x_{ij}-n\bar{x}_i)]$

$\displaystyle\bar{x}_i=\frac{\sum x_{ij}}{n}\rightarrow n\bar{x}_i=\sum x_{ij}=0$ を利用した。

上式で S_E は、群内で個々のデータが群の平均の周りにばらつく量を全群にわたって加えたものである。これはいわば個人差あるいは実験誤差によるバラツキを示したものと解釈できるため、誤差平方和とよばれる。S_A は、全体平均から各群の平均のばらつく量を全群にわたって加えたものである。これは、群間のバラツキを示したものと解釈できるため、群間平方和または要因平方和とよばれる。先の例では、病院間の平均のバラツキである。

以上の関係式を言葉で表現すると、

総平方和 ＝ 群間平方和 ＋ 誤差平方和

となり、この式を**総平方和の分解**とよばれ、統計学での重要な性質の1つである。この式をもう少し異なった形で表現してみる。

データの全体のバラツキを、2 つの成分に分解できる。S_A は群の違いという原因のはっきりしているバラツキという意味でシグナル(*S*)とみなし、それ以外の実験誤差によるバラツキ S_E をノイズ(*N*)と解釈することができる。

群間の平均に違いがあるかどうかは、シグナルがノイズを越えて大きい場合、群間の平均に違いがあると認識される。それには、*S* と *N* との比を利用すればよい。*S*、*N* をそれぞれの自由度で割った分散の比は、帰無仮説のもとで *F* 分布することが知られており、その性質を利用してデータから求めた *F* 値が *F* 分布上で稀な事象かどうかを評価することより検定ができる。

具体的に以上のことを式を使って記述する。シグナルとノイズの比較は、分散の比で評価する。

分散 = 偏差平方和 / 自由度より、

V_A = 要因 *A* (群)の分散 = S_A /(群の自由度)

V_E = *E* (誤差)の分散 = S_E /(誤差の自由度)

$$\text{分散比}\quad F_0 = \frac{V_A}{V_E} \tag{8.1.3}$$

は、帰無仮説のもとで *F* 分布する。F_0 のもつ意味は、誤差分散以上に処置効果（群の分散）が大きいかどうかを見ている。顕微鏡にたとえれば、誤差分散は分解能、処置効果は物体間の距離にあたる。

一元配置分散分析は、$V_A > V_E$ を検出するのが目的であるので、片側検定である。以下に、検定の手順を示す。

手順 1：作業仮説を設定する。

第 *i* 群（通常、分散分析では群といわずに第 *i* 水準という）の母平均を μ_i、$i = 1, \cdots, a$ とすると、

帰無仮説　$H_0 : \mu_1 = \mu_2 = \cdots = \mu_a$（すべての平均は等しい）

対立仮説　$H_1 : \mu_i \neq \mu_j$（$i, j = 1, \cdots, a$、$i \neq j$、少なくとも 1 つは不等号）

手順 2：片側有意水準 α を決める。

手順 3：棄却域：$F_0 = V_A / V_E \geqq F(\phi_A, \phi_E ; \alpha)$ なら有意と判定し、有意水準 α で要因（群）の効果ありと見る。ここで要因自由度 $\phi_A = a - 1$、誤差自由度 $\phi_E = \phi_T - \phi_A$ である。

手順 4：各偏差平方和を求める。

群：$i=1\sim a$

群内一連番号：$j=1\sim n_i$

群 i の j 番目の測定値：x_{ij}

群 i の平均：$\bar{x}_i$

全データ：n

全データの平均：$\bar{x}$ とすると、

$$S_A=\sum_{i=1}^{a}\sum_{j=1}^{n_i}(\bar{x}_i-\bar{x})^2 \tag{8.1.4}$$

$$S_E=\sum_{i=1}^{a}\sum_{j=1}^{n_i}(x_{ij}-\bar{x}_i)^2 \tag{8.1.5}$$

$$S_T=\sum_{i=1}^{a}\sum_{j=1}^{n_i}(x_{ij}-\bar{x})^2 \tag{8.1.6}$$

$$S_T=S_A+S_E \tag{8.1.7}$$

手順 5：自由度を求める。

全自由度　$\phi_T=n-1,$

要因自由度　$\phi_A=a-1,$

誤差自由度　$\phi_E=\phi_T-\phi_A,$

$n=\sum n_i$

手順 6：分散分析表（table of analysis of variance）にまとめる。

要因	平方和(S)	自由度(ϕ)	平均平方(V)	F_0
A(群)	S_A	ϕ_A	$V_A=S_A/\phi_A$	V_A/V_E
E(誤差)	S_E	ϕ_E	$V_E=S_E/\phi_E$	
計	S_T	ϕ_T		

手順 7：F_0 と棄却域を比べ、統計学的有意性を判定する。

手順 8：群間の平均が一様かどうかを、実科学の立場で結論する。

以上が標準手順であるが、場合により個々のデータがわからず要約統計量のみが示されている場合でも分散分析は可能である。そのような場合、考え方はまったく同じであるが、手順4の平方和の計算方法が若干異なるので、この個所のみ以下に示す。

3つの群の場合において、各群の$(n_i, \overline{x}_i, SD_i)$ のみが与えられているとした場合、

手順4：各偏差平方和を求める。

第i群の標準偏差 SD_i

全データの平均：

$$\overline{x}=(n_1\overline{x}_1+n_2\overline{x}_2+n_3\overline{x}_3)/n \qquad (8.1.8)$$

群間平方和（between-groups sum of squares）

$$S_A=n_1(\overline{x}_1-\overline{x})^2+n_2(\overline{x}_2-\overline{x})^2+n_3(\overline{x}_3-\overline{x})^2 \qquad (8.1.9)$$

群内平方和（within-group sum of squares）

$$S_E=(n_1-1)SD_1^2+(n_2-1)SD_2^2+(n_3-1)SD_3^2 \qquad (8.1.10)$$

数値例を「数値例2」にあげておく。

■分散分析における基本的な仮定

分散分析は、以下の仮定のもとで作り上げられている。

構造式：$x_{ij}=\mu_i+\varepsilon_{ij}$

i　：群（要因の水準）

j　：群内（要因の水準内）のデータ番号

x_{ij}：データ

μ_i：第i群（要因の水準）の母平均

ε_{ij}：誤差 $\varepsilon_{ij}\sim N(0,\sigma^2)$

以上の前提条件を言葉で表現すると、

① 正規性　：誤差は正規分布に従う。

② 不偏性　：$E(\varepsilon_{ij})=0$ である。

③ 等分散性：すべての水準（各群）に対し母分散は同じである。

④ 独立性　：ε_{ij}は互いに独立

これらの前提条件が満たされない場合、解析手法の信頼性・妥当性が低下する。

[参考 1] （留意事項）

分散分析における基本的な仮定の3.等分散性については、2群のときと同様、予備検定で確かめる必要がある。

多群の等分散性の検定は、

・Bartlett（バートレット）検定（χ^2分布）

・Levene（レーベン）検定（F 分布）

がよく利用される。

日本では、慣例的に Bartlett 検定がよく使われるが、アメリカでは Levene 検定が使われている。Levene 検定の方が、正規性からのずれにロバストであり、予備検定として望ましい手法である。ここでは、これらの手法についての説明は省略するが、必要に応じて下記の参考書を読んでいただきたい[1)]。

[参考 2]

3 群以上の母平均の差の検定とは、

一元配置分散分析は over-all 検定（包括検定）、すなわち k 個の群の母平均すべてが同じかどうかの検定であり、個々の群間の比較をするものではない（個々の群間比較は対比較（ついひかく）とよぶ）。対比較では多重性の問題が発生する。

前章の 2 標本問題は、一元配置分散分析の 2 群の場合の特例ともみなせる。それゆえ、一般的に取り扱っている一元配置分散分析との対応関係を確認しておくことは有益である。

[参考 3]

2 群比較と多群比較の対応

2 群比較の場合	3 群以上の比較の場合
1. 群間差＝平均の差	1. 群間差＝因子の平方和
2. 「平均の差」を標準誤差 SE で評価	2. 「因子の平方和」を測定誤差の平方和で評価
3. 検定統計量の分布は t 分布	3. 検定統計量の分布は F 分布
4. t 分布より、検定・推定を実施	4. F 分布より、検定・推定を実施
5. 一次形式	5. 二次形式

2 群比較の場合 t_0 と F_0 は、$\sqrt{F_0}=|t_0|$（あるいは $F_0=t_0^2$）のように対応する。

[1)] Bartlett 検定:吉村功「毒性・薬効データの統計解析」サイエンティスト社、1988
Levene 検定:Milliken & Johnson, *Analysis of Messy Data*,vol.1, 1989

【例】冠動脈疾患

冠動脈疾患患者への一酸化炭素曝露の影響を調査する試験で、3 つの異なった医療機関にて実施する。まとめて解析する前に、異なる医療機関から集められた患者が、比較可能なことを保証するために、ベースライン（初期値）の特性を調べておく必要がある。

1 つの特性値として、試験開始時の肺機能について考察する。もし、ある施設の患者達の 1 秒間の肺活量の計測値が、他の医療機関と比較して明らかに大きい場合、解析に影響するであろう。それゆえ、3 つの医療機関の母集団の肺活量計測値の平均 μ_i として、母集団平均が同一であるという帰無仮説の検定が必要である。

$H_0: \mu_1 = \mu_2 = \mu_3$

$H_1: \mu_i \neq \mu_j$　（少なくとも 1 つの不等号が成立）

冠動脈疾患患者の肺活量

Hosp_A	Hosp_B	Hosp_C
$n_1=21$	$n_2=16$	$n_3=23$
$\bar{x}_1=2.63$	$\bar{x}_2=3.03$	$\bar{x}_3=2.88$
$SD_1=0.496$	$SD_2=0.523$	$SD_3=0.498$

冠動脈疾患患者の肺活量

Hosp_A	Hosp_B	Hosp_C
3.23	3.22	2.79
3.47	2.88	3.22
1.86	1.71	2.25
2.47	2.89	2.98
3.01	3.77	2.47
1.69	3.29	2.77
2.10	3.39	2.95
2.81	3.86	3.56
3.28	2.64	2.88
3.36	2.71	2.63
2.61	2.71	3.38
2.91	3.41	3.07
1.98	2.87	2.81
2.57	2.61	3.17
2.08	3.39	2.23
2.47	3.17	2.19
2.47		4.06
2.74		1.98
2.88		2.81
2.63		2.85
2.53		2.43
		3.20
		3.53

この問題を数値例 1 : 要約統計量が与えられている場合と、数値例 2 : 個々の測定値が与えられている場合について例示する。

【数値例 1】 冠動脈疾患データ（3 群で、要約統計量が与えられている場合）

手順 1 : 作業仮説の設定。

$H_0: \mu_1 = \mu_2 = \mu_3$ 、$H_1: \mu_1 \neq \mu_2 \neq \mu_3$（少なくとも 1 つの不等号が成立）

手順 2 : 有意水準を 0.05 とする。

手順 3 : 棄却域 : $F_0 = V_A / V_E \geqq F(2, 57\,;\,0.05) = 3.15$ なら有意とする。

手順 4 : 各平方和を求める。

全データの平均 :

$$\bar{x} = \frac{n_1\bar{x}_1 + n_2\bar{x}_2 + n_3\bar{x}_3}{n} = \frac{21\times2.63+16\times3.03+23\times2.88}{21+16+23} = 2.83$$

因子平方和 :

$$S_A = n_1(\bar{x}_1 - \bar{x})^2 + n_2(\bar{x}_2 - \bar{x})^2 + n_3(\bar{x}_3 - \bar{x})^2$$
$$= 21\times(2.63 - 2.83)^2 + 16\times(3.03 - 2.83)^2 + 23\times(2.88 - 2.83)^2$$
$$= 1.54$$

誤差平方和 :

$$SE = (n_1 - 1)SD_1^2 + (n_2 - 1)SD_2^2 + (n_3 - 1)SD_3^2$$
$$= 20\times0.493^2 + 15\times0.523^2 + 22\times0.498^2$$
$$= 14.48$$

$$SE = SE_1 + SE_2 + SE_3$$
$$= \sum_j (x_{1j} - \bar{x}_1)^2 + \sum_j (x_{2j} - \bar{x}_2)^2 + \sum_j (x_{3j} - \bar{x}_3)^2$$
$$= (n_1 - 1)SD_1^2 + \cdots$$

$$\because \quad SD_1^2 = \frac{\sum_j (x_{1j} - \bar{x}_1)^2}{n_1 - 1}$$

総平方和 : $S_T = S_A + S_E = 1.54 + 14.48 = 16.02$

手順 5 : 自由度を求める : $n = \Sigma n_i = 60$、

$\phi_T = 60 - 1 = 59$

$\phi_A = 3 - 1 = 2$

$\phi_E = \phi_T - \phi_A = 57$

手順6：分散分析表にまとめる。

要因	平方和	自由度	分散	F_0
病院	1.54	2	0.77	3.08
誤差	14.48	57	0.25	
計	16.02	59		

$F(2, 57; 0.05)=3.15$

手順7：$F_0=3.03$ は棄却域に入っていないため、5%有意とならない。

手順8：よって3病院での肺活量の平均は違うということは証明できなかった。

【数値例2】冠動脈疾患データ（3群で、個々のデータが与えられている場合）

手順1から手順3までは、要約統計量の場合と同じ。

手順4：各平方和を求める。

第 i 群の平均：

$$\bar{x}_1=\frac{3.23+3.47+\cdots+2.63+2.53}{21}=2.626$$

$$\bar{x}_2=\frac{3.22+2.88+\cdots+3.39+3.17}{16}=3.033$$

$$\bar{x}_3=\frac{2.79+3.22+\cdots+3.2+3.53}{23}=2.879$$

全データの平均：

$$\bar{x}=\frac{3.23+\cdots+3.22+\cdots+2.79+\cdots+3.53}{60}=2.831$$

<各平方和の計算>

因子平方和：

$$S_A=\sum_{i=1}^{3}\sum_{j=1}^{n_i}(\bar{x}_i-\bar{x})^2=21\times(2.626-2.831)^2+16\times(3.033-2.831)^2+23\times(2.879-2.831)^2=1.583$$

誤差平方和：

$$S_e=\sum_{i=1}^{3}\sum_{j=1}^{n_i}(x_{ij}-\bar{x}_i)^2=\sum_{j=1}^{n1}(x_{1j}-\bar{x}_i)^2+\sum_{j=1}^{n2}(x_{2j}-\bar{x}_2)^2+\sum_{j=1}^{n3}(x_{3j}-\bar{x}_3)^2$$

$$=\sum_{j=1}^{21}(x_{1j}-2.626)^2+\sum_{j=1}^{16}(x_{2_j}-3.033)^2+\sum_{j=1}^{23}(x_{3_j}-2.879)^2=14.480$$

総平方和：

$$S_T = S_A + S_E = 1.583 + 14.480 = 16.063$$

要約統計量から求めた結果と少し異なるのは、丸め誤差の関係である。

8.2 多重比較

8.2.1 多重比較が生じる場面

一元配置分散分析で「どこかに群間差が生じた」だけでは、結論は出しづらい。どの群とどの群とで違いがあるのかが知りたいことが多い。多くの統計書には、一元配置分散分析で有意な差が得られ「何らかの差が生じた」と判断されると、多重比較に進むことができると記されている。

一元配置分散分析を行わずに（無視して）多重比較を行うと有意な差が得られるのに、一元配置分散分析では有意な差がないため多重比較ができない、という場面が起こりうる。

この原因は、一元配置分散分析と多重比較法とでは解析方法が異なるので、整合性がないためであるが、より深刻な問題は、検定の繰り返しにある。

探索的な立場では、一元配置分散分析で有意となったときに、多重比較に進むという流れが自然であるが、このやり方では方法論上の不整合が生じ、その結果検出力の面で損をする。したがって検証的に多重比較を行いたい場合は、実施したい多重比較を事前に明示したうえで、一元配置分散分析を省略し、いきなり多重比較を行う方法が勧められる。以降では探索的な立場を前提に話を進める。

ここでは、多くある多重比較法を紹介するよりは、主として多重比較法の考え方を知るのに適した同時信頼区間の考え方を説明する。多重比較法は多くの方法が提案されているが、それらは必要時に専門書を参照されたい。

8.2.2 問題点はなにか

一元配置分散分析の帰無仮説を棄却し、次にどこに違いがあるのかをさらに検討したい。このとき、繰り返し検定することにより発生する問題が、第一種の過誤率のインフレであり、それに対処する方法が多重比較法である。多重比較法には、比較の方法に応じて多くの手法が提案されている。

有意水準0.05の1つの検定では、結論を誤る最大の確率は0.05であり、誤らない最少の確率は0.95である。そのような検定を1つの研究のなかで2回繰り返したら、誤る最大の確率（つまり2つの検定が独立の場合の誤り確率）はいくらになるかを考えてみる。以下は独立な検定を2回繰り返すときの話である。1つの研究のなかでは、複数の検定は一般になにがしかの相関をもつので、ここに書かれた数字は最悪の場合のもので、誤る最大の確率といっているのはそういう意味である。実際の場では各検定が相関をもっているので、ここまで過誤率が増大することはない。

検定が独立の場合、誤らない最少の確率＝0.95×0.95＝0.9025となり、誤る最大の確率＝1－0.9025＝0.0975となる。これは0.05を大きく超えている。この現象を**第一種の過誤率のインフレ**という。

第一種の過誤率は、検定回数をmとし一般式で表すと、

$$1-(1-0.05)^m$$

と書ける。

実施した検定が、宣言した有意水準を超えるような検定はもはや妥当な検定とはいえない。それに答える方法論が、多重比較法である。

8.2.3　回避するには

説明に入る前に、多重比較特有の用語について説明しておく。第一種の過誤は帰無仮説に対して使うものであり、例として、多重比較における3群の場合の帰無仮説を例示する。

(1)　すべての対比較に興味がある場合（Tukey型）

帰無仮説族 $F=\{H_{12}\ H_{13}\ H_{23}\}$

$$H_{12}:\mu_1=\mu_2$$

$$H_{13}:\mu_1=\mu_3$$

$$H_{23}:\mu_2=\mu_3$$

(2)　対照群（第1群を対照群とする）との比較のみ興味がある場合（Dunnett型）

帰無仮説族 $F=\{H_{12}\ H_{13}\}$

$H_{12} : \mu_1 = \mu_2$

$H_{13} : \mu_1 = \mu_3$

以下の議論の前提として、等例数の群で構成された一元配置モデルにおいて、自由度 $\nu = k(n-1)$ をもつプールされた標本分散 $\hat{\sigma}^2$ を用いる。

この1つの研究全体（帰無仮説族F）に対する第一種の過誤の確率を **FWE**（familywise error）とよぶ。これは帰無仮説族Fが成り立つとき、そのなかのいずれかの仮説が棄却される確率のことである。

多重比較は、このFWEを研究全体に対する第一種の過誤とし、このFWEを制御するものである。個々の検定の過誤でなく、どうして研究全体の過誤を制御しなければならないのかというと、「下手な鉄砲も数打ちゃ当たる」のを防ぐためである。

代表的な考え方に同時信頼区間（simultaneous confidence interval）による方法がある。この方法が多重比較法としてTukey(1953)により、初めて導入された。以下、Tukey（テューキー）による同時信頼区間による多重比較法を説明する。

信頼係数1－αの同時信頼区間とは

$$\mu_i - \mu_j \in \hat{\mu}_i - \hat{\mu}_j \pm |q^*| \hat{\sigma} \sqrt{2/n} \text{、すべての } i \neq j$$

であり、右辺で表される区間を I_{ij} とすれば、

$$Pr(\mu_i - \mu_j \in I_{ij}) = 1 - \alpha \qquad (i, j = 1, 2, \cdots, k) \quad \cdot\cdot\cdot (1)$$

で定義される区間である。また、この区間は、

$$[\hat{\mu}_i - \hat{\mu}_j - |q^*| \hat{\sigma} \sqrt{2/n} < \mu_i - \mu_j < \hat{\mu}_i - \hat{\mu}_j + |q^*| \hat{\sigma} \sqrt{2/n}] \text{、すべての } i \neq j$$

とも書ける。

ここで、記号∈は「$x \in A$」は、「x は A に含まれる、属する」ことを意味し、「x は A の要素である」とよばれ、信頼率1－αの同時信頼区間とは、複数の真の差 $\mu_i - \mu_j$ の組みが、同時に区間（∈の右辺で示される限界値のあいだ）に入っている確率が1－αである区間を指す。

(1)式は、$i \neq j$ に対する差 $\delta_{ij} = \mu_i - \mu_j$ を同時に含む確率が1－αとなるような区間 $I_{ij}, i \neq j$ であり、信頼率1－αの同時信頼区間 I_{ij} とよばれている。

すなわち、$Pr(\delta_{ij}\in I_{ij}, 1\leqq i<j\leqq k)=1-\alpha$ となる。よって、このような区間 $I_{ij}, i\neq j$ を作ったとき、いずれかの δ_{ij} の値に対して、$\delta_{ij}\notin I_{ij}$ となるような確率は α である。

したがって、仮説 $H_{ij}:\delta_{ij}=0$ の組 $F=\{H_{ij}\}$ に対して、$\delta_{ij}=0\notin I_{ij}$ すなわち I_{ij} が0を含まないときに、対応する仮説 H_{ij} を棄却することにすれば、帰無仮説 $F=\{H_{ij}\}$ の下で、いずれかの仮説 H_{ij} を棄却する確率は α となる。したがって、このような方式によってFWEα の多重比較を構成することができる。

独立な2つの仮説 H_1、H_2 に対する検定統計量を z_1、z_2、$z_i\sim N(0,1)$ とし、この両方を有意水準0.05で検定する。

$$|z_1|>1.96、|z_2|>1.96$$

そのときFWEは、

$$\begin{aligned}\mathrm{FWE}&=P(|z_1|>1.96 \text{ or } |z_2|>1.96)\\&=1-(1-0.05)^2=0.0975\fallingdotseq 0.10\end{aligned}$$

FWEは0.05を大きく超えている。そこで棄却限界値を少し大きくしてやる（有意になりにくい）。たとえば2.24ならば、

$$\begin{aligned}\mathrm{FWE}&=P(|z_1|>2.24 \text{ or } |z_2|>2.24)\\&=1-P(|z_1|\leqq 2.24 \text{ and } |z_2|\leqq 2.24)\\&=1-(1-0.025)\times(1-0.025)\leqq 0.05\end{aligned}$$

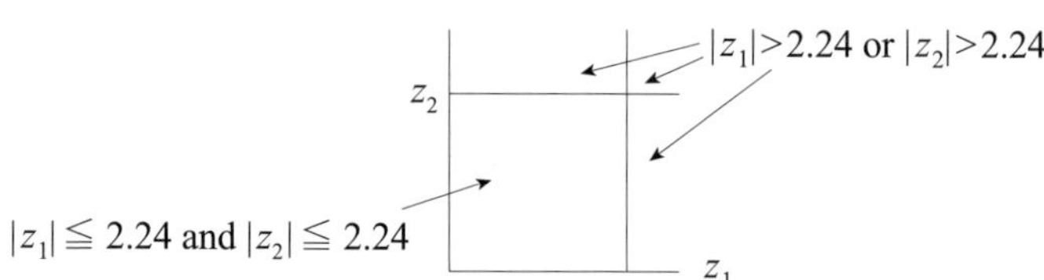

通常の棄却限界値だとFWEが大きくなるので、棄却限界値を大きくすることでFWEの増大を抑えることができる。

z_1、z_2 のどちらかが2.24を超える確率というのは、大きい方が2.24を超える確率と言い換えることができる。すなわち、

$$\mathrm{FWE}=P(\max|z_i|_{i=1,2}>2.24)$$

以上は2つの独立な検定の場合の特殊な例であるが、このように複数の統

計量の最大値に注目して適切な棄却限界を決めれば（この例では 2.24）、この方法で FWE を制御できる。

FWE を制御するためには、例数が等しいとき総当たり $m = k(k-1)/2$ 個の下で定義する T 統計量$\{T_{ij}\}$のうち最も棄却されやすい $\max|\overline{x}_i - \overline{x}_j|$ を制御すればよい。

すべての例数が等しいとき、検定統計量 T は次のように書ける。

$$T = \max_{i<j} T_{ij} = \frac{\max|\overline{X_i} - \overline{X_j}|}{SE} = \frac{\max|\overline{X_i} - \overline{X_j}|}{\sqrt{\hat{\sigma}^2(\frac{1}{n} + \frac{1}{n})}} = \frac{\max|\overline{X_i} - \overline{X_j}|}{\sqrt{2}\sqrt{\frac{\hat{\sigma}^2}{n}}} = \frac{1}{\sqrt{2}} q_{kv} = q^*_{kv}$$

ここで、 $q_{kv} = \dfrac{\max|\overline{X_i} - \overline{X_j}|}{\sqrt{\dfrac{\hat{\sigma}^2}{n}}}$ である。 ・・・(2)

このとき $\max|\bar{X}_i - \bar{X}_j|$ は $\{\bar{X}_i - \bar{X}_j\}$ の範囲に等しい。範囲 $\max\{\bar{X}_i - \bar{X}_j\}$ を標準化して統計量を作る。この標準化は Student の t 統計量を作るときと同様の手順となるので、$q(=q^*\sqrt{2})$の分布を“**Student 化範囲**（Studentized range）**の分布**”とよぶ。そして $q_{kv}(\alpha)$ はその分布の上側 100α%点を示す。よって、

$$T_{ij} > q_{kv}^*(\alpha) = q_{kv}(\alpha)/\sqrt{2} \qquad \cdot\cdot\cdot(3)$$

のとき、有意水準 α で仮説 H_{ij} を棄却する（対比較が 1 つの場合は $t(t_{ij} = |t|)$ である)。ただし k は比較群の数、$\nu = k(n-1)$である。q_{kv}^*は正の値しかとらないことに注意する。これを**テューキーの多重比較**という。

すべての対比較の多重比較では、主要な関心パラメータは、k 個の処置平均の $m = {}_kC_2 = k(k-1)/2$ 個のすべての $i \neq j$ の組み合わせの対比較の差$\mu_i - \mu_j$ である。

等例数の群で構成された一元配置モデルにおいて、自由度 $\nu = k(n-1)$をもつプールされた標本分散 $\hat{\sigma}^2$ を用いる。

Tukey(1953)は、次式ですべての一対の差の同時信頼区間を与えた。$q/\sqrt{2} = q^*$としたとき、

$$\mu_i-\mu_j \in \hat{\mu}_i-\hat{\mu}_j \pm |q^*|\hat{\sigma}\sqrt{2/n}\text{、すべての } i\neq j$$

すなわち、

$$P_r\left\{\frac{|\hat{\mu}_i-\mu_i-(\hat{\mu}_j-\mu_j)|}{\hat{\sigma}\sqrt{2/n}} \leqq |q^*|\text{、すべての } i>j\right\}=1-\alpha \quad \cdot\cdot\cdot (4)$$

(4)式は以下のように積分で表現され、$|q^*|$は次の方程式の解である。

$$k\int_0^{\infty}\int_{-\infty}^{\infty}[\Phi(z)-\Phi(z-\sqrt{2}|q^*|s)]^{k-1}d\Phi(z)\gamma(s)ds=1-\alpha$$

この方程式において、Φ は標準正規分布関数、γ は$\hat{\sigma}/\sigma$（$=\sqrt{x^2/\nu}$）の密度である。

$q=\sqrt{2}|q^*|$は臨界値の上側アルファ分位数（upper α quantile）であり、k 個の処置と自由度 ν をもつスチューデント化範囲の分布の上側アルファ分位値である。すなわち、(1)式以下のところで述べたように、(4)式の否定が(3)式に対応し、同時信頼区間アプローチと Tukey 多重比較が同値になる。q の確率密度関数の導出や、より広い多重比較の議論は本書のレベルを超えるため、これ以上の説明は控えるが、より詳しく知りたい読者は下記テキストを参照されたい。

また、すべての検定で必要な上側 α 分位値は、解析解をもたないため、コンピューターによるか、数表を使わねばならない。なお上と同様の考え方で Dunnett の多重比較も構成できる。つまり Dunnett の方法では、対照群である第 1 群との比較だけに興味があるので、対応する同時信頼区間は

$$\mu_1-\mu_i \in \hat{\mu}_1-\hat{\mu}_i \pm D\hat{\sigma}\sqrt{2/n} \quad \text{ここで } i=2,\cdots,k \text{ である。}$$

検定統計量 T は、

$$T_i=\frac{\hat{\mu}_1-\hat{\mu}_i}{\hat{\sigma}\sqrt{2/n}}$$

であり、ここで等例数の群で構成された一元配置モデルにおいて、自由度 $\nu=k(n-1)$をもつプールされた標本分散$\hat{\sigma}^2$を用いる。

対応する仮説 $H_{i1}:\mu_i=\mu_1$ の棄却条件は

$$|T_{i1}|>D(k,\nu,\alpha)$$

である。ここに D は Dunnett の D とよばれる Dunnett の（両側）多重比較の限界値で、以下のテキストに表化されている。この値は比較群の数 k、自由度 ν、有意水準 α で決まる定数である。同様に $T_{i1}>D$、$(T_{i1}<-D)$ あるいは片側 Dunnett 検定の限界値 D の表も作られている。数値例 2 は $T_{i1}>D$ のときに $H_{i1}: \mu_i=\mu_1$ が棄却される例示となっている。多重比較の使い方は、吉村、大橋(1989)、毒性試験データの統計解析、地人書館を、より理論的な議論は、Hsu J.,(1996) Multiple Comparisons Theory and methods., Chapman & Hall、Miller R.G.,(1981) Simultaneous Statistical Inference., Springer-Verlag、永田、吉田 (1997)、統計的多重比較法の基礎、サイエンティスト社を参照されたい。

8.2.4 多重比較にはどのようなものがあるのか

＜よく使われる多重比較法＞

	パラメトリック	ノンパラメトリック
任意の比較	Bonferroni 法	Bonferroni 法
すべての対比較	Tukey, Tukey-Kramer 法	Steel-Dwass 法
対照との対比較	Dunnett 法	Steel 法
傾向性検定	Williams 法	Shirley-Williams 法
多段階法(閉手順)	Holm 法	Holm 法

制約なく簡単に使えるが、検出力が低くなる Bonferroni 法、多重比較の原点である Tukey 法、研究の場でよく使われる Dunnett 法、用量依存性を調べる研究で標準的に使われる Williams 法がある。

この Williams 法も対照群との比較を目的とするものであるが、さらに多群間に順序関係を仮定することにより傾向性を考慮した群間差が検証できる。これが Dunnett 法との違いである。比較的新しい方法として考え出された閉手順の応用として、Bonferroni 法の検出力が低くなるのを改良した Holm 法が応用の場で汎用される。

なお、例数が等しくないときにも q を使う方法として Tukey-Kramer 法があるが、詳細は参考資料を参照されたい。

8.2.5 【数値例1】Williamsの多重比較

Williamsの多重比較は計算手順が面倒なので、数値例をつけておく。この部分は吉村・大橋「毒性試験データの統計解析」を参考としている。

（1）目的

反応を正規型計量値とする群が k 群あり、一元配置モデルが想定できるとする。群の大きさは同一で各 n、平均を $\overline{x}_1,\overline{x}_2,\cdots,\overline{x}_k$、分散を $V_1,V_2,\cdots,V_k$ とする。

実験は各群の母平均が用量とともに単調に減少する用量群実験とする。第1群を対照群とし、第2群、第3群、…と用量が増加しているとする。この実験で、対照群より有意に小さい平均値が認められるのはどの群より高用量のところか判断したいとする。例えば、毒性試験で用量とともに体重減少が生じているかを検証する場合などである。このようなときに用いる手法が、Williamsの多重比較である。

（2）手順

手順1)　誤差分散の推定値 V_E とその自由度 ν_E を次の式で計算する。

$$\nu_E = k_n - k、V_E = \Sigma_i (n-1)V_i / \nu_E$$

手順2)　最初に $\hat{\mu}_1 = \overline{x}_1$, $\hat{\mu}_2 = \overline{x}_2$, …, $\hat{\mu}_k = \overline{x}_k$ とおく。$\hat{\mu}_2 \geqq \cdots \geqq \hat{\mu}_k$ が成り立っていたら、手順5)にいく。

手順3)　$\hat{\mu}_{i-1} > \hat{\mu}_i$ なら $\hat{\mu}_{i-1}$ と $\hat{\mu}_i$ を $(\hat{\mu}_{i-1} - \hat{\mu}_i)/2$ で置き換える。

手順4)　$\hat{\mu}_2 \geqq \cdots \geqq \hat{\mu}_k$ が成り立つまで手順3)を繰り返す。

手順5)　次式により検定統計量 t_k を求める。

$$t_k = (\overline{x}_1 - \hat{\mu}_k) \Big/ \sqrt{2V_E/n}$$

手順6)　有意水準を定め、これをαとする。

手順 7)　群の大きさがすべて等しいときは、Williams の数値表(本書には添付していない)、または統計ソフトから求めた%点から棄却限界値 $w(k, \nu_E, \alpha)$ を求める。

手順8)　$t \geqq w(k, \nu_E, \alpha)$ なら、第 k 群の平均値は対照群の平均値に比べて有意に小さいとし、第 k 群を取り除いた残りの$(k-1)$群について、手順2)〜手順8)を繰り返す。有意でなくなったら、それより下の群の平均直は対照群の平均値と有意な差がないとする。すなわち、母平均が対照群より明らかに小さいのはその群より高用量の群と判断する。

【数値例 1】Williams 検定

吉村・大橋「毒性試験データの統計解析」のデータの一部を使用し、統計ソフトにて必要統計量を計算した。

［データ］

1 374 320 244 275 389 330
2 255 275 306 247 342 280
3 327 466 344 295 438 299
4 222 226 186 187 130 221

［要約統計量］

群	N	mean	Sd	var	se
1	6	322.000	55.7745	3110.80	22.7699
2	6	284.167	35.0851	1230.97	14.3234
3	6	361.500	72.9349	5319.50	29.7755
4	6	195.333	36.7024	1347.07	14.9837

以下、Williams の解析手順に従って計算する。

手順 1)　$\nu_E = 6+6+6+6-4=20$

$$V_E = 5\times(3110.80+1230.97+5319.50+1347.07)/20 = 2752.09$$

手順 2)　$\hat{\mu}_1 = 322.0, \hat{\mu}_2 = 284.2, \hat{\mu}_3 = 361.5, \hat{\mu}_4 = 195.3$

手順 3)～4)　2 群と 3 群の平均が逆転しているので手順 3 により整理する。

$$\hat{\mu}_2 = \hat{\mu}_3 = (6\times(284.2+361.5)/(6+6) = 322.85$$

手順 5)　1 群と 4 群の比較 $t_{14} = (322.0-195.3)/\sqrt{(2752.09(1/6+1/6))} = 4.18$

有意水準を $\alpha = 0.05$ とすると、

手順 6)　$t_{14} > w(4,20,0.05) \cong 1.83$ だから、第 4 群は有意な差あり。

これを除いた第 3 群については、

第 3 群と対照群では、

$t_{13} = (322.0 - 322.85)/\sqrt{(2752.09(1/6+1/6))} = -0.028$

$t_{13} < w(3,20,0.05) \cong 1.81$ は有意な差なし。

結論として、対照群に対し第 4 群で有意に大きい。

【数値例 2】Dunnett 検定（片側検定の例）

Williams のデータを使い、第 1 群を対照群とした Dunnett 法の例。

数表より、D(4,20,0.05)=2.19

T_{12}=(322−284.2)/30.29=1.25　有意でない

T_{13}=(322−361.5)/30.29=−1.30　有意でない

T_{14}=(322−195.3)/30.29=4.18　有意

第9章　ノンパラメトリック法

いままで学習してきた t 検定などは、パラメトリック法といわれるものである。**パラメトリック法**とは、母集団分布の分布形をたとえば正規分布や二項分布のように想定し、そこに含まれる期待値や分散などの未知パラメータに関する統計的推測を行う方法論の総称である。

それに対し、**ノンパラメトリック法**は、サンプリングは t 検定などと同様に母集団から無作為に行うが、そのときの母集団の分布形を特定しない（t 検定では正規分布する母集団を想定している）で推測する方法である。それゆえ、分布のパラメータの推測が必要ないため、ノンパラメトリックといわれる所以であり、Distribution-free methods ともいわれる。ノンパラメトリック法は、母集団分布の形を特定しない手法ということで、たとえばはずれ値を含んだ場合、正規分布の利用の妥当性が心配な場合などに利用できるなど応用範囲は広い。

9.1　ウィルコクソン順位和検定

9.1.1　順位和について

ウィルコクソン順位和検定は、2 標本の比較の t 検定のノンパラメトリック版である。この検定は、2 つの無作為標本が同一母集団から取り出されたかどうかを検定するものであり、測定データ（計量値）を順位変換した順位データを利用する。比較をする場合、データに対して定式化された分布の仮定（たとえば、正規分布とか二項分布）を置かないで、平均値でなく中央値で比較する。

2群比較の場合について考える。2群の全データが10個あるとする。元のデータは計量値であるが、順位変換されたデータは図9.1の下のように間隔情報が捨てられている。

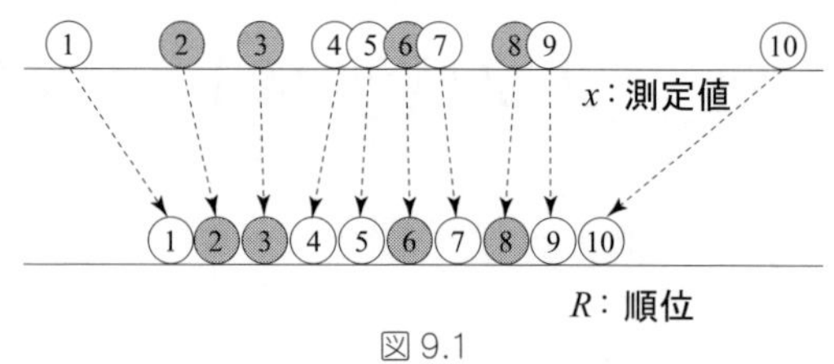

図9.1

ここで、全データの順位の真ん中の値を求めてみる。いわゆる順位の平均である。いまの場合、順位の平均値は(1＋2＋…＋9＋10)/10＝5.5である。この平均値をここでは**平均順位**とよぶことにする。この図9.1を、2群に分けて図示すると図9.2となる。もし、これら2群が同一母集団からの標本であるとすると、それぞれの群の中央値は、平均順位に近いものになると考えられる。

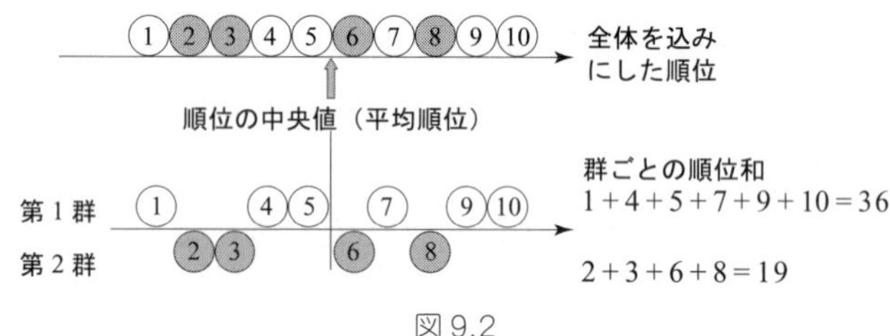

図9.2

それゆえ、1群の順位の和は、1群のデータ数×平均順位に近い値になると予想される。この予想される値を**期待順位和**とよぶと、次の関係式が成り立つ。

第1群のデータ数×平均順位＝第1群の期待順位和は、

6×5.5＝第1群の期待順位和＝33

実際の第1群の順位和は36

第2群のデータ数×平均順位＝第2群の期待順位和は、

4×5.5＝第2群の期待順位和＝22

実際の第2群の順位和は19

もし2つの群の分布が似ていれば、言い換えれば同一母集団からの標本だとすれば、群の順位和と群の期待順位和は近い値をもつ。つまり各群の中央値は平均順位に近い値をもつだろう。逆に、群の分布が異なっていると、群の順位和と期待順位和は異なることになる。この違いを見るのに、データ数が多いと順位和を求めるのが面倒なため、データ数の少ない方を利用する（データ数の多い方を使っても同じであるため）。

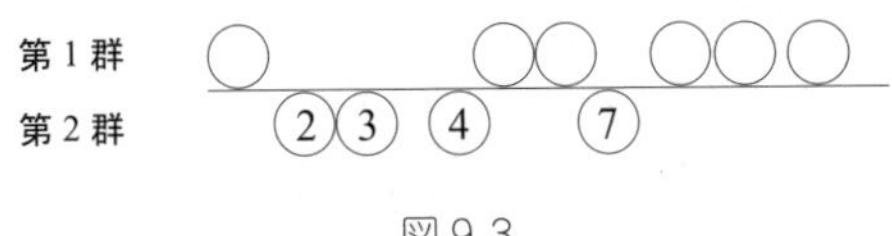

図9.3

図9.3では第2群の分布が左に偏っており、そのため第2群の順位和は16、期待順位和22で、図9.2と比べるとその差は大きくなっている。初めの方針では、群の分布の違いを中央値で比較しようとしていたが、以上のことより片方の群の順位和と期待順位和の比較のみで2群の分布の違いを評価することができる。しかし、順位和をもとにして検定問題として比較するには、順位和の確率分布を知らなければならない。

9.1.2　順位和の確率分布

話を簡単にするため、全データ数6で、各群のデータ数を3とする。6件のデータのとる順位は1〜6のどれかである。それゆえ第一群のとる順位の組み合わせは、6個から3個選ぶ組み合わせは等確率で、場合の数は ${}_6C_3=20$ 通りとなる（表9.1）。各場合の順位和は、1〜6の順位の和となる。

たとえば、2番目の場合の順位和は、

$$1+2+4=7$$

となる。

表9.2は、前の表9.1で求めた順位和の頻度分布である。この表は、順位和の確率分布を示しているので、この表に基づいて検定できる。分布の形は、図9.4のようになる。各群3件、全群6例では、順位和6のときに p 値（外側確率）は0.05になる。順位和が6または15の場合とは、図9.5の配置の場

合、すなわち2群が完全に離れている場合であり、これは検定するまでもなく一目瞭然に違いがわかるにも関わらず、両側検定では5%有意とならない。

表9.1　第1群の6個の順位の組み合わせ

	1	2	3	4	5	6	順位和
1	1	1	1				6
2	1	1		1			7
3	1	1			1		8
4	1	1				1	9
5	1		1	1			8
6	1		1		1		9
7	1		1			1	10
8	1			1	1		10
9	1			1		1	11
10	1				1	1	12
11		1	1	1			9
12		1	1		1		10
13		1	1			1	11
14		1		1	1		11
15		1		1		1	12
16		1			1	1	13
17			1	1	1		12
18			1	1		1	13
19			1		1	1	14
20				1	1	1	15

表9.2　表9.1の度数分布

	順位和	度数	%
1	6	1	5
2	7	1	5
3	8	2	10
4	9	3	15
5	10	3	15
6	11	3	15
7	12	3	15
8	13	2	10
9	14	1	5
10	15	1	5

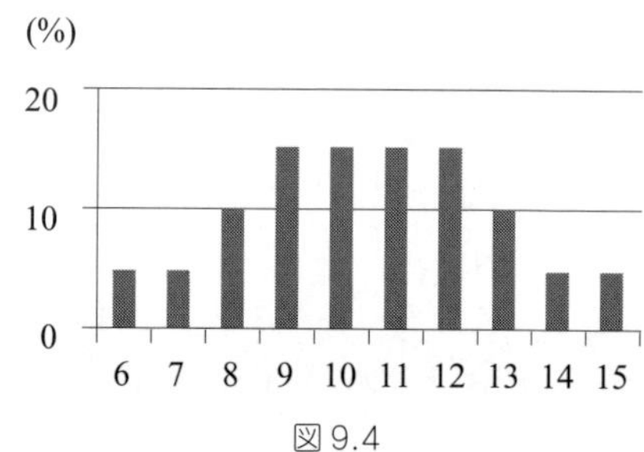

図9.4

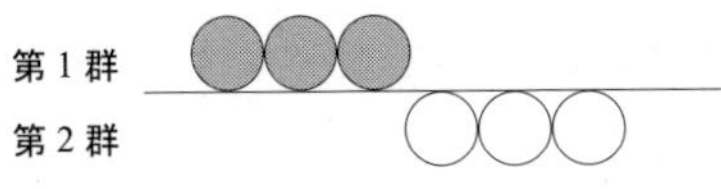

図 9.5　2 群が完全に離れている場合

動物実験で、イヌ・サルを使う場合、一群 3 匹で行われる場合が多いが、そのような実験での検定では、両側 0.05 では有意とならないので、注意が必要である。有意になるためには、データ数を増やさなければならない。このようにすると、順位和の分布を求め検定することができるが、表 9.2 のような確率分布を求めることは、例数が増えると大変な作業を要する。たとえば、各群たった 4 例でも ${}_{8}C_{4}=70$ 通り、各群 5 例ならば ${}_{10}C_{5}=252$ 通りとなり、表 9.1 を作ることが困難である。そのため、一群の例数が 3 から 8 までの場合の数表が用意されている。

一群の例数が 7 以上の場合、この順位和の分布は正規分布に近くなる性質がある。この性質を利用して近似的に正規分布上で検定を進めることができる。

9.1.3　順位和の正規近似

2 群において、データ数が少ない方を S 群とし、そのデータ数を n_s とする。同一の母集団からの 2 標本は、帰無仮説のもとでは順位は 2 つの群間にランダムに分布する。それゆえ、それぞれの群での中央値は等しくなることが期待される。 すなわち、帰無仮説のもとでは、9.1.1 項で説明したように、

$$S\text{群の順位和} = n_s \times \text{平均順位} = S\text{群の期待順位和} \tag{9.1.3.1}$$

となる。

帰無仮説が成立しているかどうかは、この S 群の期待順位和と実際データから求めた順位和を比べればよい。ここで平均順位とは、全体を込みにした順位の中央値のことである。平均順位の求め方は、10 例の場合図 9.6 のようにすればよい。

1 から 10 まで数を並べ、その数を逆転させたものをその下に書く。それか

ら上下の数同士を加えると 11 となる。そのセットが 10 個あるので、合計は 11×10＝110 であるが、これは 1 から 10 の合計を 2 つ含んでいる。それゆえ 2 で割ったものが、合計となる。この場合、55 が順位和である。式で書くと、(1＋10)×10/2＝55 である。平均順位（順位の中央値）は、順位の合計をデータ数で割ったものなので、55/10＝5.5 である。

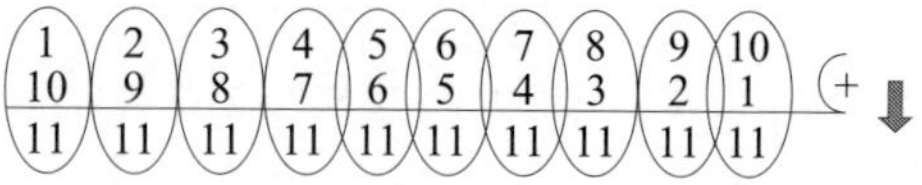

1	2	3	4	5	6	7	8	9	10	
10	9	8	7	6	5	4	3	2	1	+
11	11	11	11	11	11	11	11	11	11	

図 9.6

一般的に書くと、

小さい群(S)のサンプルサイズ＝ n_s

大きい群(L)のサンプルサイズ＝ n_L

$n_s+n_L=N$ とすると、

$$\text{平均順位}=(N+1)/2 \tag{9.1.3.2}$$

n_s の群の期待順位和は、

$$n_s\times\text{平均順位}=n_s\,(N+1)/2 \tag{9.1.3.3}$$

となる。n_S, n_L が大きければ、帰無仮説のもとで S 群の順位和 W は、近似的に下記の正規分布に従う。

$$W\sim N(\mu_w,\sigma_w^2) \tag{9.1.3.4}$$

この W をウィルコクソン（Wilcoxon）順位和とよぶ。ここで、帰無仮説のもとでデータ数が n_s の群の期待順位和は、

$$\mu_w=n_s\,(N+1)/2 \tag{9.1.3.5}$$

順位和 W の分散は、

$$\sigma_w^2=n_s\,n_L(N+1)/12 \tag{9.1.3.6}$$

となる。W を標準化すると、

$$Z_W=(W-\mu_W)/\sigma_W\ \sim N(0,1) \tag{9.1.3.7}$$

となる。帰無仮説のもとで n_S, n_L が大きいとき、Z_W は近似的に標準正規分布に従う。これより、統計量 Z_W は検定統計量として利用できる。この Z_W による検定を**ウィルコクソン順位和検定**（Wilcoxon Rank Sum test）という。

ウィルコクソン，F.

9.1.4　マン-ホイットニーの *U* 検定

特定の分布を想定しないで 2 群の違いを検定する方法として、マン-ホイットニー（Mann-Whitney）の U 検定というものがある。これは、ウィルコクソン順位和検定と等価である。U 検定は以下の方法で行われる。

データを

第 1 群： $x_1, x_2, \cdots, x_m$

第 2 群： $y_1, y_2, \cdots, y_n$

とし、全データを込みにして、小さいものから大きいものの順に並べる。y_i 未満の x の個数を u_i とし、それらの和を U とする。

$$U = u_1 + u_2 + \cdots + u_n$$

この U を**マン-ホイットニーの *U* 統計量**という。この U とウィルコクソン順位和 W とは以下の関係がある。

$$W = \sum_{i=1}^{n} r_i = \sum_{i=1}^{n} u_i + \sum_{i=1}^{n} i = U + \frac{n(n+1)}{2} \qquad (9.1.4.1)$$

ここで、r_i は全データを込みにした場合の x_i の順位である。W は、U にデータ数のみに依存する定数を加えただけであるので、2 つの統計量 W と U の確率分布は同じである。それゆえ、検定は同じ結果になる。

【例】

第 1 群： $x_1 = 30,\ x_2 = 40,\ x_3 = 50,\ x_4 = 60$

第 2 群： $y_1 = 45,\ y_2 = 55,\ y_3 = 65$

とすると、

y_1 未満は 2 個あるので $u_1=2$

y_2 未満は 3 個あるので $u_2=3$

y_3 未満は 4 個あるので $u_3=4$

$U=2+3+4=9$

定数項は、$3(3+1)/2=6$

$U+$定数項$=15$

第 2 群の順位は、

$y_1=45$ の $r_1=3$

$y_2=55$ の $r_2=5$

$y_3=65$ の $r_3=7$

なので、

ウィルコクソン順位和 $W=3+5+7=15$

よって、

$W=U+$定数項

となることが確認できる。

定数項は確率分布に関係しないので、この U 統計量の確率分布は W のものと同値である。データが少ないときには数表（表 9.2 から作れる）、多いときは正規近似（式(9.1.3.7)）が利用できる。

9.1.5　2 標本 t 検定とウィルコクソン順位和検定との関係

ウィルコクソン順位和検定は、2 標本 t 検定のノンパラメトリック版であるが、その関係を表 9.3 に示す。

表 9.3　2 標本 t 検定とウィルコクソン順位和検定の対応関係

2 標本 t 検定	ウィルコクソン順位和検定
帰無仮説：2 群の平均が等しい	帰無仮説：2 群の中央値が同じ（対称な分布なら平均値が等しいことと同値）
潜在的母集団が正規分布に従う	分布型は未知（正規分布以外）でもよい
2 つの群間で分散が等しい	2 つの分布型はほぼ同じ形をしている。2 標本 t 検定のノンパラメトリック版

9.1.6 検出力効率

検定方法の性能を示す指標として、検出力効率（power efficiency）がある。これは最も強力な既知の検定で、例数 N_a のときの検出力と同程度の検出力を検定 B で示すのに必要な例数を N_b としたとき、B の検出力効率は次式で定義される。

$$\text{検定} B \text{の検出力効率} = N_a / N_b$$

【例】［$n=25$ のときの検定 B の検出力］＝［$n=20$ のときの検定 A の検出力］ならば、

$$\text{順位検定} B \text{の検出力効率} = 20/25 = 0.8$$

となる。検定 A と検定 B の検出力を等しくするためには、検定 A のデータ数 8 に対し、検定 B では 10 以上必要であるという意味がある。

順位を検定において、計量値の間隔情報を無視することによるハンディーとして、検定の性能低下が心配であるが、元の分布が正規分布の場合の t 検定に対するウィルコクソン検定の検出力効率（漸近効率）は、

$$3/\pi = 0.95493 \simeq 0.95$$

であり、若干効率が低くなるが、大幅な低下はない。

9.1.7 ノンパラメトリック検定についての長所と短所

長所としては、

- 分布を仮定しない。
- それゆえ、結論はより一般的となる（ロバスト・頑健である）。
- 順位を利用しているため、計測の誤差に対して過敏でない。

短所としては、

- 一部の情報しか利用していない（間隔情報をもたない）。
- 検出力効率がやや低い、言い換えれば検出力がやや劣る。そのため必要例数が少し多くなる。
- 多くが同位になる場合、同位の補正が面倒になる。
- 小数例の場合、並べ替え正確検定（表 9.2）が必要になり、計算が大変である（数表を揃えておかなければならない）。

【数値例 1】フェニルケトン尿症（PKU）の 2 母集団の標準化精神年齢スコア

患者は蛋白フェニルアラニンの代謝ができないため、それが上昇すると、子供の精神的な欠陥が生じる。血中蛋白フェニルアラニンが 10mg/dL 未満と以上の患者 2 群の標準化精神年齢スコアについて違いがあるかを比較する。

低濃度（<10.0 mg ／ dL）		高濃度（≧10.0 mg ／ dL）	
年齢スコア	順位	年齢スコア	順位
34.5	2.0	28.0	1.0
37.5	6.0	35.0	3.0
39.5	7.0	37.0	4.5
40.0	8.0	37.0	4.5
45.5	11.5	43.5	9.0
47.0	14.5	44.0	10.0
47.0	14.5	45.5	11.5
47.5	16.0	46.0	13.0
48.5	19.5	48.0	17.0
49.5	21.0	48.3	18.0
51.5	23.0	48.7	19.5
51.5	23.0	51.0	23.0
52.0	25.5	52.0	25.5
53.0	28.0	53.0	28.0
54.0	31.5	53.0	28.0
54.0	31.5	54.0	31.5
55.0	34.5	54.0	31.5
56.5	36.0	55.0	34.5
57.5	37.0		313.0
58.5	38.5		
58.5	38.5		
	467.0		

【例】フェニルケトン尿症（PKU）のデータ

・帰無仮説　H_0: 2 つの群は同一の中央値をもつ

・対立仮説　H_1: 2 つの群は同一の中央値をもたない

・有意水準　α: 両側 0.05

・棄却域　$|Z_0| \geqq Z(0.025) = 1.96$

$$\mu_W = n_s(n_s + n_L + 1)/2 = 18(18 + 21 + 1)/2 = 360$$

$$\sigma_W{}^2 = n_s\, n_L(n_s + n_L + 1)/12 = 18 \times 21 \times (18 + 21 + 1)/12 = 1260$$

$$\sigma_W = 35.5$$

$$W = 313.0$$

$$Z_0 = (W - \mu_W)/\sigma_W = (313.0 - 360)/35.5 = -1.32$$

$Z_0=-1.32$ は、棄却域にないため有意とならず、帰無仮説は棄却できない。すなわち、2 群での標準化精神年齢スコアが違っているということは証明できない。

【数値例 2】

新薬とプラセボの薬効比較試験を実施したところ、次のデータ（表 9.4）を得た。両側有意水準 0.05 でウィルコクソン順位和検定を用いて薬効があるかどうかを検証する。

表 9.4　集計表

	著効	有効	やや有効	無効	悪化	計
プラセボ	0	1	2	4	1	8
新薬	3	4	3	2	0	12
計	3	5	5	6	1	20

1）効果の各カテゴリーに順序スコアを与える。

著効 => 1　有効 => 2　やや有効 => 3　無効 => 4　悪化 => 5

（スコアのつけ方は逆でもかまわない）

2）各セルごと、度数の個数だけ 1) で決めたスコアのデータを発生させる。

表 9.5　スコアごとのデータ

スコア	効果のスコア				
	著効 1	有効 2	やや有効 3	無効 4	悪化 5
プラセボ	—	2	3, 3	4, 4, 4, 4	5
新薬	1, 1, 1	2, 2, 2, 2	3, 3, 3	4, 4	—

3）全群込みにして順位変換する。

同位*) のものには順位の平均をつける。

たとえば著効の場合、同位の数が 3 個だから順位 1,2,3 の順位の平均 2 がそれらに割りあてられる。有効の場合は、同位数が 5 個なので、著効の 1,2,3 に次いで順位 4,5,6,7,8 が与えられるから、その順位の平均

$$(4+5+6+7+8)/5=6$$

がこれら5個の観測値に与えられる。以下同様にすると、表9.6が得られる。*) 同位（tie、タイ）：同じ順位

4）通常の方法でウィルコクソン検定を実施するが、クロス表の場合同位が多いため補正が必要となる。

表9.6　順位変換したデータ

群：新薬

OBS	順位
1	2
2	2
3	2
4	6
5	6
6	6
7	6
8	11
9	11
10	11
11	16.5
12	16.5

順位和　96

群：プラセボ

OBS	順位
1	6
2	11
3	11
4	16.5
5	16.5
6	16.5
7	16.5
8	20

順位和　114

帰無仮説のもとでn_S, n_Lが大きいとき、下記検定統計量は近似的に正規分布に従う。

$$Z_W = (W - \mu_W)/\sigma_W \sim N(0,1)$$

W：小さい方の順位の和

$\mu_W = n_S(n_S + n_L + 1)/2$　：1つの群の期待順位和

■同位(tie)の補正

同順位のデータを**同位**という。表9.4のようなクロス表を扱うとき、多くの同位が発生する。同位がある場合、分散に同位による補正が必要となる。すなわち、σ_W^2を$(\sigma_W^2)'$補正項とする。同位の補正の詳細説明は省略するが、計算法だけ紹介する（通常コンピューターで計算するためこの式を使うことはほとんどない）。

Wの分散は、

$$(\sigma_W^2)' = \frac{n_S n_L}{N(N-1)}\left(\frac{N^3 - N}{12} - \sum T\right)$$

となる。ここで、T は同位の補正項、

$N = n_S + n_L$

n_S は順位和の小さい方データ数

n_L は順位和の大きい方データ数

補正項：$T = (t^3 - t)/12$

（t は同位になったスコアの 1 つのグループに含まれる観測値の数）

ΣT は同位のグループすべてにわたる総和

表 9.6 より、同位の補正項を求める。

順位 2 が　3 つ

順位 6 が　5 つ

順位 11 が　5 つ

順位 16.5 が　6 つ

t は同位になったスコアのグループに含まれる観測値の数であるので、補正項は、

$$\Sigma T = (3^3 - 3)/12 + (5^3 - 5)/12 + (5^3 - 5)/12 + (6^3 - 6)/12$$
$$= 2.0 + 10.0 + 10.0 + 17.5 = 39.5$$

$$(\sigma_W^{\ 2})' = (8 \times 12)/(20 \times 19)\{(20^3 - 20)/12 - 39.5\} = 158$$

$$(\sigma_W)' = 12.57$$

$$W = 96$$

$$\mu_W = 12(12 + 8 + 1)/12 = 126$$

$$Z_W = (96 - 126)/12.57 = -2.4 < -1.96$$

よって、新薬はプラセボに対し統計学的に有意に効果が大きいことが認められる。

9.2　符号検定

【例】先天性嚢胞性線維症の患者によるエネルギー消費量を調査する試験について、患者と健常者をある重要な特性値で対にして、安静時のエネルギー消

費量を比較したい（データは表9.7)。

どのような基準でなぜ対にするかというと、既知の医学的な知見により対象とする特性値に影響する要因を揃えることにより、二者の背景要因の違いによる特性値への偏りが入らないように比較できるためである。ここでは、安静時のエネルギー消費量は正規分布しないと仮定する。それゆえ、差の中央値が0に等しい帰無仮説を評価することにする。この場合、符号検定を適用する。

表9.7

REE（kcal/日）ペア	嚢胞性線維症	健常者	差	符号
1	1153	996	157	＋
2	1132	1080	52	＋
3	1165	1182	−17	−
4	1460	1452	8	＋
5	1634	1162	472	＋
6	1493	1619	−126	−
7	1658	1140	218	＋
8	1453	1123	330	＋
9	1185	1113	72	＋
10	1824	1463	361	＋
11	1793	1632	161	＋
12	1930	1614	316	＋
13	2075	1836	239	＋

■符号検定

符号検定の考え方

H_0：対のデータの差の中央値が0に等しい。

H_1：差の中央値が0に等しくない。

差＞0 → ＋符号を与える。

差＜0 → −符号を与える。

差＝0　データは使用せず、解析から除く。

「＋／−」を二項分布の「有／なし」に対応させると、符号データに対し、確率分布を与えることができる。

Dを＋の個数（ペアの数）とすると、

$$D \sim B(n, \pi = 0.5)$$

Dの平均、分散は二項分布より（＋/－が等確率で生じるとすると、$\pi = 0.5$）

平均　$n\pi = n/2$

分散　$n\pi(1-\pi) = n/4$

H_0のもとで、nが大きいとき標準化検定統計量ZによってH_0を評価する。この検定は、計算した差の符号だけに依存し、差の大きさには依存しないので、符号検定とよばれている。

【例】nが小さいとき

$n < 20$の場合、正規近似が成り立たない。その場合、二項分布の確率を計算し、有意であるか判定する。

【例】のデータ

$D = 11$（＋符号の数）　　$\pi = 0.5$

$D = 11$の上側確率を計算する。

$$\begin{aligned} P(D \geqq 11) &= P(D=11) + P(D=12) + P(D=13) \\ &= \binom{13}{11} 0.5^{11}\ 0.5^{13-11} + \binom{13}{12} 0.5^{12}\ 0.5^{13-12} + \binom{13}{13} 0.5^{13}\ 0.5^{13-13} \\ &= 0.0095 + 0.0016 + 0.0001 \\ &= 0.0112 \end{aligned}$$

$D = 6.5$の上側の確率が0.0112であるため、2倍したものが両側確率で

$$0.0112 \times 2 = 0.0224$$

ゆえにH_0は有意水準5%で棄却され、安静時のエネルギー消費は患者で大きいと結論できる。

9.3　ウィルコクソンの符号付き順位検定

符号検定は向きのみで、相対的な大きさ（magnitude）も解析に含められると、より強力な検定方式ができる。

【例】嚢胞性線維症患者（cystic fibrosis）に対する治療として、プラセボとアミロライド剤（実薬）の比較試験を行った。この薬剤は肺の空気の流れを改善し、肺機能の低下を遅らせると考えられている。

同一患者での実薬使用とプラセボ使用の25週間でのFVC低下を比較した。ここで、FVC低下の差が正規分布に従う仮定はしない。

表9.8

FVC低下量(ml)				差の符号別順位	
プラセボ	実薬	差	差の順位		
224	213	11	1	1	
80	95	−15	2		−2
75	33	42	3	3	
541	440	101	4	4	
74	−32	106	5	5	
85	−28	113	6	6	
293	445	−152	7		−7
−23	−178	155	8	8	
525	367	158	9	9	
−38	140	−178	10		−10
508	323	185	11	11	
255	10	245	12	12	
525	65	460	13	13	
1023	343	680	14	14	
				86	−19

符号検定と同様、2つの群の各対の差の値に注目する。

H_0：差の中央値は0に等しい。

H_1：差の中央値は0に等しくない。

<手順>

① 差を計算する。

② 符号を無視して、その絶対値の小さい方から大きい方へ順位をつける。差が0のものには順位をつけず、解析から除外し、標本サイズもその数だけ減らす（nとする）。同位のものには平均順位をつける。

③ 2で求めた各順位を、差の符号別に分ける（表9.8の右2列参照）。

④ 正の順位の和と、負の順位の和を計算する。

⑤ 符号を無視して、小さい方の順位の和をTとする。

⑥ 差の潜在的な母集団の中央値は 0 に等しいという帰無仮説のもとでは、差が正の値をとる患者の数と、負の値をとる患者の数はほぼ同じであり、さらに正の順位の和と負の順位の和の値は、同程度であると期待できる。

⑦ この H_0 に対して、次の検定統計量を考える。

$Z_T=(T-\mu_T)/\sigma_T$

ただし、T：小さい方の順位の和

$\mu_T=n(n+1)/4$：片方の符号の期待順位和

$\sigma_T{}^2=n(n+1)(2n+1)/24$

n が十分大きいとき、H_0 のもとで以下の近似が成り立つ。

$Z_T\ \sim N(0,1)$

【例】 表 9.8 のデータ

帰無仮説　H_0：プラセボと実薬の FVC 低下量の差の中央値＝0

① 正の順位和(86)、負の順位和(19)

② 符号を無視して、小さい方の $T=19$ となる。

③ $\mu_T=n(n+1)/4=14(14+1)/4=52.5$

$\sigma_T{}^2=n(n+1)(2n+1)/24=14(14+1)(2\times14+1)/24=253.75$

$\sigma_T=15.93$

$Z_T=(T-\mu_T)/\sigma_T=(19-52.5)/15.93=-2.10$

④ 棄却域は

$|Z_T|\geqq Z(0.025)=1.960$

それゆえ、Z_T は棄却域に入っているので有意となる。

帰無仮説を棄却し、差の中央値は 0 に等しくないと結論する。

⑤ 結論（実科学的）

薬剤使用により、肺機能の低下を有意に抑えることができた。

9.4　クラスカル-ウォリスの H 検定

一元配置のノンパラメトリック検定を**クラスカル-ウォリス**（Kruskal-Wallis）**の H 検定**という。k 個の群の平均順位の一様性の検定法である。

① k 個の母集団からそれぞれ大きさ n_j の標本をとり、これを全部込みにして大きさの順に並べる。

② j 番目の母集団からの標本に与えられた順位の平均 $\overline{R}_j$ 、全標本の順位の平均 $\overline{R}$ とすると、次式が検定統計量となる。

$$H=\frac{12}{N(N+1)}\sum_{j=1}^{k}n_j(\overline{R}_j-\overline{R})^2=\frac{12}{N(N+1)}\sum_{j=1}^{k}\frac{R_j^2}{n_j}-3(N+1)$$

上式を $1-\Sigma T/(N^3-N)$ で割る。

$T=t^3-t$（t は同位になった順位の 1 つのグループに含まれる観測値の数）

$N=\Sigma n_i$

ΣT は同位のグループすべてにわたる総和。

③ 帰無仮説のもとで N が大きいとき、近似的に $H\sim\chi^2(k-1)$ の性質がある。この検定の検出力効率（F 検定に対する）は、$3/\pi=0.95$ となる。小標本の場合は、数表を利用する。

[補足説明] 符号検定

対応のある場合、たとえば符号検定の場合に検定したい仮説は $Pr(X>Y)=Pr(X<Y)$ で、差 $D=X-Y$ について、$Pr(D>0)=Pr(D<0)=0.5$ となり、確かに中央値が 0 かどうかを検定しようとしていることになる。しかしそれが処置 X,Y が等しい、あるいは反応が条件 X,Y（たとえば処置前後）によらないという仮説に必ずしも直結しない。それは D の大きさを加味していないからである。処置ないし、条件の違いが X,Y の分布に違いをもたらすとしても、$X>Y$ となる場合は、D の値が大きくなる傾向があり、$X<Y$ となる場合は D の値はそれほど大きくならない。ただし $X>Y$ となる人と、$X<Y$ となる人は半々だとすると、本当は X,Y 間に反応の違いがあるにも関わらず、符号検定ではこのような差は検出できないということになる。また逆に符号検定の結果たとえ中央値 <0 という結論となったとしても、臨床的には X の方が優ると判断される場合も出てくる可能性がある。

したがって、符号検定で結果の優劣判定を行いたい場合には、差の分布の対称性の仮定が必要となる。少なくとも D の分布形のプロットにより検定結果の解釈の妥当性を確認する必要がある。

ウィルコクソンの符号付き順位検定の場合にも、(D の相対的大きさを加味することによる検出力増加の効用はあるものの）やはり同様の問題が生じる可能性があり、符号検定と同様の仮定、並びに検定結果の妥当性の確認が必要となる。この辺りがノンパラメトリック検定が使いやすそうに見えて、機械的に適用すると危険な側面があるところで、いずれにしても D の分布が概ね対称であるという仮定が成立しなければ、これらの検定は妥当でない可能性がある。

対応のない場合は問題がないかというと、やはり分布形が等しいというのがひとつの基本仮定で、これは $F(X)=F(Y-\Delta)$ と表される。平均順位では X が Y に優るが X の方がばらつきが大きく悪化する場合も多いとなると、無条件に X の方がいいとはいえない。この場合も分布のプロットが解釈の手助けをしてくれる。

第 10 章　割合に関する推測

この章では、割合(proportion)に関する推測について考える。臨床データでよく遭遇する問題として、新薬群とプラセボ群とで有効率の比較をする場合などがこれにあたる。有効率が p である母集団から n 個のデータを無作為抽出したとき、有効であるデータの数 x は、基本的には二項分布に従う。このとき、n が大きいと二項分布は正規分布で近似できる。

正規近似が成り立つ π と n の関係はおおよそ以下のとおりである。

$\hat{p}$ を π の期待値とすると、

$\hat{p}$ 0.4 or 0.6　$n>13$

$\hat{p}$ 0.3 or 0.7　$n>15$

$\hat{p}$ 0.2 or 0.8　$n>25$

$\hat{p}$ 0.1 or 0.9　$n>50$

上記の条件にあてはまらない場合には、正規近似が成り立たないため、近似ではなく正確な推測をしなくてはならない。この章では、前半を正規近似による方法、後半を正確な推測による方法について説明する。

■はじめに

たとえば有効率について、率という用語に対し日本語には「割合、比、率、比率」といろいろあるが、それらの定義があいまいである。統計では、用語により統計量の定義が異なるため、用語の定義を明確にしておかないと後々混乱するので、各用語の定義をしておこう。

用語

- **比**（ratio）

  同種類の 2 つの量 A,B があって、B が零でないときに、A が B の何倍にあたるかという関係を A の B に対する比という。

（例）BMI(kg/ m^2) = 体重(kg) ÷ 身長の二乗(m^2)

通常、比には次元がある（スピードの比には次元がない）。

- **割合**（proportion）

歩合、比率

（例）野球の打率、日本の糖尿病有病率、副作用発現率

割合は分子が分母に含まれているので、次元がない。

- **率**（rate）

現象が起きる速さ

（例）離婚率　3分に1組の割合で離婚する

1年間の死亡率、死亡が起こる速さ。

上記用語の定義に従えば、臨床試験の場合の有効率は有効割合というべきである。さらに、この章では一般的に知りたい事象が生じる場合を成功、そうでない場合を失敗と表現し、成功について推論する。たとえば、コイン投げで表の出る事象に関心がある場合、表が出ることを成功と表現する。別の例として、糖尿病状態であることに関心がある場合、糖尿病状態を成功と表現する。

ここでは対象とする事象は成功と失敗だけであり、これらは二値のデータであるので、割合の解析の基礎は二項分布である。

10.1　二項分布の正規近似による推測

二項分布とは n 個のコイン投げ（ベルヌーイ試行）で、表（成功）が出る回数を X とすると、X は二項確率変数となる。このとき、表が出る割合を π とする。試行回数 n と成功の割合 π が決まれば、二項分布は一意に決まり、$B(n,\pi)$または $\mathrm{Bin}(n,\pi)$ と表記する。

二項確率変数 X の確率分布は、3.2節で説明したように、

$$P(X=x)=\binom{n}{x}\pi^x(1-\pi)^{n-x}$$

で与えられる。ここで X=x の意味は、X が確率変数であり、その変数が値 x をとる場合を示している。

二項分布 $B(n, \pi)$に従う確率変数 X の期待値、分散は、

$$E(X) = n\pi$$

$$V(X) = n\pi(1-\pi)$$

となる。

3.2 節において、標本サイズが大きくなるにつれて分布の形状が正規分布に近づくことを見た（図 3.4）。具体的な目安として $n\pi$ と $n(1-\pi)$が 5 以上ならば、n が十分大きいとして成功数 X の分布は正規分布で近似できる。したがって以下の近似式が成り立つ。

$$Z = \frac{X - n\pi}{\sqrt{n\pi(1-\pi)}} \sim N(0,1)$$

【例】 3.2.1 項の例について、二項分布と正規近似おのおのから求めた確率を比較してみる。

30 席の喫茶店を開こうとしたとき、喫煙席を特別に設けなければならないので、6 席用意しようと思う。喫煙率が 0.3 とすると、30 人の客が来たときに 6 席までうまる確率を求めてみる。

- **二項分布の場合**

  $$P(\pi = 0.3,\ 0 \leqq X \leqq 6) = P(X = 0) + P(X = 1) + P(X = 2) + P(X = 3) + P(X = 4) + P(X = 5) + P(X = 6) = 0.159523$$

- **正規近似の場合**

  $n\pi = 30(0.3) = 9$ と $n(1-\pi) = 30(0.7) = 21$ は、いずれも 5 より大きいため正規近似が可能である。したがって、

  $$P(X \leqq 6) = P\left(Z \leqq \frac{6-(30)(0.3)}{\sqrt{30(0.3)(0.7)}}\right) = P(Z \leqq -1.195)$$

  $Z = -1.195$ より、左側の標準正規分布曲線下の面積は約 0.117。

  しかし、上記のように二項分布の正確確率は 0.16 であり、正規近似は粗い推定値となっている。

10.1.1　割合（率）の標本分布

応用の場では成功数 X よりも、むしろ成功率（成功割合）π に関心ある場

合が多い。たとえば、有効率とか副作用発現率などである。母集団の成功率（成功割合）π は標本より、

$$\hat{p} = \frac{x}{n}$$

として推定できる。

標本の成功率 $\hat{p}$ も、平均値の標本分布と同様に、標本平均の定理より次の性質をもつ。

① 標本分布の平均は、母平均 π

② 成功率の分布の分散は、$\pi(1-\pi)/n$

③ 標本分布の形状は、標本の大きさ n が十分大きいという条件の下で、近似的に正規分布である

④ 標本成功率（成功割合）の分布が近似的に平均 π、分散 $\pi(1-\pi)/n$ の正規分布であることから、標準化した Z は標準正規分布に従う

$$Z = \frac{\hat{p}-\pi}{\sqrt{\pi(1-\pi)/n}} \sim N(0,1)$$

よって、母集団の成功率（成功割合）の値に関する推測（推定、検定）を行うため、標準正規分布の数値表を使うことができる。

【例】母成功率（成功割合）に関する検定

疫学研究より、肺がんと診断された患者の5年生存率は $\pi = 0.10$ であるとする。この母集団から大きさ100の標本を無作為抽出したとき、5年生存患者が20人以上となる確率を求めてみる。

$n\pi = 100(0.10) = 10$, $n(1-\pi) = 100(0.90) = 90$。よって生存率の分布は近似的に $N(\pi, \pi(1-\pi)/n) = N(0.10, 0.03^2)$ の正規分布と見なせるため、

$$\hat{p} = 20/100 = 0.20$$

$$Pr(\hat{p} \geqq 0.20) = Pr\left(\frac{\hat{p}-\pi}{\sqrt{\pi(1-\pi)/n}} \geqq \frac{0.20-\pi}{\sqrt{\pi(1-\pi)/n}}\right) = Pr\left(Z \geqq \frac{0.20-0.10}{0.03}\right)$$

$$= Pr(Z \geqq 3.33) = 0.00043$$

結論 : 5年生存患者が20人以上（20%以上）である確率は、約0.04%である。

10.1.2　信頼区間

5.3節で説明済みであるが、検定や推定をセットで説明しているため、要点のみ記述する。

母成功率（成功割合）π の信頼区間を求める。

母平均の信頼区間と考え方は同じである。

手順1：点推定：$\hat{p} = \dfrac{x}{n}$

手順2：信頼率95%の π の両側信頼区間は次式で定義できる。

$Pr\{-1.96 < Z < 1.96\} = 0.95$ より

$$Pr\{-1.96 < \frac{\hat{p} - \pi}{\sqrt{\pi(1-\pi)/n}} < 1.96\} \fallingdotseq 0.95$$

母成功率 π は未知ゆえ、標本成功率 $\hat{p}$ を用いて推定する。

$$Pr\{(\hat{p} - 1.96\sqrt{\hat{p}(1-\hat{p})/n} < \pi < \hat{p} + 1.96\sqrt{\hat{p}(1-\hat{p})/n})\} = 0.95$$

上式が、信頼率95%の母成功率（成功割合）p の両側信頼区間を与える。

信頼区間は、

下限　$\hat{p} - 1.96\sqrt{\hat{p}(1-\hat{p})/n}$

上限　$\hat{p} + 1.96\sqrt{\hat{p}(1-\hat{p})/n})$

である。

10.1.3　仮説検定（1標本）

<検定手順>

手順1：帰無仮説 $H_0 : \pi = \pi_0$　　対立仮説 $H_1 : \pi \neq \pi_0$

π_0 は母集団パラメータ値 ：母成功率（成功割合）

手順2：検定統計量を決め、有意水準 α を定める。

手順3：棄却域を定める。

（例）α＝両側0.05とすると、$|Z_0| \geqq 1.960$

手順4：データより検定統計量の値を求める。

$$Z_0 = \frac{\hat{p} - \pi_0}{\sqrt{\pi_0(1-\pi_0)/n}}$$

手順 5： Z_0 の値が棄却域にあれば、有意と判断し、H_0 を棄却する。

【例】 ある菌に対する抗生物質の有効率は 0.7 でなければならないとする。新薬 100 人での観察研究では 0.8 となった。新薬は片側有意水準 0.05 で有効率が高くなっているか、検定で確かめよ。

$$\pi_0 = 0.7$$

$$\hat{p} = 0.8$$

棄却域 ：$Z_0 \geqq Z(0.05) = 1.645$

$$Z_0 = \frac{0.8-0.7}{\sqrt{0.7(1-0.7)/100}} = \frac{0.1}{0.0458} = 2.183$$

よって、$Z_0 = 2.183 \geqq Z(0.05) = 1.645$ であるので有意であり、帰無仮説を棄却する。すなわち、新薬は有効であるとみなせる。

10.1.4　2つの割合(比率)の比較(2標本)

(例として、成功 1 は「有効」、失敗 0 は「無効」)

表記法として、母比率を π、標本比率を $\hat{p}$ とする。母成功率（成功割合）π_1 の第 1 母集団から無作為に n_1 個サンプリングを行ったところ x_1 件の（副作用）発生があった。母成功率（成功割合）π_2 の第 2 母集団から無作為に n_2 個サンプリングを行ったところ x_2 件の（副作用）発生があった。

このとき、x_1 と x_2 はそれぞれ二項分布 $B(n_1, \pi_1)$、$B(n_2, \pi_2)$に従うので、π_1 と π_2 が等しいかどうかの検定や、π_1 と π_2 との差の推定が必要である。

(1) 差の信頼区間

差の確率分布（n_1, n_2 が十分大きい場合）

$$\pi_1 - \pi_2 \sim N\left(\pi_1 - \pi_2, \frac{\pi_1(1-\pi_1)}{n_1} + \frac{\pi_2(1-\pi_2)}{n_2}\right)$$

差の確率分布をもとに信頼区間を推定する。

点推定値は、

$$\hat{p}_1 - \hat{p}_2 = \frac{x_1}{n_1} - \frac{x_2}{n_2}$$

信頼率 95%の信頼区間は、

$$(\hat{p}_1-\hat{p}_2-1.96\sqrt{\frac{\hat{p}_1(1-\hat{p}_1)}{n_1}+\frac{\hat{p}_2(1-\hat{p}_2)}{n_2}},$$

$$\hat{p}_1-\hat{p}_2+1.96\sqrt{\frac{\hat{p}_1(1-\hat{p}_1)}{n_1}+\frac{\hat{p}_2(1-\hat{p}_2)}{n_2}})$$

となる。

【例】シートベルトのデータについて、2 つの母集団の成功率（成功割合）の差の推定と検定を行ってみる。

子供のシートベルト着用による死亡率の調査より、着用 120 人中 2 人死亡、非着用 300 人中 15 人死亡のデータを得た。着用と非着用での死亡率の差 $\pi_1-\pi_2$ の 95%信頼区間を求める。

$$\hat{p}_1=2/120=0.017$$

$$\hat{p}_2=15/300=0.050$$

$$0.017-0.050\pm1.960\sqrt{\frac{0.017(1-0.017)}{120}+\frac{0.050(1-0.050)}{300}}$$

$$=(-0.0668,0.0008)$$

この信頼区間が、それぞれの集団で死亡する子供の割合の真の差を含んでいることを95%確信させるものであり、またゼロを含んでいることから、差がゼロであることを否定できない。この信頼区間から得られる結果は、次に説明する有意水準5%の両側検定結果と一致する。

(2)　2つの母集団の成功率（成功割合）の差の検定

帰無仮説 $H_0:\pi_1=\pi_2$ のもとでは、$\pi_1=\pi_2=\pi=(x_1+x_2)/(n_1+n_2)$ とおいて、

$$\pi_1-\pi_2\sim N(0,\pi(1-\pi)(\frac{1}{n_1}+\frac{1}{n_2}))$$

<検定手順>

手順 1：帰無仮説 $H_0:\pi_1=\pi_2$　　対立仮説 $H_1:\pi_1\neq\pi_2$

手順 2：有意水準 α を定める。

手順 3：検定統計量 Z の棄却域を定める。

$\alpha=0.05$、対立仮説 $H_1:\pi_1\neq\pi_2$ のとき $|Z_0|\geqq1.960$

手順 4：データより検定統計量の値を求める。

$$Z_0 = \frac{\hat{p}_1 - \hat{p}_2}{\sqrt{\hat{p}(1-\hat{p})(\frac{1}{n_1}+\frac{1}{n_2})}}$$

$\hat{p}$ は共通の成功割合 $(x_1+x_2)/(n_1+n_2)$

手順 5: Z_0 の値が棄却域にあれば統計学的有意と判断し、H_0 を棄却する。

【数値例】

子供のシートベルト着用/非着用で死亡率に違いがあるか検定する。

有意水準両側 0.05、棄却域 $|Z_0| \geqq 1.960$ とすると、

$$p_1 = 2/120 = 0.017$$

$$p_2 = 15/300 = 0.050$$

p_1 と p_2 が等しいならば、共通の成功率（成功割合）p は、

$$p = (x_1 + x_2)/(n_1 + n_2) = (2+15)/(120+300) = 0.0405$$

$$Z_0 = (0.050 - 0.017)/\sqrt{\{0.0405(1-0.0405)(1/120+1/300)\}} = 0.545$$

Z_0 は棄却域にないため、帰無仮説は棄却できない。

よって、シートベルト着用/非着用の子供の死亡率に違いがあるとの証拠は得られなかった。 なお、このデータは単に練習問題であり、事実とは異なっていることを断わっておく。

10.2 二項分布による正確な推測

10.2.1 信頼区間

試行回数を n、成功率を π としたときの成功回数 X の確率分布は、二項分布

$$Pr(X=k) = \binom{n}{k}\pi^k(1-\pi)^{n-k} \qquad (10.2.1.1)$$

に従うことはすでに述べた。ここで $Pr(X=k)$ は X の値が k となる確率、$\binom{n}{k}$ は n 個から k 個取り出す組み合わせの数を示す。以下、式(10.2.1)を $B(X=k|n,\pi)$ とも書く。

まず、片側信頼区間を定義する。

母成功率 π の上側信頼区間は、$\pi_L < \pi$

母成功率 π の下側信頼区間は、$\pi < \pi_U$

ここで、π_L は下側信頼限界で、π_U は上側信頼限界である。この記号を使うと、

両側信頼区間は、$\pi_L < \pi < \pi_U$

と書ける。たとえば、被験者 n 人、副作用発現 x 人、副作用発現確率 π とすると、二項分布の確率関数で $B(X|n, \pi)$ と表せる。片側二項検定として考えると、n 人中 x 人以上で有意になるのは

$$\sum_{X=x}^{n} B(X|n, \pi_L) = \alpha$$

である。よって π_L は、片側信頼率 100(1－α)%の上側信頼区間の（下側）信頼限界となる。

他方、片側信頼率 100(1－α)%の下側信頼区間の（上側）信頼限界 π_U は、

$$\sum_{X=0}^{k} B(X|n, \pi_U) = \alpha$$

を満足する。両側信頼区間の場合は、上式の α を α/2 に置き換えればよい。

$$\sum_{X=k}^{n} B(X|n, \pi_L) = \alpha/2 \tag{10.2.1.2}$$

$$\sum_{X=0}^{k} B(X|n, \pi_U) = \alpha/2 \tag{10.2.1.3}$$

式(10.2.2)、(10.2.3)を満足する π_L と π_U を求めることができれば、正確な信頼区間が得られるが、求める公式はない。反復計算か試行錯誤で求めるしかない。式(10.2.2)、(10.2.3)の確率の計算は、X の値を変化させて足し込んでいかなければならないので面倒である。

ここで二項分布と F 分布の関係

$$Pr(X \geqq k) = Pr[F < (n-k+1)\,\pi_L / \{k(1-\pi_L)\}] \tag{10.2.1.4}$$

(*Clopper C.J., Pearson E.S. (1934) *Biometrika*,26,404)

を使えば、面倒な階乗計算を使わず、近似によらない正確な上側確率と下側確率を求めることができる。式(10.2.2)は 95%信頼区間の下側確率 0.025 であるので、式(10.2.4)の右辺の ( ) 内の不等号 <の右の式を A と書くと、

$$Pr(F<A)=0.025$$

である。この F は $F_{(m1,m2)}$の下側確率 0.025 の F 値である。

よって、下側信頼限界は　$F=(n-k+1)\,\pi_L/\{k(1-\pi_L)\}$　より、

$$\pi_L=F_{(m1,m2)}\times k/\{n-k+1+F_{(m1,m2)}\times k\} \tag{10.2.1.5}$$

$$m_1=2k,\ m_2=2(n-k+1)$$

となる。同様に

$$Pr(X\leqq k)=1-Pr(X\geqq k+1)=1-Pr[F<(n-k)\pi_U/\{(k+1)(1-\pi_U)\}] \tag{10.2.1.6}$$

上側信頼限界は　$F=(n-k)\,\pi_U/\{(k+1)(1-\pi_U)\}$　より、

$$\pi_U=F_{(m1,m2)}\times(k+1)/\{n-k+F_{(m1,m2)}\times(k+1)\} \tag{10.2.1.7}$$

$$m_1=2(k+1),\ m_2=2(n-k)$$

となる。

たとえば、$n=10$、$k=8$、$\pi=k/n=0.8$ の場合に π の正確な 95%信頼区間を求めてみる。まず $m_1=2k=16$、$m_2=2(n-k+1)=6$ であるから、自由度 $m_1=16$、$m_2=6$ の F 分布の下側 2.5%点 $F_{m1,m2}=0.299$ を求め（本章補足説明 2 参照）、

$$F_{m1,m2}=(n-k+1)\,\pi_L/\{k(1-\pi_L)\}$$

から、

$$P_L=F_{m1,m2}\times k/(n-k+1+F_{m1,m2}\times k)=0.444$$

として、下側限界値 P_Lが求まる。同様に、自由度 $m_1=2(k+1)=18$, $m_2=2(n-k)=4$ の F 分布の上側 2.5%点 $F_{m1,m2}=8.592$を求め、

$$F_{m1,m2}=(n-k)\,\pi_U/\{(k+1)(1-\pi_U)\}$$

から、

$$\pi_U=F_{m1,m2}\times(k+1)/(n-k+F_{m1,m2}\times(k+1))=0.975$$

として、上側限界値 π_Uが求まる。

よって、π の正確な信頼区間は(0.444, 0.975)となる。π の点推定値は、$\hat{\pi}=x/n=0.8$ であるから、この信頼区間は$(0.8-0.356, 0.8+0.175)$となり、点推定値に関して対称とならない。これは本来二項分布が $\pi=0.5$ の場合以外は対称な分布にならないことに対応する。

二項分布の正規近似では、近似的に $\hat{\pi}\sim N(\hat{\pi}, \hat{\pi}(1-\hat{\pi})/n)$ となることより、

$$\hat{\pi}\pm 1.96\sqrt{\hat{\pi}(1-\hat{\pi})/n}=(0.552,1.048)$$

となって、上側限界は1を飛び出してしまう。これはπの値が1あるいは0に近いとき、分布が歪んで対称性から大きく乖離すること、およびnが小さいときには、正規近似の精度が悪いことに起因する。

通常正規近似はうまく働くが、この例のようにπの値が0, 1に近いとき、および標本のサイズが小さいときには注意しなければならない。

10.2.2　1標本仮説検定（二項検定）

データ数n個の1つの標本での比率と、決められた比率とを比較するのに、二項分布に基づく確率で有意性を調べる検定法を、**二項検定**とよぶ。この検定法は、それゆえ1標本問題である。

【例】ある系統の薬剤では、肝障害発症率は0.01以下でなければならないとする。新薬Aで10人の調査では2人の肝障害が認められた。この出現率は許されるかどうか、検定で調べてみる。帰無仮説を、肝障害発現率が0.01であるとする。この状況で、肝障害発症が2件以上である確率は、二項確率より求めることができる。

$$p=1-\sum_{i=0}^{1}\binom{10}{i}0.01^{i}(1-0.01)^{10-i}$$

$$i=0\quad p_0={}_{10}C_0\times(0.01)^0\times(0.99)^{10}=1\times1\times0.9044=0.9044$$

$$i=1\quad p_1={}_{10}C_1\times(0.01)^1\times(0.99)^{9}=10\times0.01\times0.9135=0.09135$$

$$p=1-(0.9044+0.09135)=0.000425$$

この結果は、有意水準を片側0.05とすると有意である。すなわち、許される肝障害発症率0.01を統計学的に有意に超えていることを示している。

上記例はあくまで検定の例を示すものであり、このくらいの例数で直ちに肝障害発症率が許容限界を超えていると判断するのは問題がある。調査された10人が患者集団からのランダム標本かどうかも疑わしいし、また肝障害であるとの診断の妥当性も問題になるだろう。実際、詳細な調査により肝障害例は1例だったとする。このとき$p=0.096$となり5%水準では有意にならない。したがって、もう少し調査症例を増やして、それでなおかつ同様の傾向があるようであれば、注意喚起する必要があるだろう。また、重篤な肝障害であれば、この程度のことでも慎重に判断する必要があるかもしれない。

10.2.3 仮説検定（2標本）フィッシャーの直接確率法

二項検定は、1 標本でのみ利用できるものであった。たとえば、市販薬と新薬の安全性を比較する臨床試験を行い、肝障害の発現率が異なるかどうかを比較したいとすると、二項検定は使えない。

さらに、肝障害の発現率は小さいため正規近似や次に勉強するχ^2近似も適用条件を満たしていない。このような場合、近似によらず正確な確率を求めて検定する方法が必要である。このような 2 群の比率のデータは、次のようなデータが基となっている。

表 10.1

	肝障害あり	肝障害なし	計
新薬	a	b	n_1
市販薬	c	d	n_2
計	c_1	c_2	N

肝障害発現率
$p_1 = a/n_1$
$p_2 = c/n_2$

この表 10.1 は、次の章で学ぶ分割表と同じものである。ただ、この表の特徴は a と c が小さいことである。

被験者総数は N 人、新薬投与と市販薬投与がおのおの n_1 と n_2、肝障害の発現のありとなしはおのおの c_1 と c_2 という状況下で、a, b, c, d が出現する確率を考える。このような状況、すなわち n_1, n_2, c_1, c_2 を固定することを“周辺和(marginal totals)を固定”するという。周辺和を固定したとき、セルの値が出る確率を求めることができる。そのとき、a, b, c, d すべてを対象にする必要はなく、周辺和が固定されているので、a が決まれば b, c, d は決まってしまうから a だけについて考えればよい。すなわち、上側確率を求めるには、周辺和を固定したとき、特定の度数を得る確率に、さらに薬剤の違いがより大きくなる度数の集合が得られる確率を加えなければならない。観測された数値だけではなく、それより極端な場合の確率を考慮に入れなければならない。これは連続量の場合に上側（より離れた方向）の面積（確率）を計算することに対応している。臨床試験の結果、表 10.2 のような結果が得られたとする。

表 10.2

	肝障害あり	肝障害なし	計
新薬	5	27	32
市販薬	2	26	28
計	7	53	60

ここで、まず計算をやりやすくするため、最も小さい数が左上のセル(1,1)にくるように表を作り直す。すなわち、表 10.2 の上の行と下の行を入れ替えた表 10.3 を用いて始める。

表 10.3

	肝障害あり	肝障害なし	計
市販薬	2	26	28
新薬	5	27	32
計	7	53	60

この周辺総計をもつ表は 8 つある。この 8 つの表に各左上のセルの値の小さいものから大きいものに番号をつけたものを表 10.4 に示す。表 10.3 は表 10.4 の(3)である。

一般的な場合について表 10.1 の表記法を用いるとき、あらゆる表に対して正確な確率は次の式で計算される（本章補足説明 1 参照)。

$$P = \frac{n_1!n_2!c_1!c_2!}{N!a!b!c!d!}$$

この公式を用いて、表 10.2 と同等である表 10.3、すなわち表 10.4(3)の観測に伴う確率を計算しなければならない。また、先ほどの理由により、より極端な場合に伴う確率も計算する必要がある。もし $ad-bc$ が負ならば、同数ずつセル a と d を減少させ、b と c を増加させることにより極端な場合の表が得られる。$ad-bc$ が正の場合は同数ずつセル a と d を増加させ、b と c を減少させればよい。表 10.4 では $ad-bc$ は負であり、より極端な場合の表は(1)と(2)である。

表 10.4

(1)

	肝障害あり	肝障害なし	計
市販薬	0	28	28
新薬	7	25	32
計	7	53	60

(2)

肝障害あり	肝障害なし	計
1	27	28
6	26	32
7	53	60

(3)

肝障害あり	肝障害なし	計
2	26	28
5	27	32
7	53	60

(4)

肝障害あり	肝障害なし	計
3	25	28
4	28	32
7	53	60

(5)

肝障害あり	肝障害なし	計
4	24	28
3	29	32
7	53	60

(6)

肝障害あり	肝障害なし	計
5	23	28
2	30	32
7	53	60

(7)

肝障害あり	肝障害なし	計
6	22	28
1	31	32
7	53	60

(8)

肝障害あり	肝障害なし	計
7	21	28
0	32	32
7	53	60

それゆえ、(1)、(2)、(3)の表の各確率を求め、それらの合計をとればよい。

$$(1)\quad P_1 = \frac{28!32!7!53!}{60!0!28!7!25!} = 0.00872$$

$$(2)\quad P_2 = \frac{28!32!7!53!}{60!1!27!6!26!} = 0.06570$$

$$(3)\quad P_3 = \frac{28!32!7!53!}{60!2!26!5!27!} = 0.19710$$

必要なのはここまでの数字であるが、説明のためにこの周辺和で考えられるすべての表について確率を計算したものを表 10.5 に示す。

観測された表(3)が得られる確率は 0.19710 である。p 値はその観測された表と「より極端な場合の表」が得られる確率となる。よって片側 p 値は、

$$P = P_1 + P_2 + P_3 = 0.00872 + 0.06570 + 0.19710 = 0.27152$$

となる。

結論として、「p 値は有意水準 5%より大きく、新薬の毒性は対照群と比較して統計学的に有意に肝障害発生が多いことは証明されなかった」と結論づけることができる。

以上の検定は、“フィッシャーの直接確率法”または “正確検定”とよばれている。フィッシャーの直接確率法がなぜ正確検定とよばれるのかは、データが離散的な性質をもち、数が有限であるため、同じ周辺和をもつ結果の組み合わせを数え上げ、正確に確率を求めているためである。

表 10.5

a	P
0	0.00872
1	0.06570
2	0.19710
3	0.30503
4	0.26296
5	0.12622
6	0.03122
7	0.00307

[補足説明 1]　正確な確率は次の式で計算される。（記号：表 10.1 より）

$$P=\frac{n_1!n_2!c_1!c_2!}{N!a!b!c!d!}$$

証明：(1,1)セルの数 a となる確率は、全体 N から第 1 行を選ぶ組み合わせ$({}_NC_{n1})$の中で、第 1 列から a 個$({}_{c1}C_a)$を取り、同時に第 2 列から b 個$({}_{c2}C_b)$を取り出す確率として求めることができる。すなわち、

$$P=\frac{{}_{c1}C_a\times{}_{c2}C_b}{{}_NC_{n1}}=\frac{\dfrac{c_1!}{a!(c_1-a)!}\times\dfrac{c_2!}{b!(c_2-b)!}}{\dfrac{N!}{n_1!(N-n_1)!}}$$

$$=\frac{c_1!\times c_2!\times n_1!\times(N-n_1)!}{N!\times a!(c_1-a)!\times b!\times(c_2-b)!}$$

$$=\frac{n_1!\times n_2!\times c_1!\times c_2!}{N!\times a!\times b!\times c!\times d!}$$

［補足説明 2］ PC による F 値の求め方

Excel 関数 FINV で F 値を求めることができる。

【例】

$F(16,6)$の下側確率 0.025 の F 値は、FINV(1－0.025,16,6)＝0.2993

$F(18,4)$の上側確率 0.025 の F 値は、FINV(0.025,18,4)＝8.5923

第 11 章　分割表

2×2 表の元になる研究の種類（標本抽出法）には下記の 4 種類がある。

- 横断研究（cross-sectional study）
- コホート研究（cohort study）、追跡調査（follow-up study）
- ランダム化比較臨床試験（randomized controlled clinical study）
- ケース・コントロール研究、事例対照研究（case-control study）

これらの研究をまとめると、すべて 2×2 表にまとめることができる。そして、研究の分類方法として、2 つに大別できる。

1 つは、研究の時間的順序と因果の方向性であり、

- 前向き研究（prospective study）
  横断研究、コホート研究、ランダム化比較臨床試験
- 後ろ向き研究（retrospective study）
  ケース・コントロール研究

他の 1 つは、介入の有無であり、

- 観察研究（介入しない）（observational study）
  研究者は積極的な介入を行わない
  対象者の日常的な行動を調査する　（観察する）
  コホート研究、ケース・コントロール研究、横断研究は、観察研究に分類される。
- 実験研究（介入する）（intervention study）
  研究者が積極的に治療法や予防法を行う（介入する）
  無作為割付臨床試験はその代表だが、無作為割付を伴わない介入研究も存在する
  ランダム化比較試験

である。

同じ観察研究のなかでも、前向きコホート研究は単に前向き研究とよばれ、ケース・コントロール研究は後向き研究とよばれることがある。前向きコホート研究では、最初に健康な人の生活習慣（喫煙・飲酒・食生活）などを調査し、この集団を「前向き」に追跡調査して、後から発生する疾病を確認する。

これに対して、症例対照研究では、最初に疾病にかかった人（「症例」とよばれる）を選び、次にその人達と性別や年齢などのそろった健康人（「対照」とよばれる）を選んで、両者の生活習慣、治療歴などを過去にさかのぼって「後向き」に調査する。

11.1　データの生成のされ方

研究の種類（標本抽出法）により、2×2 分割表の各セルの確率モデルが異なる。

11.1.1　横断研究

ある集団を取り出し、そこに含まれている 2 つの要因を分類する。

【例】 100 人を選び出し、その集団について性別とラジオを聴くか聴かないかの調査をする。セルの発生確率は、多項分布である。この場合、$n_{..}$のみが固定されている。男性でラジオを聴く人の割合は、$n_{11}/n_{..}$である。

<ラジオ>

	聴く	聴かない	計
男	n_{11}	n_{12}	$n_{1.}$
女	n_{21}	n_{22}	$n_{2.}$
計	$n_{.1}$	$n_{.2}$	$n_{..}$

ここで、$n_{1.}$は第 1 行の合計、$n_{.1}$は 1 列の合計、$n_{..}$は全合計を示す。

11.1.2　疫学研究（コホート研究）、追跡調査

ある要因 A の有無に分類した 2 つの集団を一定期間観察して、要因 A と反応 B 間の因果関係を調べる研究である。

【例】 65 歳以上の男性 100 人を無作為に選び、喫煙の有無と肺がん発症との関連性を調べる。セルの発生確率は 2 つの二項分布モデルに従う。この場合、$n_{1.}$および $n_{2.}$が固定されている。喫煙ありで肺がん発症の割合は、$n_{11}/n_{1.}$である。

<肺がん発症>

	あり	なし	計
喫煙	n_{11}	n_{12}	$n_{1.}$
非喫煙	n_{21}	n_{22}	$n_{2.}$
計	$n_{.1}$	$n_{.2}$	$n_{..}$

11.1.3　ランダム化比較臨床試験（RCT）

100 人の患者をランダムに試験治療と対照治療に割り付け、イベントの発生を観察する。確率モデルはコホート研究と同じである。ただしランダム化試験では比較したい要因以外の影響は、ランダム化により確率的に消されている。この場合、$n_{1.}$および $n_{2.}$が固定されている。試験治療でイベントありの割合は、$n_{11}/n_{1.}$である。

<イベント>

	あり	なし	計
試験治療	n_{11}	n_{12}	$n_{1.}$
対照治療	n_{21}	n_{22}	$n_{2.}$
計	$n_{.1}$	$n_{.2}$	$n_{..}$

11.1.4　ケース･コントロール研究の確率モデル

心筋梗塞入院患者 50 人と、それ以外の患者 50 人について過去の喫煙歴を調査する。

セル発生確率は、条件つき二項分布モデルに従う。これは、列方向 $n_{.1}$ と $n_{.2}$ が固定されている。心筋梗塞発症群で喫煙ありの割合は、$n_{11}/n_{.1}$ である。

<イベント>

喫煙	心筋梗塞	コントロール	計
あり	n_{11}	n_{12}	$n_{1.}$
なし	n_{21}	n_{22}	$n_{2.}$
計	$n_{.1}$	$n_{.2}$	$n_{..}$

11.2 分割表における関連性

上記 4 種類の研究は、2 つの要因 A と B に関連性があるかどうかを調べるのが目的である。ここで、関連性の定義をしておこう。例として、喫煙と肺がんの関連性を調べた結果を表 11.1 に示す。いまでは常識となっているが、このデータより喫煙と肺がんの関連性を調べる。喫煙を要因 A、肺がんを要因 B とする。

表 11.1

				B			
				肺がん			
				Y B_1	N B_2		
A	喫煙	Y	A_1	14	23	37	A_1
		N	A_2	10	71	81	A_2
				24	94	118	
				B_1	B_2		

A,B の間に関連が[ある/ない] とは、どういうことかを式で表すと、

$$P(B_1|A_1) > P(B_1|A_2) \quad \text{関連あり} \tag{11.2.1}$$

$$P(B_1|A_1) < P(B_1|A_2) \quad \text{関連あり} \tag{11.2.2}$$

$$P(B_1|A_1) = P(B_1|A_2) \quad \text{関連なし} \tag{11.2.3}$$

関連なしとは、式(11.2.3)のときであり、これは A と B が独立の場合である。$P(B|A)$は、A が成立している条件の下で、B が生じる確率を表しており、

条件付き確率とよぶ。すなわち、事象 A_1 が起こるとしても、要因 B の結果は影響を受けない。よって、

$$P(B_1|A_1)=P(B_1) \quad \text{または} \quad P(A_1|B_1)=P(A_1)$$

の状態のときである。

さらに関連の強さも尺度化しなければならない。

要因　A_1: 喫煙　A_2: 非喫煙

結果　B_1: 肺がんに罹患　B_2: 肺がんに非罹患

としたとき、

・喫煙の肺がん罹患に対する危険率（オッズ）

$$P(B_1|A_1)/P(B_2|A_1) \tag{11.2.4}$$

・非喫煙の肺がん罹患に対する危険率（オッズ）

$$P(B_1|A_2)/P(B_2|A_2) \tag{11.2.5}$$

が定義できる。これらの統計量はオッズ（odds）とよばれている。

喫煙が非喫煙に比べ肺がんになる危険の度合いを示す目安の量として、それらの比をとったものを**オッズ比**（odds ratio）という（式(11.2.4)と式(11.2.5)との比)。もし、これらの要因間に関連がなければオッズ比は 1 になる。関連があれば 1 から離れた値をとる。オッズ比は比であるため単位がなく、とる値は 0 から∞である。一般的に 2 要因の分割表を表 11.2 に示す。

表 11.2

		B		
		B_1	B_2	
A	A_1	a	b	$a+b$
	A_2	c	d	$c+d$
		$a+c$	$b+d$	n

上記オッズ比の定義をもとに、4 つの研究の種類から求められるオッズ比の関係はすべて同値になる。

$$\theta=\frac{P(A_1\cap B_1)P(A_2\cap B_2)}{P(A_2\cap B_1)P(A_1\cap B_2)} \tag{11.2.6}$$

$$= \frac{P(B_1|A_1)P(B_2|A_2)}{P(B_2|A_1)P(B_1|A_2)} \tag{11.2.7}$$

$$= \frac{P(A_1|B_1)P(A_2|B_2)}{P(A_2|B_1)P(A_1|B_2)} \tag{11.2.8}$$

ここで$P(A \cap B)$は、AとBが共に生じる確率を表す。

(1) 横断研究　…式(11.2.6)

(2) コホート研究（追跡研究）、ランダム化比較臨床試験（RCT）…式(11.2.7)

(3) ケース・コントロール研究（事例対照研究）…式(11.2.8)

（ここで、(2)のコホート研究（追跡研究）とランダム化比較臨床試験は、同じ確率モデルと見なせるので、1つにまとめた）

このオッズ比の性質は、関連性の尺度としてサンプリング方法によらず同一定義で推定することができるということである。この性質は、オッズ比が好まれる理由の1つである。次に、オッズ比を得られた度数を表11.3から定義する。

表11.3

薬剤	肝障害		計
	有	無	
投与	a	b	$a+b$
非投与	c	d	$c+d$
計	$a+c$	$b+d$	n

オッズの定義より、

$$\text{投与による肝障害有無のオッズ} = \frac{\frac{a}{a+b}}{\frac{b}{a+b}} = \frac{a}{b}$$

$$\text{非投与による肝障害有無のオッズ} = \frac{\frac{c}{c+d}}{\frac{d}{c+d}} = \frac{c}{d}$$

オッズ比の定義より、

$$\text{オッズ比}(OR) = \frac{a/b}{c/d} = \frac{ad}{bc} \tag{11.2.9}$$

と書ける。このオッズ比の意味は、薬剤投与は非投与に比べ、肝障害有無がオッズ比倍大きいことを示している。表11.1では、オッズ比は $\frac{14\times71}{10\times23}=4.32$ である。これは喫煙が非喫煙に比べ肺がん発症率のオッズが4.32倍大きいことを示している。

疫学でよく使われる関連性の尺度に相対リスクがある。相対リスク（relative risk）とオッズ比との関係も重要である。相対リスク（RR）の定義は、次式で与えられる。

$$RR=\frac{P(\text{疾患あり}|\text{曝露あり})}{P(\text{疾患あり}|\text{曝露なし})}=\frac{a/(a+b)}{c/(c+d)}=\frac{a(c+d)}{c(a+b)} \tag{11.2.10}$$

稀な疾患を扱うとき、すなわち a,c が b,d と比べて小さいとき、相対リスクはオッズ比で近似できる。

$a<<b$ ならば $a+b$ は b で近似できる。

$c<<d$ ならば $c+d$ は d で近似できる。

よって、

$$RR=\frac{a(c+d)}{c(a+b)}\cong\frac{ad}{cb}=OR \tag{11.2.11}$$

となり、相対リスクとオッズ比は近似的に等しくなる（≅は≒と同じ）。

コホート研究やRCTでは、RR を求めることができるが、ケース・コントロール研究では RR が定義できない。しかし、上記条件のときオッズ比を用いて近似 RR を推定することができる。

関連性を示す統計量としてオッズ比があるが、この統計量を使って推測するにはオッズ比の確率分布がわからないといけない。オッズ比は負の値をとれないため、確率分布は右に歪んでおり正規分布しない。オッズ比の自然対数をとることにより、確率分布はより対称になり、近似的に正規分布とみなせる。この性質を使うことにより、推測が可能になる。

11.3 オッズ比の分布

オッズ比の自然対数をとることにより、分布が近似的に正規分布になることを実験的に確かめてみる。男女各 50 人に対し、ボクシングが好きか嫌いかを調査したとき、表 11.4 の結果を得たとする。

この結果のオッズ比は、以下のようになる。

オッズ比 $= 30 \times 40/(10 \times 20) = 6$

対数オッズ比 $= \ln(6) = 1.792$

この 100 人を母集団とみなし、ここからランダムに男女各 10 人を取り出しその標本からオッズ比を求め、その標本オッズ比の分布を調べてみる。

表 11.5 のオッズ比は、

オッズ比 $= 8 \times 8/(2 \times 2) = 16.0$

対数オッズ比 $= \ln(16.0) = 2.77$

表 11.4

ボクシング	好き	嫌い	計
男	30	20	50
女	10	40	50
計	40	60	100

表 11.5

ボクシング	好き	嫌い	計
男	8	2	10
女	2	8	10
計	10	10	20

さらに、再度抽出し直して男女各 10 人について調べたとする。

表 11.6

ボクシング	好き	嫌い	計
男	6	4	10
女	3	7	10
計	9	11	20

表 11.6 のオッズ比は、

オッズ比 ＝ 6×7/(4×3) ＝ 3.5

対数オッズ比 ＝ ln(3.5) ＝ 1.25

100 人中男女各 10 人について繰り返し調べた結果をプロットすると、図 11.1、図 11.2 のようになる。

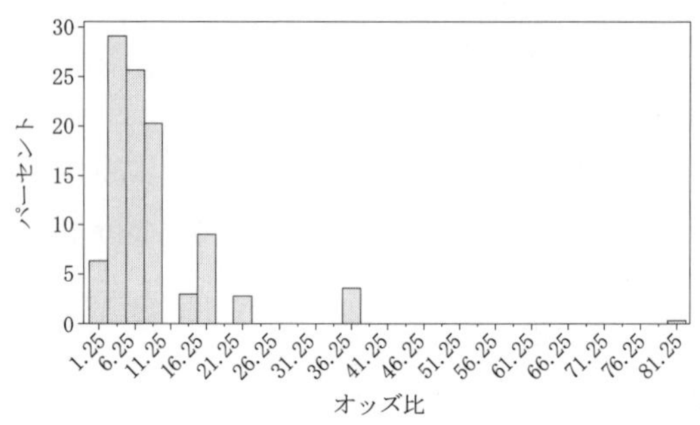

図 11.1　オッズ比

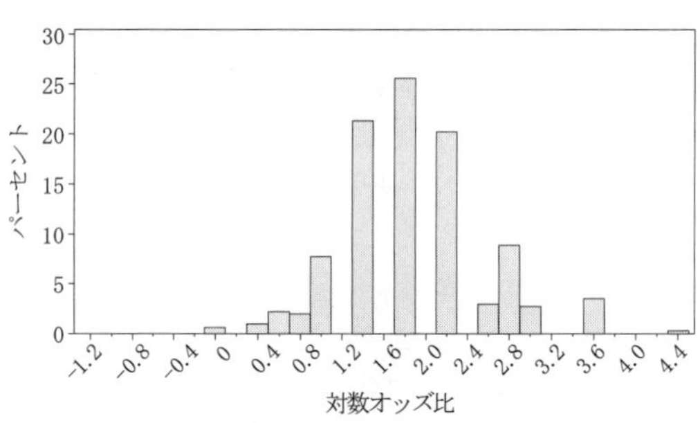

図 11.2　対数オッズ比

対数オッズ比の方が正規分布に近いことがわかる。

さらに、100 人の元の集団で求めた対数オッズ比 ＝ ln(6) ＝ 1.792 に近い平均が得られている。このようにオッズ比も分布する。母集団オッズ比を θ とすると、$\ln\hat{\theta}$ の分布の近似分散は、表 11.3 の記号を使うと、

$$\hat{V}(\ln\hat{\theta}) = \frac{1}{a} + \frac{1}{b} + \frac{1}{c} + \frac{1}{d} \tag{11.3.1}$$

（補足説明 1 参照）

それゆえ、対数オッズ比の分布は、

$$\ln\hat{\theta} \sim N(0.0\,,\ \hat{V}(\ln\hat{\theta}))$$

となる。この分布より統計的推測ができるが、通常検定にはあまり使われない。その理由は、信頼区間がわかれば検定していることになり、さらに関連性の大きさも推定できるので、解析にはより情報量の多い信頼区間が使われる。

対数オッズ比の両側 95%信頼区間は

$$\ln\hat{\theta} - 1.96\sqrt{\hat{V}} < \ln\theta < \ln\hat{\theta} + 1.96\sqrt{\hat{V}} \tag{11.3.2}$$

$\hat{\theta}$ は標本から求めたオッズ比推定値である。オッズ比の信頼区間は上式の exp をとれば

下限値：$\exp(\ln\hat{\theta} - 1.96\sqrt{\hat{V}})$

上限値：$\exp(\ln\hat{\theta} + 1.96\sqrt{\hat{V}})$

【例】 表 11.4 のデータのオッズ比の信頼区間を求める。

$$\hat{\theta} = \frac{30 \times 40}{10 \times 20} = 6.0$$

$$\ln\hat{\theta} = 1.792$$

$$\hat{V} = \frac{1}{30} + \frac{1}{20} + \frac{1}{10} + \frac{1}{40} = 0.208$$

$$\sqrt{\hat{V}} = 0.456$$

対数オッズ比の信頼区間は

$$1.792 \pm 1.96 \times 0.456 = (0.898, 2.686)$$

オッズ比の信頼区間は

$$(\exp(0.898), \exp(2.686)) = (2.455, 14.673)$$

11.4 オッズ比の検定

仮説

H_0: $\ln\theta=0$ またはオッズ比＝1、H_1: $\ln\theta\neq 0$ またはオッズ比≠1

検定統計量は、

$$Z=\frac{\ln\hat{\theta}}{\sqrt{\hat{V}}} \tag{11.4.1}$$

$$\hat{V}=\frac{1}{a}+\frac{1}{b}+\frac{1}{c}+\frac{1}{d} \tag{11.4.2}$$

棄却域

$|Z| \geqq Z(0.025)$

または　$Z^2=\chi^2 \geqq \chi^2(1, 0.05)=3.84$　(11.4.3)

$1.96^2=3.84$

【例】アスピリンと心筋梗塞の例

	心筋梗塞		
群	発症あり	発症なし	合計
プラセボ	189 ($\hat{p}_1=0.0171$)	10845	11034
アスピリン	104 ($\hat{p}_2=0.0094$)	10933	11037

$$\hat{\theta}=\frac{189\times 10933}{104\times 10845}=1.832$$

$$\ln\hat{\theta}=0.605$$

$$\hat{V}=\frac{1}{189}+\frac{1}{10845}+\frac{1}{104}+\frac{1}{10933}=0.0151$$

$$\sqrt{\hat{V}}=0.122$$

$$Z=\frac{0.605}{0.122}=4.959>1.96$$

$$Z^2=\chi^2=24.591>3.84$$

よって、アスピリンは心筋梗塞を有意に抑える。また信頼区間は、$\ln\hat{\theta} \pm 1.96\sqrt{\hat{V}}$ より

$$0.605 \pm 1.96 \times 0.122 = 0.605 \pm 0.239 = (0.366, 0.844)$$

$\hat{\theta}$ の信頼区間は(1.442, 2.326)。信頼区間は 1 をはさんでいないので、有意である。別解として、10.1.4 項の比率の差の比較としても検定可能である。

発生率の差　$\hat{p}_1 - \hat{p}_2 = 0.0171 - 0.0094 = 0.0077$

差の SE は

$$\sqrt{\frac{(0.0171)(0.9829)}{11034} + \frac{(0.0094)(0.9906)}{11037}} = 0.0015$$

差の 95%信頼区間は、$0.0077 \pm 1.96(0.0015) = 0.008 \pm 0.003$ => (0.005, 0.011)

信頼区間が 0 をはさんでいないので有意であり、$\pi_1 > \pi_2$ と結論づけることができる。すなわち、アスピリンは心筋梗塞のリスクを減少させるといえる。π_1 は $\hat{p}_1$ の母発生率、$\hat{p}_1$ は標本発生率である。

[参考] オッズ比の性質

2×2 分割表に対する関連性の指標の 1 つにオッズ比 θ がある。X と Y が独立である場合、$\text{odds}_1 = \text{odds}_2$ となり、$\theta = \text{odds}_1/\text{odds}_2 = 1$ となる。

- オッズ比が 1 でないことは、何らかの連関が存在することを意味する。
- オッズ比の値が 1 から離れるほど連関は強くなる。
- 一方の値が他方の値の逆数であるとき、方向は逆であるが同じ連関の強さを表す。
- たとえば、$\theta = 0.25$ のとき、行 1 の成功オッズは行 2 の成功オッズの 0.25 倍である。
- 逆に、行 2 の成功オッズは行 1 の成功オッズの 1/0.25＝4.0 倍である。
- 順序は任意に定めることができ、オッズ比として 4.0 と 0.25 のどちらを選ぶかは、単に行と列の分類方法の問題である。
- オッズ比は、表を転置させても、行と列が入れ換わるだけなので値は変わらない。

- 列を応答変数、行を説明変数にした場合のオッズ比と、行を応答変数、列を説明変数にした場合のオッズ比は同じ値になる。
- このようにオッズ比は変数に対して対称であるため、オッズ比を計算する際に説明変数と応答変数を区別する必要はない。
- これに対して、相対リスクは応答変数を特定する必要があり、応答変数のカテゴリーの順序によって値が変わる。

■オッズ比と相対リスクの関係

- 標本オッズ比が 1.83 であることは、$\hat{p}_1$ が $\hat{p}_2$ の 1.83 倍であることを意味するのではない。
- オッズ比が 1.83 ということは、オッズ 1 がオッズ 2 の 1.83 倍であることを意味している。
- 成功率 p_1 が非常に小さいときには、「オッズ比 ＝ 相対リスク」と近似関係が成り立つ。
- このオッズ比と相対リスクとの関係は有用である。
- 相対リスクは計算できないがオッズ比は計算可能な研究の場合、上の条件を満たせばオッズ比を相対リスクの近似として用いることができる。

11.5　2×2 分割表の解析

11.5.1　横断研究

χ^2 検定の考え方を、表 11.7 のデータをもとに説明する。予防接種法新旧の効果が等しいとすることは、 2 つの集団であることを無視し、全 200 人を同一の母集団として取り扱えると仮定したことに相当する（帰無仮説）。

- そのときの発病の有無の比は、周辺和（計）の比の 50 対 150 である。
- もし新旧法の効果に違いがなければ（帰無仮説）、新法 120 人の発病有無は（50 対 150）に配分されるはずである。
- 同様に、旧法 80 人の発病有無も（50 対 150）に配分されるはずである。

表 11.7　観察度数と期待度数

		発病		計
		した	しない	
予防接種	新	20 (30)	100 (90)	120
	旧	30 (20)	50 (60)	80
	計	50	150	200

（合計欄は、観測度数表と同じ。すなわち、周辺度数は計画により固定されている）

「2 要因は独立である」というのがここでの帰無仮説である。言い換えれば、オッズ比＝1 が帰無仮説である。以下で、帰無仮説のもとで求めた発病有無の度数を**期待度数**（expected frequency）、実際に観察された度数を**観察度数**（observed frequency）とよぶ。

帰無仮説のもとでの期待度数は、

- 発病する割合　50/200＝0.25
- 新法 120 人のうち、発病 120(0.25)＝30、発病せず 120(0.75)＝90
- 旧法 80 人のうち、発病 80(0.25)＝20、発病せず 80(0.75)＝60
- χ^2 検定は、分割表の各区分（セル）に入る観測度数（O と表す）と、帰無仮説が正しいとしたときの期待度数（E と表す）を比較する。
- このときの帰無仮説は、2 つの要因は独立、言い換えればオッズ比＝1 が帰無仮説である。
- 観測度数(O)と期待度数(E)との差 $O-E$ が大きいと仮説が正しくないと判断する。
- その際、単純に差を評価すると、$(O-E)$の符号が打ち消しあい、$(O-E)$ が評価できないため、符号を消すのに二乗する。
- また度数の絶対値による不公平を補正するのに、$(O-E)$の二乗値を期待度数で平均化する。
- 各セルについて$(O-E)^2/E$ を求め合計したもの。

$$\chi^2=\sum_{i=1}^{4}\frac{(O_i-E_i)^2}{E_i} \tag{11.5.1.1}$$

は、帰無仮説のもとで自由度 1 の χ^2 分布に従う性質より、仮説検定を行う。χ^2 分布の分布表は、表 11.8 を参照。

［参考］χ^2分布への近似を正当化させる条件は、

- 1 より小さな期待度数のセルがない
- 期待度数が 5 以下のセルが 20%以下である

上記条件が満たされない場合、正確検定（並べ替え検定）を実施する。

【例】予防接種法と発病の有無のデータ

表 11.7 より、

$$\chi_0^2 = \frac{(20-30)^2}{30} + \frac{(30-20)^2}{20} + \frac{(100-90)^2}{90} + \frac{(50-60)^2}{60}$$
$$= 3.33 + 5.0 + 1.11 + 1.67 = 11.1$$

- 棄却域は、$\chi_0{}^2 \geqq \chi^2$(自由度＝1、p＝0.05)＝3.84
  - 5%有意であるので、帰無仮説を棄却し対立仮説を採択する。
- すなわち、発病率（割合）は、予防接種法により有意に異なる。

ここでは、最も簡単な 2×2 表について説明したが、より一般な $R\times C$ 表（R 行 C 列の表）についても考え方や計算方法は同様である。一般的に検定の自由度は、$(R-1)\times(C-1)$である。

表 11.8　χ^2分布 統計数値表

			上裾部
df	0.100	0.050	0.025
1	2.71	3.84	5.02
2	4.61	5.99	7.38
3	6.25	7.81	9.35
4	7.78	9.49	11.14
5	9.24	11.07	12.83

ここで 2×2 分割表において、帰無仮説がオッズ比＝1 の検定に対し、検定統計量が式(11.4.1)と式(11.5.1.1)がある。式(11.5.1.1)をもう一度並べて書くと、

$$Z^2 = \chi^2 = \frac{(\ln\hat{\theta})^2}{\hat{V}} \tag{11.5.1.2}$$

$$\chi^2 = \sum_{i=1}^{4} \frac{(O_i - E_i)^2}{E_i} \tag{11.5.1.3}$$

式(11.5.1.3)の統計量は、オッズ比＝1 の仮定での期待度数が E_i となることより、上記 2 つの統計量は同じ意味をもつと解釈できる。実際、同じデータに対しそれらの統計量を計算してみると、近い値になることが確認できる。

$$\hat{\theta} = \frac{20 \times 50}{30 \times 100} = 0.333$$

$$\ln\hat{\theta} = -1.0996$$

$$(\ln\hat{\theta})^2 = 1.209$$

$$\hat{V} = \frac{1}{20} + \frac{1}{100} + \frac{1}{30} + \frac{1}{50} = 0.113$$

$$\chi^2 = \frac{(\ln\hat{\theta})^2}{\hat{V}} = \frac{1.209}{0.113} = 10.699$$

11.5.2　コホート研究（２標本）

[仮定]

2 つの標本は独立

$a+b$:リスク因子に曝露された人数

$c+d$:リスク因子に曝露されていない人数

[目的]

相対リスク *RR* を求めることにより、曝露と疾患の関連性があるかどうかを評価する（これは、新旧の予防接種ごとにその結果を前向きに調べたものなので、因果関係についてもものがいえる)。ここでは、予防接種法と発病の有無との関連性を調べる。この研究では、2 要因の関連性を 2 つの予防接種法の発病率の差を検定すればよい。すなわち、第 10 章の方法を応用すればよい。

2 つの母集団の成功率の差の検定を行う。帰無仮説 $H_0 : \pi_1 = \pi_2$ のもとでは、$\pi_1 = \pi_2 = \pi = (x_1 + x_2)/(n_1 + n_2)$ とおいて、

$$\pi_1 - \pi_2 \sim N(0, \pi(1-\pi)(\frac{1}{n_1} + \frac{1}{n_2})) \quad (11.5.2.1)$$

＜検定手順＞

手順 1: 帰無仮説 H_0：$\pi_1 = \pi_2$　対立仮説 H_1：$\pi_1 \neq \pi_2$

手順 2: 有意水準 α を定める。

手順 3: 棄却域を定める。

α＝0.05、対立仮説 H_1：$\pi_1 \neq \pi_2$ のとき $|Z_0| \geqq 1.960$

手順 4: データより検定統計量の値を求める。

$$Z_0 = \frac{\hat{\pi}_1 - \hat{\pi}_2}{\sqrt{\hat{\pi}(1-\hat{\pi})\left(\frac{1}{n_1}+\frac{1}{n_2}\right)}} \qquad (11.5.2.2)$$

手順 5: Z_0 の値が棄却域にあれば有意と判断し、H_0 を棄却する。

通常、このデータは以下に説明する χ^2 検定で検定される。

要因	疾患 あり(D)	疾患 なし($\underline{D}$)	計
あり(F)	a	b	$a+b$
なし($\underline{F}$)	c	d	$c+d$
計	$a+c$	$b+d$	n

■コホート研究(1)　相対危険 *RR*

疾患の相対危険の定義

$p_1 = P$(疾患|要因あり) $= P(D|F)$

$p_2 = P$(疾患|要因なし) $= P(D|\underline{F})$

とすると相対危険は

$$RR = \frac{P_1}{P_2} = \frac{P(D|F)}{P(D|F)}$$

■コホート研究(2)　関連性の検定

相対危険を求める。

$$RR = \frac{\dfrac{a}{a+b}}{\dfrac{c}{c+d}}$$

χ^2検定統計量を求め、

帰無仮説　$H_0 : RR = 1$

を検定する。検定統計量は次式である。

$$\chi_1^2 = \frac{n(ad-bc)^2}{(a+c)(b+d)(a+b)(c+d)} \tag{11.5.2.3}$$

この式は、χ^2検定統計量の定義式(11.5.1.3)よりも、分割表のセル度数から直接計算でき便利である。

【例】コホート研究の関連性の検定

	CHD 発症		
喫煙	あり	なし	計
あり	84	2916	3000
なし	87	4913	5000
計	171	7829	8000

$RR = 1.61$

$$\chi_1^2 = 10.1 = \frac{8000(84)(4913)-2916(87)^2}{(84+87)(2916+4913)(84+2916)(87+4913)}$$

定義より、標準正規分布の値の二乗は自由度 1 の χ^2値と等しいので、Z^2をχ^2分布と比較してもよい。

11.5.3　ケース・コントロール研究

(1) マッチングしないケース・コントロール研究

[仮定]

標本は独立である。

標本 1　　ケース　　　　: 全数疾患 D

標本 2　　コントロール : 全数疾患でない $\underline{D}$

$P(F|D) = P(F|\underline{D})$ を知りたい。

$P(D)$、すなわち疾患の有病率はこの研究では推定できない。それゆえ、RRは推定できない。オッズ比を求めることにより、曝露と疾患の関連性を評価する。

- **ケース群の曝露オッズ**

	疾患		
要因	ケース(D)	コントロール($\underline{D}$)	計
あり(F)	a	b	$a+b$
なし($\underline{F}$)	c	d	$c+d$
計	$a+c$	$b+d$	n

$$\frac{p_1}{1-p_1}=\frac{\dfrac{a}{a+c}}{\dfrac{c}{a+c}}=\frac{a}{c}$$

- **コントロール群の曝露オッズ**

	疾患		
要因	ケース(D)	コントロール($\underline{D}$)	計
あり(F)	a	b	$a+b$
なし($\underline{F}$)	c	d	$c+d$
計	$a+c$	$b+d$	n

$$\frac{p_2}{1-p_2}=\frac{\dfrac{b}{b+d}}{\dfrac{d}{b+d}}=\frac{b}{d}$$

オッズ比の点推定値は、

$$\frac{\dfrac{p_1}{1-p_1}}{\dfrac{p_2}{1-p_2}}=\frac{\dfrac{a}{c}}{\dfrac{b}{d}}=\frac{ad}{bc}$$

<関連性の検定>

χ^2統計量を求めることより、帰無仮説 H_0：$OR=1$ を検定する。検定統計量は次式である。

$$\chi^2=\frac{n(ad-bc)^2}{(a+c)(b+d)(a+b)(c+d)}$$

【例】ケース・コントロール研究

	CHD 罹患		
喫煙	あり(D)	なし($\underline{D}$)	計
あり(F)	112	176	288
なし($\underline{F}$)	88	224	312
計	200	400	600

$$\chi^2\text{統計} = \chi^2 = \frac{600((112)(224) - (176)(88))^2}{(112+88)(176+224)(112+176)(88+224)} = 7.69$$

(2) マッチド・ケース・コントロール研究

交絡要因を調整する方法として層別（層化）とマッチングがある。

＜1 対 1 マッチング＞

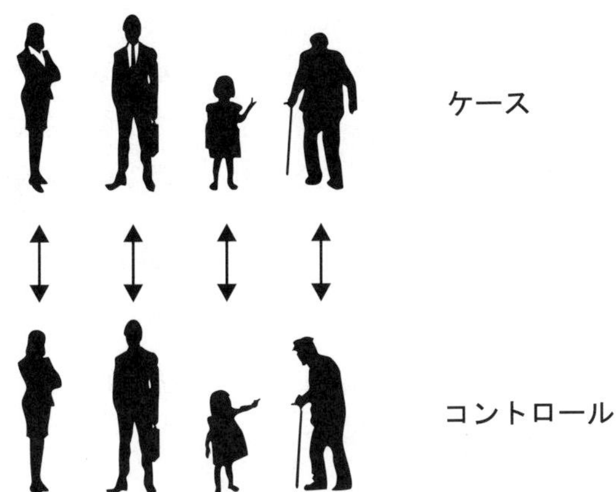

- **層別（層化）**

  対象をいくつかのグループに分けること。

  データ収集後、統計解析の段階で層別を行って解析する方法を層別解析という。データ収集前の対象者の選択において層別を行って母集団から抽出を行う方法を、層別抽出法という。

- **マッチング**

  背景要因（交絡要因となりうる要因）が、ケースとできる限り一致した対照（コントロール）を選択する方法。

■マッチド・ケース・コントロール研究

	コントロール	
ケース	曝露	非曝露
曝露	A	B
非曝露	C	D

オッズ比　（本章補足説明4参照）

$$OR = \frac{B}{C} \tag{11.5.3.1}$$

［仮定］

- ケースとコントロールの対は、年齢、人種、性別などの属性でマッチングされる。
- それゆえ、標本は独立でない。
- マッチド・オッズ比は、B/C で推定できる。
- B は、ケースは曝露しているがコントロールは曝露していない。
- C は、コントロールは曝露しているがケースは曝露していない。
- マッチド・オッズ比を求めることより、曝露と疾患に関連を測ることができる。

＜関連性の検定＞

マクネマー検定により、オッズ比＝1かどうかを検定できる。
検定統計量は、次式の χ^2 統計量である。

$$\chi^2 = \frac{(B-C)^2}{(B+C)} \tag{11.5.3.2}$$

【例】マッチド・ケース・コントロール研究

＜関連性の検定＞

	コントロール	
ケース	曝露	非曝露
曝露	3	8
非曝露	1	5

オッズ比 ＝ B/C ＝ 8/1 ＝ 8

マクネマー検定統計量 ＝ χ^2 ＝ 5.44

$$\chi^2 = \frac{(8-1)^2}{(8+1)}$$

マッチングの利点と欠点を整理する。

[利点]

比較の精度が上がり、サンプルサイズが少なくてすむ。

[欠点]

マッチングできないケースとコントロールは解析に持ち込めない。

マッチング変数はリスク要因として評価できない。

マクネマー検定（McNemar test）

<想定>

家庭での夫婦の生活習慣病において、家庭での夫婦の生活習慣病の有無を調査し、夫婦の診断の不一致を調べる。診断結果を 2 値（あり、なし）で計数する。標本 1 を夫、標本 2 を婦人とする。

[一般的表記]

各標本（夫群と婦人群）に N 個の観測値があり、したがって N 個の対（家庭）があると想定する。標本を 1（夫）と 2（婦人）で示し、各結果を「あり」あるいは「なし」と表記すると、表 11.9 の 4 つのタイプの対が存在する 。

4 つのタイプの対の数が上記のような場合、同じ結果のもう 1 つの表記法は、四分表（表 11.10）である。

2 つの標本中の「あり」である評点の割合は、

標本 1 では $(k+r)/N$

標本 2 では $(k+s)/N$

ここで興味があるのは、この 2 つの割合の差

$$(k+r)/N-(k+s)/N=(r-s)/N \qquad (11.5.3.3)$$

である。

表 11.9

タイプ	標本		対の数（家庭の数）
	1 (夫)	2 (婦人)	
1	あり	あり	k
2	あり	なし	r
3	なし	あり	s
4	なし	なし	m

表 11.10

標本 1 (夫)	標本 2 (婦人)		
	あり	なし	
あり	k	r	$k+r$
なし	s	m	$s+m$
	$k+s$	$r+m$	N

有意性検定の帰無仮説は、$(r-s)/N$ の期待値が 0。言い換えれば、r と s の期待値が等しいということである。この仮説の検定は、同一対の 2 つのメンバーでタイプが異なる $r+s=n$ 個の対だけ注意すればよい。この帰無仮説のもとで、n 個の異なる対すなわち「不一致対」が与えられとき、その中のタイプ 2 の対の数（または、タイプ 3）は、母数 0.5 の 2 項分布に従う。したがって、この検定は、厳密に「割合の仮説検定（1 標本)」となる。

大標本検定は、次式を規準化正規偏差すなわち z スコアとみなすことで得られる。10.1.3 節より、

$$\frac{\hat{p}-p_0}{\sqrt{pq/n}}=\frac{\hat{p}-0.5}{p/\sqrt{n}}=\frac{\frac{r-0.5n}{n}}{0.5/\sqrt{n}}=\frac{r-0.5n}{0.5\sqrt{n}}$$ 、よって

$$z=(r-0.5n)/(0.5\sqrt{n}) \tag{11.5.3.4}$$

（$r-0.5n$ の絶対値を 1/2 減少させる連続修正を適用してもよい）

・この検定はマクネマー検定とよばれている。

・連続修正を施せば上式の代わりに次式を用いる。

・$Z^2=\frac{(|r-s|-1)^2}{r+s}$

ここで Z^2 は近似的に自由度 1 の χ^2 分布に従う。

(3) ケース・コントロール研究の利点と欠点

少ないデータと、限られた時間で、因果関係を確定しなければならないときに、有用な研究方法である。

たとえば、O157 集団感染の原因究明やサリドマイド薬害の原因究明など、患者数が少ない状況下で緊急を要し、対応しなければならないとき、この研究方法しかない。ケース・コントロール研究の解析では、交絡の影響を除くため、層化やマッチングが行われる。さらに、コホート研究に比べ、費用と時間がかからず、稀な事象を調べるのに効果的であるが、直接リスクを推定できないこと、情報があいまいになりがちなことなどが、欠点としてあげられる。以下、利点・欠点をまとめておく。

[利点]

稀な疾患の研究に適している。
他のデザインよりサンプルサイズが少なくてすむ。
他のデザインより実施に費用と時間がかからない。

[欠点]

罹患率、有病率、リスク比を推定することができない。
曝露率が稀な場合には適さない。
他のデザインより選択バイアスを生じやすい。
情報があいまいになりやすい。

[補足説明 1] 対数オッズ比の分散の導出

成功確率を π としたとき、π の分散は二項分布より次式で推定される。

$$V(\pi)=\pi(1-\pi)/n$$

この π の対数オッズ $f(x)=\ln(\pi/(1-\pi))$ の分散を求める。確率変数 X の平均 μ と分散 σ^2 が既知の場合、その関数 $f(x)$ の $x=\mu$ の近傍における分散は 次式より近似的に求めることができる（デルタ法）。

$$V\{f(x)\}=\{f'(\mu)\}^2\times V(x) \tag{1}$$

ここで f' は f の x による一回微分を表す。$f(\pi)=\ln(\pi/(1-\pi))$とし、$\pi=\hat{\pi}$ の周りの分散を式(1)より求めると

$$V\{f(\pi)\}=\{f'(\hat{\pi})\}^2\times V(\pi) \tag{2}$$

ここで、右辺第一項の { } 内は、

$$\begin{aligned} f'(\pi)&=\{\ln(\pi/(1-\pi))\}'=\{\ln(\pi)-\ln(1-\pi))\}'=1/\pi+1/(1-\pi) \\ &=(1-\pi+\pi)/(\pi(1-\pi))=1/(\pi(1-\pi)) \end{aligned} \tag{3}$$

右辺第二項は、$V(\pi)=\pi(1-\pi)/n$ であるので、

$$\begin{aligned} V\{f(\pi)\}&=\{f'(\hat{\pi})\}^2\times V(\pi)=\left(\frac{1}{\hat{\pi}(1-\hat{\pi})}\right)^2\times V(\pi)=\left(\frac{1}{\hat{\pi}(1-\hat{\pi})}\right)^2\times\frac{\hat{\pi}(1-\hat{\pi})}{n} \\ &=\frac{1}{n\hat{\pi}(1-\hat{\pi})} \end{aligned} \tag{4}$$

よって、対数オッズの分散は $1/(n\pi(1-\pi)$となる。

また、n 回の試行における 成功確率 $\hat{\pi}=n_1/n$ とすれば（n_1：成功数、n_2：非成功数)、対数オッズの分散は以下となる。

$$\hat{V}(\text{対数オッズ})=\frac{1}{n\hat{\pi}(1-\hat{\pi})}=\frac{1}{n\hat{\pi}}+\frac{1}{n(1-\hat{\pi})}=\frac{1}{n_1}+\frac{1}{n_2} \tag{5}$$

2×2 分割表で、曝露の成功数 a、非成功数 b、非曝露の成功数 c、非成功数 d としたとき、対数オッズ比の分散も同様に求められる。$\ln(a/b)$、$\ln(c/d)$は独立であるので、

$$\begin{aligned} \hat{V}(\text{対数オッズ比})&=V\{\ln\left(\frac{a/b}{c/d}\right)\}=V\{\ln(\frac{a}{b})-\ln(\frac{c}{d})\} \\ &=\hat{V}\{\ln(\frac{a}{b})\}+\hat{V}\{\ln(\frac{c}{d})\}=\frac{1}{a}+\frac{1}{b}+\frac{1}{c}+\frac{1}{d} \end{aligned}$$

（導出終わり）

[補足説明 2]　デルタ法

確率変数 x の平均（期待値）を $E(x)=\mu$、分散を $V(x)=\sigma^2$ とする。このとき x を $f(x)$と変換する。$f(x)$は微分可能な関数である。このとき $f(x)$の平均と分散を求める。

$f(x)$を μ のまわりでテイラー展開して、2 次以上の項を無視すると、

$$f(x) \approx f(\mu) + \frac{f'(\mu)}{1!}(x - \mu)$$

a,b を定数とするとき、期待値、分散の基本的性質、

$$E(ax+b) = aE(x)+b$$

$$V(ax+b) = a^2V(x)$$

より、

$$E\{f(x)\} \approx f(\mu) + \frac{f'(\mu)}{1!}\{E(x) - \mu\} = f(\mu)$$

$$V\{f(x)\} = \{f'(\mu)\}^2 V(x) = \{f'(\mu)\}^2 \sigma^2$$

（終わり）

[補足説明 3]　交絡（confounding）

性別と肺がん罹患の関係を調べたとき、男性の方が肺がんに罹りやすいと出たとする。確かに、男性の肺がん患者は女性より多いのだが …。

しかし、男性ほど喫煙する人が多い。さらに、喫煙により肺がん罹患率は異なることは既知である。性別も影響しているかもしれないが、喫煙の影響もある。

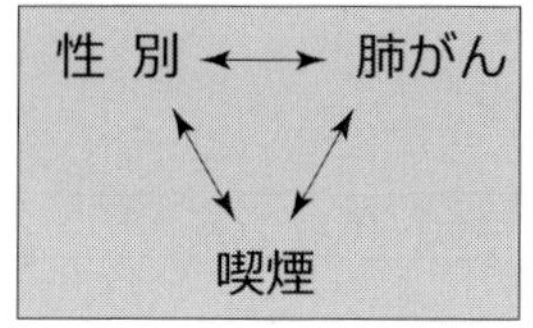

性別により喫煙状態が影響を受けるとき、性別と肺がんの関係を正しく分析できない。すなわち、性別が喫煙の効果と混ざってしまうために生じるバイアスのことを**交絡**という。

■**交絡**（効果の混乱、混合）

- 一般に、曝露効果が、他の変数の効果と混ざってしまうために生じるバイアスのこと。
- 観察する曝露と結果の関係に影響を与える第 3 の因子（交絡因子）。肺がんの例では、交絡因子は喫煙である。
- 性、年齢はつねに交絡因子である。

このように、重症度などの交絡因子が存在する場合、選択バイアスが混入する可能性がある。重症度を無視した平均のみで比較した結果は、真の状態の逆の結果を導いてしまう。

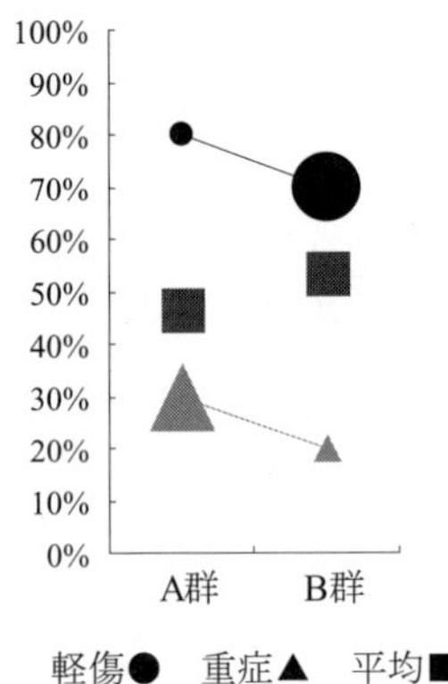

[補足説明 4]　マッチド・ケース・コントロール研究でのオッズ比

マッチド・ケース・コントロール研究でのデータは表 11.11 の四分表にまとめることができる。さらに、この四分表の元の表は表 11.11 の 4 つのタイプ別の層別表である。

表 11.11

標本 1 (夫)	標本 2 (婦人)		
	あり	なし	
あり	k	r	$k+r$
なし	s	m	$s+m$
	$k+s$	$r+m$	N

次に、個々のタイプごとに四分表が対の数だけ作られる。第 i 層に対し、四分表を作ることができる。

表 11.12

第 i 層	コントロール		計
	曝露	非曝露	
曝露	a_i	b_i	m_{1i}
非曝露	c_i	d_i	m_{2i}
計	n_{1i}	n_{2i}	N_i

第 14 章の多重 2×2 分割表にマンテル-ヘンツェル法がある。マンテル-ヘンツェル法で、層別表の要約オッズ比として、

$$OR_{MH} = \frac{\sum_{i=1}^{I} \frac{a_i d_i}{N_i}}{\sum_{i=1}^{I} \frac{b_i c_i}{N_i}}$$

が定義できる。

タイプごとの四分表を作成する。

タイプ 1	ケース	コントロール	計
曝露	1	1	2
非曝露	0	0	0
計	1	1	2

$$\frac{a_i d_i}{N_i} = \frac{1 \times 0}{2} = 0 \quad \frac{b_i c_i}{N_i} = \frac{1 \times 0}{2} = 0$$

タイプ 2	ケース	コントロール	計
曝露	1	0	1
非曝露	0	1	1
計	1	1	2

$$\frac{a_i d_i}{N_i} = \frac{1 \times 1}{2} = \frac{1}{2} \quad \frac{b_i c_i}{N_i} = \frac{0 \times 0}{2} = 0$$

タイプ 3	ケース	コントロール	計
曝露	0	1	1
非曝露	1	0	1
計	1	1	2

$$\frac{a_i d_i}{N_i} = \frac{0 \times 0}{2} = 0 \quad \frac{b_i c_i}{N_i} = \frac{1 \times 1}{2} = \frac{1}{2}$$

タイプ 4	ケース	コントロール	計
曝露	0	0	0
非曝露	1	1	2
計	1	1	2

$$\frac{a_i d_i}{N_i}=\frac{0\times1}{2}=0 \qquad \frac{b_i c_i}{N_i}=\frac{0\times1}{2}=0$$

表タイプ	表タイプの数	分子	分母	M-H オッズ比
1	k	$k\times0=0$	$k\times0=0$	
2	r	$r\times1/2=r/2$	$r\times0=0$	
3	s	$s\times0=0$	$s\times1/2=s/2$	
4	m	$m\times0=0$	$m\times0=0$	
計		$r/2$	$s/2$	r/s

$$OR_{MH}=\frac{\frac{r}{2}}{\frac{s}{2}}=\frac{r}{s}$$

第 12 章　相関分析

例として、成人男性において、塩分摂取量と血圧との関係を調べる際に使われる統計量に相関係数がある。一般的に、2 つの確率変数間の関連の強さを図示すると、図 12.1 のようになる。x、y を連続量したとき、横軸 x、縦軸 y とすると、変数 x と y の関連性を数量化した統計量が相関係数である。

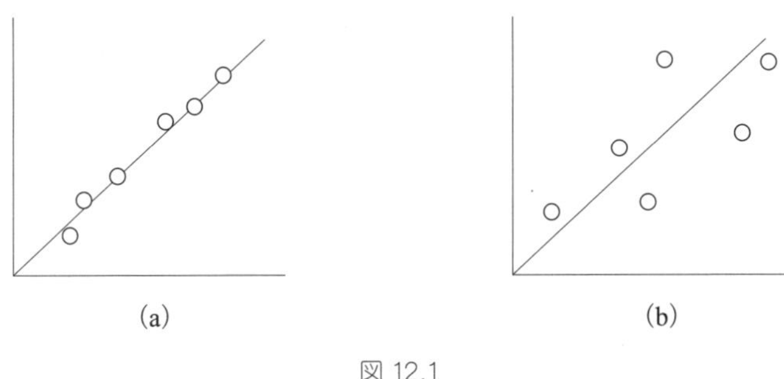

図 12.1

2 つの確率変数間の関連の強さの尺度として、オッズ比と相関係数がある。

1. オッズ比：2 つの二値確率変数間の関連の強さ
2. 相関係数（correlation coefficient）

   独立である 2 つの確率変数の関係が線形であるという仮定のもとで、どの程度の関係（直線関係）をもつかを数量化したものである。

   対象とするデータタイプで、2 通りの統計量がある。

   - 計量データに対する相関係数 ･･･ ピアソンの相関係数
   - 順位データに対する相関係数 ･･･ スピアマンの相関係数

相関係数にはいろいろ提案されているが、ここではよく使われるピアソンの相関係数と、スピアマンの相関係数の 2 つを説明する。

12.1　ピアソンの相関係数

2 つの量からなる n 個のデータ、$(x_1, y_1), \cdots, (x_n, y_n)$ があるとする。それらを図示すると、図 12.2 のようになる。

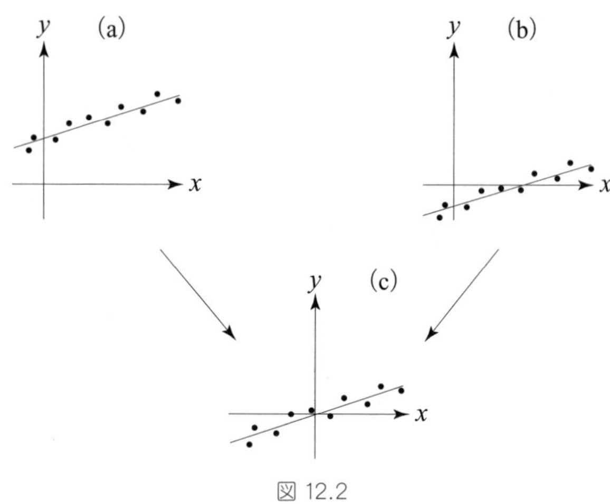

図 12.2

図 12.2(a) と図 12.2(b) は分布の位置の高さは違うものの、x と y との関係の強さは同等である。それゆえ、すべての点を同時に平行移動しても関係の強さには影響しないため、重心を原点に移動した図 12.2(c) も他のグラフの関係の強さと同等である。

(1) データセットを重心が原点に来るように基準化すると、上記事項を満足する。

$$x_1^{(1)} = x_1 - \bar{x}, \quad y_1^{(1)} = y_1 - \bar{y}$$

$$\vdots \qquad\qquad \vdots$$

$$x_n^{(1)} = x_n - \bar{x}, \quad y_n^{(1)} = y_n - \bar{y}$$

次に、測定単位に影響されないような変換を考える。

【例】個人の身長と体重

x を長さとすると、図 12.3 のように単位（cm と mm）により分布の傾きが変わる。関連の強さを表す尺度としては、単位の決め方に左右されないものでなければならない。

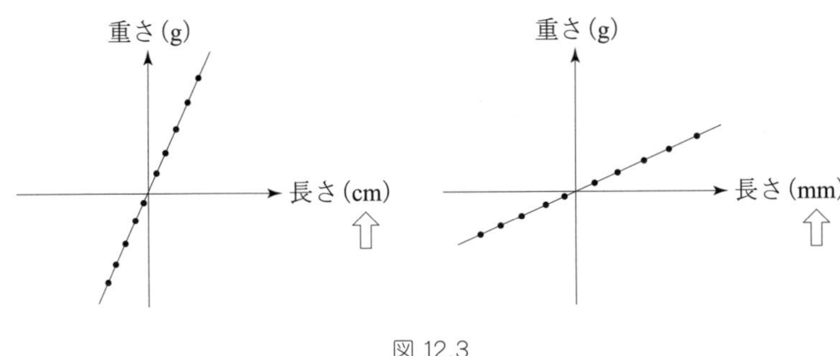

図 12.3

(2) そのために、$x_i^{(1)}$, $y_i^{(1)}$ を分散がおのおの 1 になるよう規格化する。

$$x_1^{(2)}=x_1^{(1)}/S_x\ ,\qquad y_1^{(2)}=y_1^{(1)}/S_y$$

$$\vdots\qquad\qquad\qquad\vdots$$

$$x_n^{(2)}=x_n^{(1)}/S_x\ ,\qquad y_n^{(2)}=y_n^{(1)}/S_y$$

これは個々のデータを標準化していることになる（標準化変量ともいう）。

- S_x：X の標準偏差
- S_Y：Y の標準偏差
- 添え字
- (1)：中心移動
- (2)：標準偏差で標準化

一般に、$V(X+Y)\neq V(X)+V(Y)$

$$V(X+Y)=V(X)+V(Y)+2\mathrm{Cov}(X, Y)$$

$(a+b)^2=a^2+b^2+2ab$ より

$$\mathrm{Cov}(X, Y)=E\{(X-\mu_x)(Y-\mu_y)\},\ (\mu_x=E(X), \mu_y=E(Y)$$

共分散 Cov(X, Y)は、X, Y の関係の方向を表すが、その強さの程度を判断する基準がない。そこで、この値を標準偏差で割って調整し、相関関係が定義される。

$$r_{XY}=\frac{\mathrm{Cov}(X,Y)}{\sqrt{V(X)}\sqrt{V(Y)}}$$

[相関係数]

この標準化変量同士の関係の強さで元の 2 変量の関係の強さを表せば、おのおのの量の原点のとり方、測定単位に左右されない尺度が得られる。このように標準化すると、これらの直線関係は原点を通る 45° の直線になる。したがって、その関連度合いの尺度は、散布図の点が 45° の直線とどの程度離れているかを測ることにより得られる。それには、直線 $y=x$ に垂線を引き、その長さ d の二乗和の平均をとればよい。

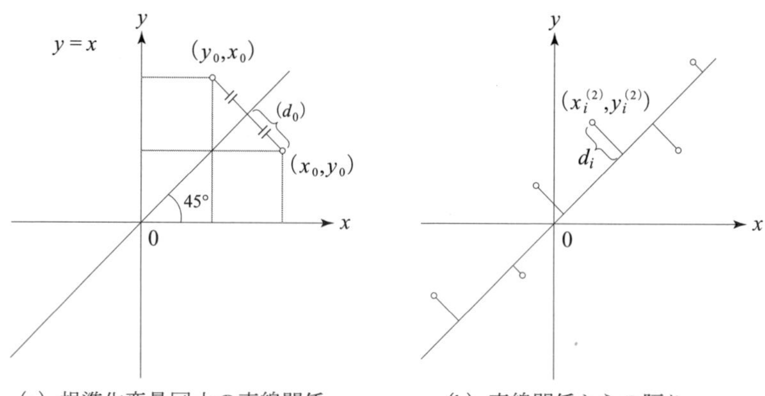

(a) 規準化変量同士の直線関係　　(b) 直線関係からの隔り

図 12.4

[相関係数]

・垂線の二乗和：この値が小さいほど直線関係は強い

・i 番目の点 $(x_i^{(2)}, y_i^{(2)})$ から $y=x$ への垂線の長さを d_i

・$N=n-1$

とすると、

図 12.5 の関係を使うと、

$$L=(d_1{}^2+\cdots+d_n{}^2)/N$$

$$=\{(x_1^{(2)}-y_1^{(2)})^2+\cdots+(x_n^{(2)}-y_n^{(2)})^2\}/2N$$
$$=(1/2)\{(1/N)(x_1^{(2)2}+\cdots+x_n^{(2)2})+(1/N)(y_1^{(2)2}+\cdots+y_n^{(2)2})\}$$
$$-(1/2)2(1/N)(x_1^{(2)}y_1^{(2)}+\cdots+x_n^{(2)}y_n^{(2)})$$

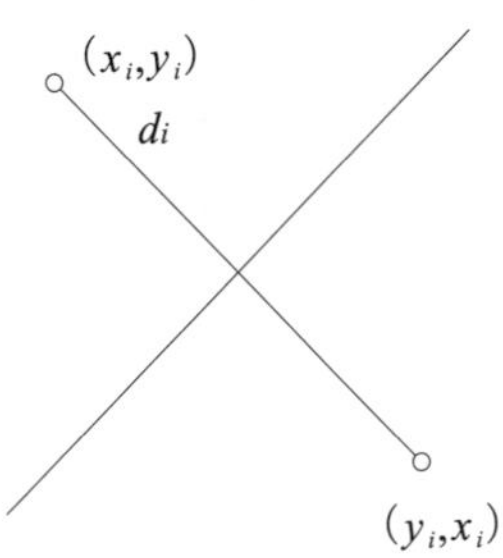

図 12.5

ここで、右編第一項の{}の中の x,y の項はおのおの、$x_i^{(2)}\sim N(0,1)$、$y_i^{(2)}\sim N(0,1)$であるので 1 となる。

$$L=1-(x_1^{(2)}y_1^{(2)}+\cdots+x_n^{(2)}y_n^{(2)})/N=1-r \qquad (12.1.1)$$

と書くと、

$$r=1-L \qquad (12.1.2)$$

となる。式(12.1.2)は、直線からのずれ L が大きくなると r が小さくなり、直線に近づくと L が小さくなり r が大きくなることを示している。

式(12.1.1)より、

$$r=\frac{1}{N}\sum x_i^{(2)}y_i^{(2)}$$

$x_i^{(2)}=\dfrac{x_i-\bar{x}}{SD_x}$ より

$$r=\frac{1}{N}\sum\frac{(x_i-\bar{x})}{SD_x}\frac{(y_i-\bar{y})}{SD_y}$$

$$=\frac{1}{SD_xSD_y}\frac{1}{N}\sum(x_i-\bar{x})(y_i-\bar{y})$$

$$= \frac{S_{xy}}{SD_x SD_y}$$

$$= \frac{\sum(x_i - \bar{x})(y_i - \bar{y})}{\sqrt{\sum(x_i - \bar{x})^2}\sqrt{\sum(x_i - \bar{x})^2}} \tag{12.1.3}$$

r は直線関係の強さの尺度（ピアソンの相関係数：Pearson's correlation coefficient）とよばれている。ただし、S_{xy} は x と y の共分散、SD_x は x の標準偏差、SD_y は y の標準偏差、r のとる範囲は $-1 \leqq r \leqq 1$ である（本章補足説明 1 参照）。

$$\begin{cases} x_i = y_i \text{ ならば、式(12.1.3)は } 1 \\ x_i = -y_i \text{ ならば、式(12.1.3)は } -1 \end{cases}$$

＜無相関の検定＞

・確率変数 x と y との間に何らかの相関があるかどうかの検定

・相関がないという仮説　$H_0 : \rho = 0$ の検定（ρ は母相関係数）

母相関係数＝0 の検定（無相関の検定）

r の標準誤差は $SE(r) = \sqrt{\frac{1 - r^2}{n - 2}}$

検定統計量 $t = \frac{r - 0}{SE(r)} = \frac{r\sqrt{n-2}}{\sqrt{1 - r^2}}$ 、自由度 $n-2$ の t-分布

（2 変量のそれぞれの平均を使うため－2 となる）

＜無相関の検定＞

手順 1：帰無仮説　$H_0 : \rho = 0$　　$H_1 : \rho \neq 0$

手順 2：有意水準 α を定める。

手順 3：棄却域を決める。

$$|t| \geqq t(\phi = n-2、\alpha)$$

手順 4：r の値が棄却域にあれば有意と判断し、相関ありと見なす。

12.1.1　母相関係数 ρ の 95%信頼区間

t を r について整理すると

$$r(\phi,p)=\frac{t(\phi,p)}{\sqrt{\phi+\{t(\phi,p)\}^2}}$$

$Z=\frac{1}{2}\ln\frac{1+r}{1-r}$ は近似的に $N(\frac{1}{2}\ln\frac{1+\rho}{1-\rho},\frac{1}{n-3})$ に従う。

$A=\frac{1}{2}\ln\frac{1+\rho}{1-\rho}$ とおくと、r に Z 変換を行った Z が、近似的に $N(A,\ 1/(n-3))$ に従う。

標準化すると、$(Z-A)\sqrt{(n-3)}\sim N(0,1)$

95%信頼区間は、$Pr\{-1.960\leqq(Z-A)\sqrt{(n-3)}\leqq 1.960\}\fallingdotseq 0.95$

Z について整理すると、$(Z-\frac{1.960}{\sqrt{n-3}},Z+\frac{1.960}{\sqrt{n-3}})=(A_1,A_2)$

ρ について逆変換すると、

$$(\frac{e^{2A_1}-1}{e^{2A_1}+1},\ \frac{e^{2A_2}-1}{e^{2A_2}+1})$$

12.2　スピアマンの順位相関係数

2 変量が順序尺度で測られている場合、順位に基づいた統計量の中で、スピアマン(Spearman)の順位相関係数は最も早くから開発され、標準的な順位に基づく相関係数として使われている

N 個体は、2 変量について順位づけられていると仮定する。たとえば、1 つのグループの学生を大学の入学試験の得点順に並べ、さらに第 1 学年の最後の学業成績の順に並べる。入学試験の順位を $X_1, X_2,\cdots, X_i,\cdots, X_N$ で表し、学業成績の順位を $Y_1, Y_2,\cdots, Y_i,\cdots, Y_N$ で表すことにし、X と Y との間の関係を決めるための順位に基づく相関の測度を求める。すべての i 対して $X_i=Y_i$ のときにのみ、入学試験の順位と学業成績との間の相関が完全になる。

$$差\quad d_i=X_i-Y_i \tag{12.2.1}$$

を順位の 2 変数間の差異を示すものとして用いる。

山本君が入学試験で最高点をとり、学業成績はクラスで5番だったとすると、d は-4。田中さんは入学試験で10番だったが、クラスの中で成績が1番であったとすると、d は9。これらの d_i の大きさをみると、入学試験の得点と成績との間の関係がどのくらい近いかがわかる。

もし、順位の2変数間の関係が完全であれば、すべての d は0である。d_i が大きくなるほど、2変量間の連関はそれだけ完全ではなくなる。相関係数を計算するときに、直接 d_i を使うと問題がある。差異の和の大きさを決めようとするときに、負の d_i が正のものをうち消してしまう場合がある。d_i の代わりに d_i^2 を使えばこの困難は避けられる。

スピアマンの順位相関係数を r_S で示す。$\overline{X}$ を変数 X の平均として、

$$x = X - \overline{X} \qquad y = Y - \overline{Y} \tag{12.2.2}$$

とすれば、相関係数は一般的に次式で表せる。

$$r = \frac{\sum xy}{\sqrt{\sum x^2 \sum y^2}} = r_S \tag{12.2.3}$$

ここで、和は標本の N 個の値についてである。X と Y が順位（rank）であれば、r は r_S である。以下、r_S を順位スコア X, Y について求める。N 個の整数 $1, 2, \cdots, N$ の和は

$$\sum X = \frac{N(N+1)}{2}$$

以下、式(12.2.3)の各項を順位で求めていく。

$$\sum x^2 = \frac{N(N+1)(2N+1)}{6}$$

$$\sum x^2 = \sum (X - \overline{X})^2 = \sum X^2 - \frac{(\sum X)^2}{N}$$

$$\sum x^2 = \frac{N(N+1)(2N+1)}{6} - \frac{N(N+1)^2}{4} = \frac{N^3 - N}{12} \tag{12.2.4}$$

同様に

$$\sum y^2 = \frac{N^3 - N}{12}$$

$$d = x - y$$

$$d^2 = (x-y)^2 = x^2 - 2xy + y^2$$

$$\sum d^2 = \sum x^2 + \sum y^2 - 2\sum xy$$

定義より

$$r=\frac{\sum xy}{\sqrt{\sum x^2\sum y^2}}=r_s$$

$$\sum d^2=\sum x^2+\sum y^2-2r_s\sqrt{\sum x^2\sum y^2}$$

$$\therefore \qquad r_s=\frac{\sum x^2+\sum y^2-\sum d^2}{2\sqrt{\sum x^2\sum y^2}} \tag{12.2.5}$$

式 (12.2.5) に式 (12.2.4) を代入すると

$$r_s=\frac{\frac{N^3-N}{12}+\frac{N^3-N}{12}-\sum d^2}{2\sqrt{(\frac{N^3-N}{12})(\frac{N^3-N}{12})}}$$

$$=\frac{2(\frac{N^3-N}{12})-\sum d^2}{2(\frac{N^3-N}{12})}=1-\frac{\sum d^2}{\frac{N^3-N}{6}}$$

$$=1-\frac{6\sum_{i=1}^{N}d_i^2}{N^3-N} \tag{12.2.6}$$

この式 (12.2.6) がスピアマンの順位相関係数である。

12.3 相関係数の解釈

以下、相関係数の性質をまとめた。

- 相関係数の値が±1 に近いということは X と Y との間に強い直線関係があることを意味する。
- ゼロに近いということは、直線関係がないことを意味しているが、必ずしも無関係とはいえない。
- 図に示すような山形の曲線相関では、相関係数がゼロにもかかわらず強い曲線関係が存在する。このような場合、直線に近づける変換を行ったうえで解釈すべきである。
- 相関係数は直線関係についてだけを述べているにすぎない。

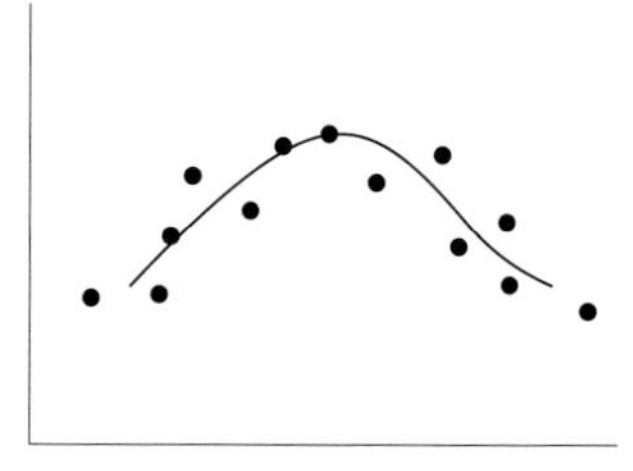

曲線相関

- したがって相関係数を計算する前に、必ず散布図を作り確認する必要がある。
- 仮にある相関係数が 0.8 と 0.2 の場合を比較する際、0.8 の方が 0.2 より強い直線関係があることはいえるが、その強さが 4 倍であるとはいえない。
- 高い相関係数の値をもっていたとしても、X と Y との間に関連があるとは即断できない。データ数を増やせば次々大きくなる。相関係数はそこまで便利な性質はもっていない。

相関係数 r がいくらくらいなら相関ありといえるのか。ときには状況によりいえるかもしれないが、通常答えはない。無相関の検定なるものがあるが、それは母相関係数がゼロと異なっているかの検定であり、しかもデータ数が増えれば有意になりやすく、実地では使いにくい（しかし散布図をプロットするとデータがほぼ直線の辺りに分布しており、無相関の検定で有意であり、相関係数の値が大きな値であれば、X と Y との間に直線に近い関係があるだろうとの推測はできるだろう）。

[参考]

2 変量 x, y の関係を調べるのに 2 つの方法、回帰と相関があり、それらの違いをまとめておく。

（回帰）

- x を基準にして、y をそれに関係づける。
- 両者の関係の強さは、y 方向の誤差の大きさによって判断するが、x 方向の誤差については考慮しない。この意味で、y の側だけをバラツキある確率変数として取り扱う。

（相関）

・x, y ともにバラツキある確率変数とみなして、その相互間の強さ（直線性）を調べる。

[補足説明1] 相関係数のとる範囲

$$0 \leqq \sum_i (a_i - b_i X)^2 = \sum_i (a_i^2 - 2a_i b_i X + b_i^2 X^2)$$
$$= \sum a_i^2 - 2(\sum a_i b_i)X + (\sum b_i^2)X^2$$
$$= A + BX + CX^2$$

右辺はXの2次関数で、つねにゼロ以上となるので、Xの実数解はもたない。すなわち判別式は負になる。

判別式　$D = B^2 - 4AC$

$$= \left\{-2\left(\sum a_i b_i\right)\right\}^2 - 4\left(\sum a_i^2\right)\left(\sum b_i^2\right)$$
$$= 4\left(\sum a_i b_i\right)^2 - 4\left(\sum a_i^2\right)\left(\sum b_i^2\right) \leqq 0$$

より、下記の関係が求まる（シュワルツの不等式）。

$$\left(\sum a_i b_i\right)^2 \leqq \left(\sum a_i^2\right)\left(\sum b_i^2\right)$$

SD_X、SD_Yを標準偏差、$S_{XY} = \sum\left(x_i - \bar{x}\right)\left(y_i - \bar{y}\right)$を共分散とすると、相関係数$r$は、

$$r = \frac{S_{XY}}{SD_X SD_Y} = \frac{\sum\left(x_i - \bar{x}\right)\left(y_i - \bar{y}\right)}{\sqrt{\sum\left(x_i - \bar{x}\right)^2 \sum\left(y_i - \bar{y}\right)^2}}$$

$$x_i - \bar{x} = a_i \text{、} y_i - \bar{y} = b_i$$

とおくと、シュワルツの不等式より、

$$r^2 = \frac{\left(\sum a_i b_i\right)^2}{\sum\left(a_i\right)^2 \sum\left(b_i\right)^2} \leqq 1$$

$$\therefore \ |r| \leqq 1$$

$$-1 \leqq r \leqq 1$$

第 13 章　回帰分析

13.1　回帰分析とは

指定できる変数 x と、その値にともなって生ずる（特性を表す）変数 y との関係を数量化する統計手法である。

【例】 例として濃度測定について考える。表 13.1 は物質 x の濃度と、計測器の読み y の関係を示している。データより、下記関係式を求める。

$$y = \beta_0 + \beta_1 x$$

このような解析方法を**回帰分析**とよぶ。

【例】

表 13.1　濃度測定データ

x : 物質の濃度	y : 測定値
40	69
50	175
60	272
70	335
80	490
90	415
40	72
60	265
80	492
50	180

回帰（regression）とは、制御可能な（あるいは原因ないし説明要因となる）変数（説明変数：explanatory variable）の変化に対応したもう 1 つの変数（応答変数：response variable）または従属変数の変化を調べること、すなわち説

明変数のある特定の値と関係する応答変数の値との関係を調べることである。

回帰分析の目的は、説明変数と応答変数の関係を数式化することである。最も簡単な場合である説明変数が 1 つ場合を**単回帰分析**とよび、説明変数が 2 つ以上の場合を**重回帰分析**とよぶ。ここでは、単回帰分析について説明する。

回帰分析は、以下の手順で行う。

1. グラフを作成し、全体をよく観察する
2. 回帰式を推定をする
3. 推定した式が、意味あるものかどうか評価する（検定、残差分析）
4. 予測する

特に、手順 1 の重要さを、F.J.アンスコムの数値例で見てみる。

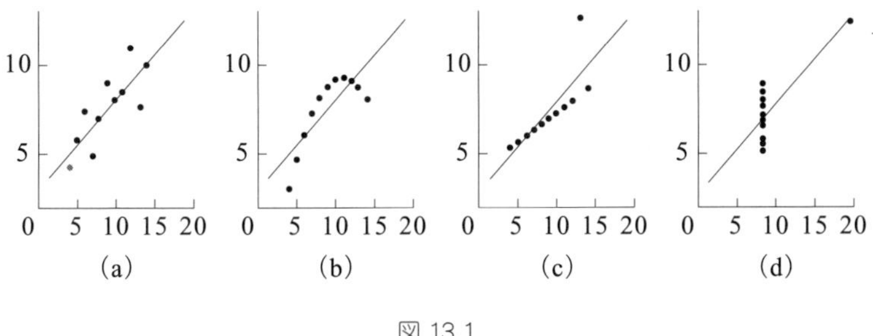

図 13.1

これら図(a)〜(d)の 4 つの標本の x と y との関係は、図より明らかに異なっている。しかし、4 組のデータから単回帰分析において必要となる統計量を計算するとほとんど同じ値となる（表 13.2）。したがって、得られる回帰直線の推定式や、その他の検定・推定の結果はすべてほとんど同じものとなる。

形式的に解析すると、このようなことが起こってしまう。それを防止するため、散布図の重要性を認識する。回帰分析の妥当性は必ずグラフで確認することが重要である。

グラフでの確認の際の、いくつかのチェックポイントを以下にあげる。

表 13.2
統計量の値

	a	b	c	d
$\bar{x}$	9.0	9.0	9.0	9.0
$\bar{y}$	7.501	7.501	7.500	7.500
S_{xy}	55.01	55.00	54.97	54.99
S_{xx}	110.0	110.0	110.0	110.0
S_{yy}	41.27	41.28	41.23	41.23

(1) 直線関係と考えてよいか

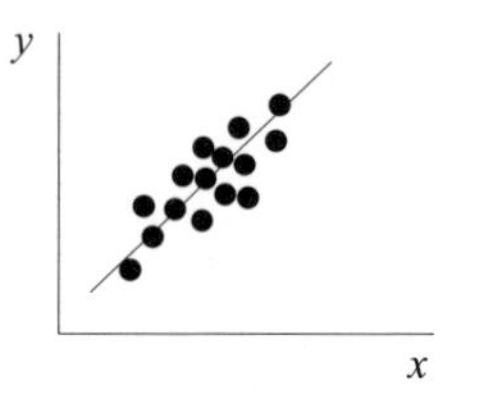

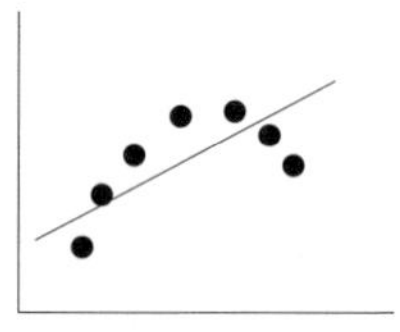

図 13.2

・曲線回帰を試みる。

・y を変数変換してみる。

(2) x の指定が適切か

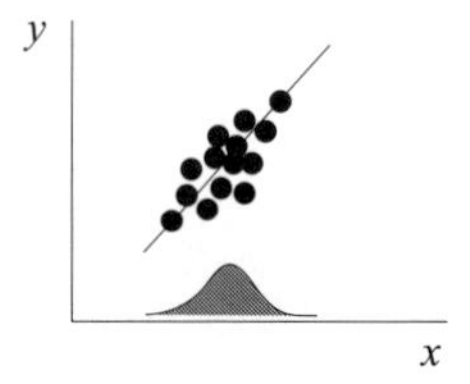

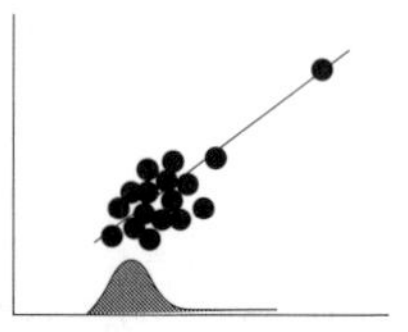

図 13.3

・端の x の点の影響力大

・極端に離れた x を指定しない

(3) はずれ値はないか

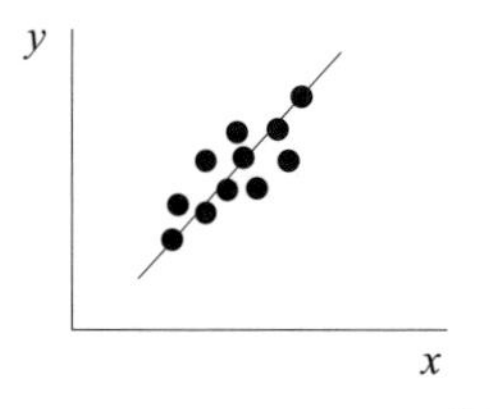

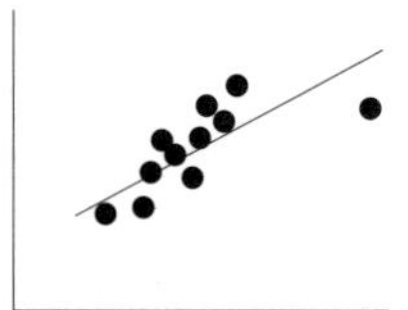

図 13.4

・データの点検が必要

(4) y の分散は、x の値によらず均一とみなせるか

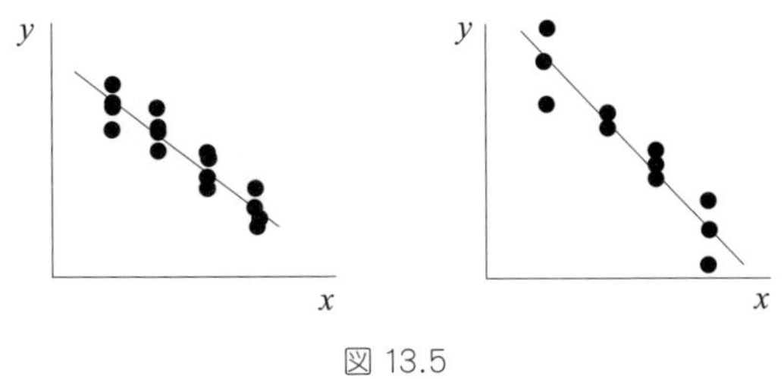

図 13.5

・重みつき回帰などを試みる

・残差プロットをとる

13.2 回帰式の推定

x を説明変数（独立変数ともいう）、y を応答変数（従属変数ともいう）とする。

・ここで x の方は指定できる変数。x を基準にして、y を関係づける。

・回帰分析では、両者の関係の強さは y 方向の誤差の大きさによって判断するが、x 方向の誤差については考慮しない。この意味で、y の側だけをバラツキある確率変数として取り扱う。

・関係づけは、回帰式で表現する。

・回帰式のパラメータ推定には、最小二乗法を応用する。

・データの構造式を決めたうえで、未知パラメータを推定する。

$$y_i = \mu_i + \varepsilon_i = \beta_0 + \beta_1 x_i + \varepsilon_i$$

$$\varepsilon_i \sim N(0, \sigma^2)$$

ただし、誤差の分散 σ^2 は、x の値が変わっても同じであることを仮定している。

・y の母平均は $\mu = \beta_0 + \beta_1 x$ 上にある。

・$x = x_i$ と指定すれば、

母平均 $\mu_i = \beta_0 + \beta_1 x_i$

が定まり、それに正規分布 $N(0,\sigma^2)$ に従う誤差 ε_i が加わってデータ y_i が得られると考える。

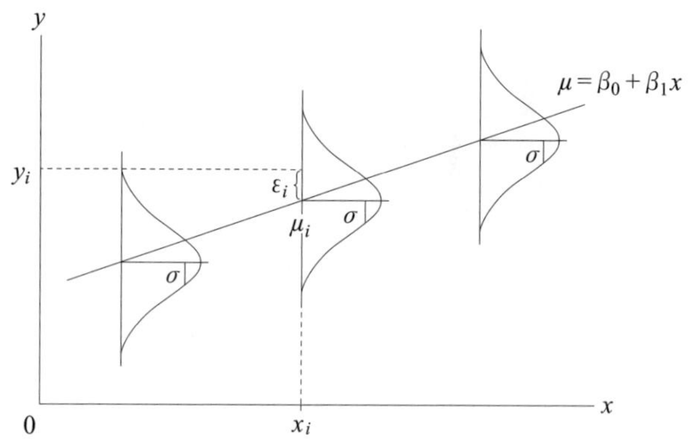

図 13.6　単回帰モデル

・データ (x_i, y_i)

・モデル $y_i = \beta_0 + \beta_1 x_i + \varepsilon_i$

推定値 $\hat{\beta}_0$、$\hat{\beta}_1$

・残差 ＝ 測定値 － 予測値

$$e_i = y_i - \hat{y}_i = y_i - (\hat{\beta}_0 + \hat{\beta}_1 x_i)$$

e_i を二乗してすべてのデータについて加えた残差平方和

$$S_e = \sum e_i^2 = \sum (y_i - \hat{y}_i)^2 = \sum (y_i - (\hat{\beta}_0 + \hat{\beta}_1 x_i))^2 \tag{13.2.1}$$

を最小にする。

$$\frac{\partial S_e}{\partial \beta_0} = -2\sum (y_i - (\hat{\beta}_0 + \hat{\beta}_1 x_i) = 0 \tag{13.2.2}$$

$$\frac{\partial S_e}{\partial \beta_1} = -2\sum x_i (y_i - (\hat{\beta}_0 + \hat{\beta}_1 x_i) = 0 \tag{13.2.3}$$

連立方程式を解いて、未知係数 β_0、β_1 を求める。

この方法を最小二乗法とよぶ。また、この連立方程式を正規方程式とよぶ。この連立方程式を解けば、下記のように求まる（本章補足説明 1 参照）。

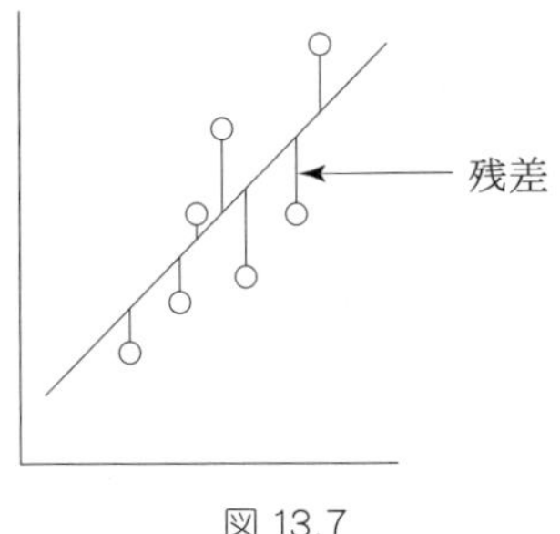

図 13.7

母回帰係数の推定

$$\hat{\beta}_1 = \frac{S_{xy}}{S_{xx}} \tag{13.2.4}$$

母切片の推定

$$\hat{\beta}_0 = \bar{y} - \hat{\beta}_1 \bar{x} \tag{13.2.5}$$

回帰直線の推定

$$\hat{y} = \hat{\beta}_0 + \hat{\beta}_1 x = \bar{y} + \hat{\beta}_1 (x - \bar{x}) \tag{13.2.6}$$

推定された回帰直線は点$(\bar{x}, \bar{y})$を通る。したがって、もう 1 点を決めれば直線は一意に決まるので、回帰の自由度は 1 である。直線をあてはめる（最小二乗推定）とき、以下の仮定が置かれている。

1. 誤差なく指定されたと考えられる特定の値 x に対して、y の値の分布は平均 μ、標準偏差 σ の正規分布に従う。この様子は図 13.6 に示されている。
2. μ と x との間の関係は、以下の直線で表される。

   $\mu = \alpha + \beta x$
3. x のどのような特定の値に対しても、応答変数 y の標準偏差である σ は変わらない。このすべての x の値に対してばらつきが一定である。
4. 応答変数 y は独立である。

13.3 回帰式の評価

ここまでで、回帰式の推定、すなわち回帰式のパラメータの推定はできた。

次に、その回帰式全体が意味あるものか（データをどの程度説明できているか）どうかの評価が必要である。推定されたパラメータは、本当に意味あるのか。

このような問いに答えるために統計的な評価（検定）が必要である。それには、次の 2 通りの方法がある。

1. 回帰式の評価
2. 回帰係数の評価

について考える。

13.3.1　回帰式の評価

第 8 章の一元配置分散分析で述べた平方和の分解を利用する。

$$S_T\,(\text{総平方和}) = S_R\,(\text{回帰による平方和}) + S_e\,(\text{残差平方和})$$

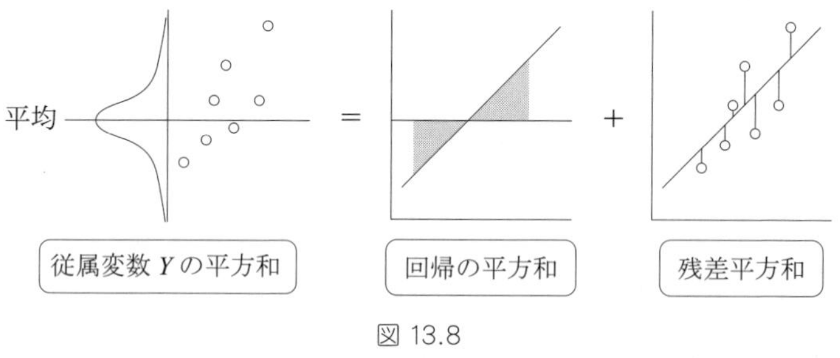

図 13.8

回帰分析では、x を指定できる変数と考えるので、y の平方和 S_{yy} が総平方和となる。回帰による平方和 S_R は、回帰直線によって説明される y の変動部分を表す。残差平方和 S_e は、回帰直線上の予測値からデータ y_i へのずれの程度を表し、回帰直線によって説明できない y の変動部分を表す。これらの情報を分散分析表にまとめる。

$F_0 = V_R/V_e$ が大きいほど、すなわち回帰による変動が誤差変動を上回る程度が大きいほど、回帰による説明力が高いことを意味している。回帰による説明力がまったくないと仮定した場合の F_0 の分布のもとで、ほとんど起こり得ないほどに F_0 が十分大きいかで評価する。すなわち、要因 R について F_0 の値を $F(1, n-2\,;\alpha)$ と比べ、これより大きければ有意と判断し、回帰に意味ありとみなす。

表 13.3　分散分析表

要因	平方和 S	自由度 φ	平均平方 V	F_0
R	$S_R=S_{xy}^2/S_{xx}$	$\varphi_R=1$	$V_R=S_R$	V_R/V_e
e	$S_e=S_T-S_R$	$\varphi_e=n-2$	$V_e=S_e/(n-2)$	
計	$S_T=S_R+S_e$	$\varphi_T=n-1$		

記号については、第 8 章「多群の平均の比較」参照。

［参考］分散分析表の各平方和

データ(x_i, y_i)

回帰推定値を $\hat{\mu}_i$ とすると $\hat{\mu}_i=\hat{\beta}_0+\hat{\beta}_1 x_i$

残差平方和 S_e

$$S_e=\sum(y_i-\hat{\mu}_i)^2=S_{yy}-\frac{S_{xy}^2}{S_{xx}}=S_{yy}-S_R$$

回帰による平方和 S_R

$$S_R=\sum(y_i-\bar{y})^2=\beta_1^2 S_{xx}=(\frac{S_{xy}}{S_{xx}})^2 S_{xx}$$

$$=\frac{S_{xy}^2}{S_{xx}}$$

平方和の分解 $S_{yy}=S_R+S_e$

他に、回帰式を評価する尺度として決定係数というものがある。

S_R/S_T 決定係数（coefficient of determination）

- データ値と予測値との相関係数（重相関係数）の二乗値＝$((S_{xy})^2/(S_{xx}S_{yy}))$
- y の変動のうち、回帰による変動の割合を表すもので、モデルの適合度の指標となる。

この決定係数は、寄与率ともよばれ、R^2 で表記される。これは x と y の相関係数 r の二乗に等しい。

13.4 回帰係数の評価

以上は、回帰式全体に説明力があるかどうかを調べる方法である。ここでは、回帰係数がゼロかどうか、言い換えれば回帰式に意味があるかどうかの検証について考える

- $H_0:\beta_1=0$、$H_1:\beta_1\neq 0$
- この帰無仮説は推定した回帰式の値が0であるという仮説である。
- もし、H_0が成立すればデータy_iのバラツキはx_iと無関係ということになり、回帰分析は意味をもたない。
- H_1が成立すれば、回帰は意味あるものと解釈し、回帰分析の有効性を主張できる。

＜回帰係数の検定＞

回帰係数の分布：測定値の組(x,y)の母集団より、大きさnの標本より回帰係数$\hat{\beta}_0$、$\hat{\beta}_1$を求める。多くの標本より、この作業を通して求められた回帰係数は標本により異なる。すなわち回帰係数は以下の分布をする。

$$\hat{\beta}_1 \sim N(\beta_1, \sigma^2/S_{xx})$$

$$\hat{\beta}_0 \sim N(\beta_0, \{\frac{1}{n}+\frac{\bar{x}^2}{S_{xx}}\}\sigma^2)$$

ただし、$S_{xx}=\sum_{i=1}^{n}(x_i-\bar{x})^2$

分布の分散項のσ^2は母集団パラメータであり未知であるので、標本分散で推定する。

$$\frac{\sigma^2}{S_{xx}} \Rightarrow \hat{V}(\hat{\beta}_1)=\frac{\sum_{i=1}^{n}(y_i-\hat{y})^2/(n-2)}{\sum_{i=1}^{n}(x_i-\bar{x})^2}=\frac{Ve}{S_{xx}}$$

また、この分子Veは分散分析の誤差分散でもある。それゆえ、自由度は$n-2$となる。

＜回帰係数β_1の検定＞

$H_0:\beta_1=0$　（回帰係数がゼロ）

検定統計量は次式となる。

$$t_0=\frac{\hat{\beta}_1-\beta_{1S}}{\sqrt{\hat{V}(\hat{\beta}_1)}}=\frac{\hat{\beta}_1}{\sqrt{\hat{V}(\hat{\beta}_1)}}\sim t(n-2) \tag{13.4.1}$$

$|t_0|\geqq t(n-2,\alpha/2)$のとき帰無仮説を棄却し、$\beta_1\neq 0$ と判断する。

13.5　2つの評価法の関係

2つの検定、分散分析と「回帰係数＝0の検定」との関係を調べる。

$t_0=\dfrac{\hat{\beta}_1}{\sqrt{\hat{V}(\hat{\beta}_1)}}$の二乗を求めると、

$$t_0^2=\frac{\hat{\beta}_1^{\,2}}{\hat{V}(\hat{\beta}_1)}=\frac{\hat{\beta}_1^{\,2}}{V_e/S_{xx}}=\frac{(S_{yx}/S_{xx})^2}{V_e/S_{xx}}=\frac{S_{xy}^2/S_{xx}}{V_e}=\frac{S_R}{V_e}=\frac{V_R}{V_e}$$

すなわち、

$$t_0^2(n-2,\alpha/2)=F_0(1,n-2,\alpha)$$

t_0^2は分散分析表で求めたF_0の値と等しい。たとえば表13.4より、自由度3のt=3.182、表13.5より自由度(1,3)のF値は10.1。よって、$t^2=(3.182)^2=10.12=F(1,3)$ と確認できる。

つまり、1変数の回帰分析において、“分散分析”と“回帰係数＝0の検定”は同じことを示している。分散分析表で行っている検定の帰無仮説と対立仮説は$H_0:\beta_1=0$, $H_1:\beta_1\neq 0$ のことだった。回帰式の評価は、“分散分析”または“回帰係数＝0 の検定”どちらで評価してもよい。

表13.4　t分布表

ϕ ＼ α	.250	.200	.150	.100	.050	.025
1	1.000	1.376	1.953	3.078	6.314	12.706
2	.816	1.061	1.386	1.886	2.920	4.303
3	.765	.978	1.250	1.638	2.353	3.182
4	.741	.941	1.190	1.533	2.132	2.776
5	.727	.920	1.156	1.476	2.015	2.571
6	.718	.906	1.134	1.440	1.943	2.447
7	.711	.896	1.119	1.415	1.895	2.365

表 13.5　F分布表

$F(\phi_1, \phi_2\,;\,\alpha)$　$\alpha = 0.05$（細字）　$\alpha = 0.01$（太字）
ϕ_1= 分子の自由度　ϕ_2 = 分母の自由度

ϕ_2 \ ϕ_1	1	2	3	4	5	6	7
1	161. **4052.**	200. **500.**	216. **5403.**	225. **5625.**	230. **5764.**	234. **5859.**	237. **5928.**
2	18.5 **98.5**	19.0 **99.0**	19.2 **99.2**	19.2 **99.2**	19.3 **99.3**	19.3 **99.3**	19.4 **99.4**
3	10.1 **34.1**	9.55 **30.8**	9.28 **29.5**	9.12 **28.7**	9.01 **28.2**	8.94 **27.9**	8.89 **27.7**
4	7.71 **21.2**	6.94 **18.0**	6.59 **16.7**	6.39 **18.0**	6.26 **15.5**	6.16 **15.2**	6.09 **15.0**
5	6.61 **18.3**	5.79 **13.3**	5.41 **12.1**	5.19 **11.4**	5.05 **11.0**	4.95 **10.7**	4.88 **10.5**

13.6　残差分析

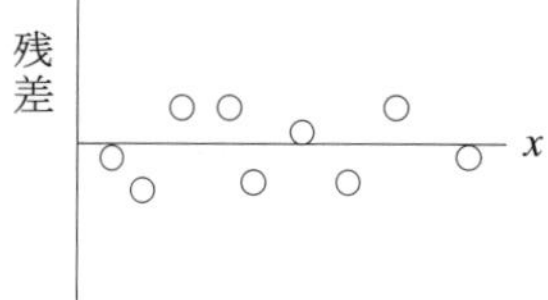

等分散性　妥当

(a)

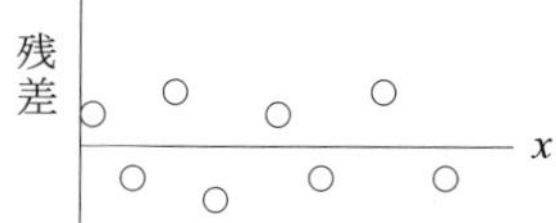

・正負が交互に生じている
・周期性がある。系列相関があるという
・時系列データの場合には残差に波状の系列相関が現れることがある
自己相関モデルを追加するなどの特殊なテクニックが必要

(b)

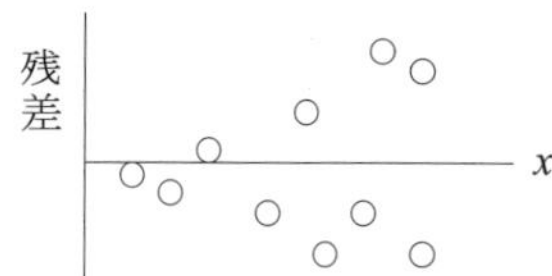

・不等分散
残差が説明変量の信に従い大きくなる
・対数変換や2次項の追加などの変数変換が必要

(c)

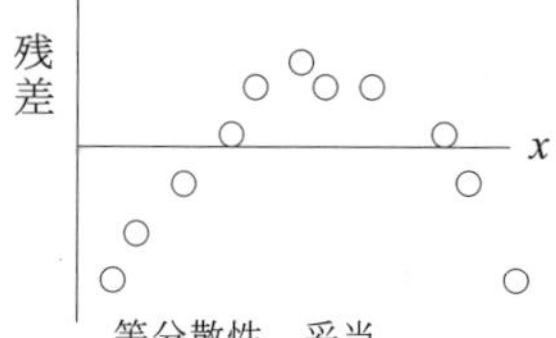

等分散性　妥当

・周期性がある
・xの代わりにx^2と変換する

(d)

図 13.9

13.1 節の(4)でも述べたが、回帰分析では残差分析はとても重要である。残差分析とは、グラフ上に横軸に x を、縦軸に残差をとり、データをプロットして観察することである。これより、図 13.9 のようなことが見てとれる。

13.7 推定と予測

回帰分析の目的の 1 つは独立変数 x としてある値が与えられたときに、従属変数 y がどのような値になるかを知ることである。この場合、y の母平均を知りたい場合と、y の個々の実現する値を知りたい場合とがある。

1. y の母平均を統計的に見積もることを**推定**という。
2. 独立変数 x に対して y の実際に実現する値を知ろうとすることを**予測**という。
   - 推定と予測では点推定・点予測のときは同じ結果を得る。
   - 信頼区間をつけると、推定では標本数が増えれば増えるほど、推定の信頼区間は 0 に近づく。
   - 予測の場合、元々の y のもつ誤差より精度よく予測はできない。

13.7.1 推定

推定の信頼区間

特定の $x=x_0$ に対する μ の信頼区間を求める。

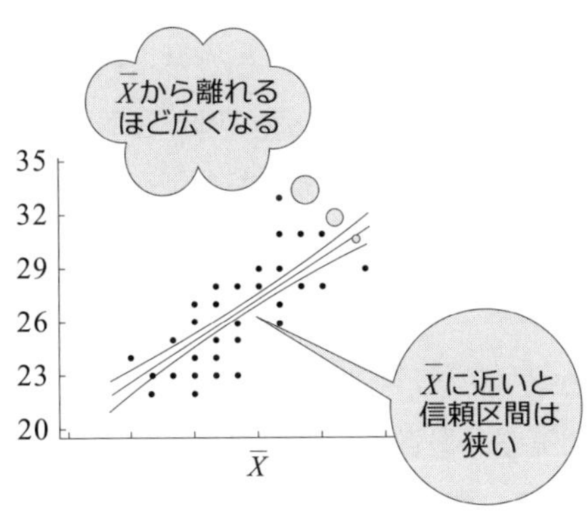

図 13.10

点推定 ： $\hat{\mu}_0 = \hat{\beta}_0 + \hat{\beta}_1 x_0$

95%信頼限界：

$(\hat{y} \pm t(\alpha(\alpha / n-2)) \times SE(\hat{y}))$

$$\text{ここで、} SE(\hat{\mu}_0) = \sqrt{\left\{\frac{1}{n} + \frac{(x_0 - \bar{x})^2}{S_{xx}}\right\} V_e} \tag{13.7.1.1}$$

この標準誤差の表現の中で、$(x_0 - \bar{x})^2$ の項の影響により重心 $\bar{x}$ から遠ざかるほど、信頼幅が広がる。言い換えれば 、説明変数の平均値に近いほど、それに対する応答変数の推定値に信頼がおける。

13.7.2　予測の両側 95%信頼区間

特定の x を与えたとき、その x の所に出現するであろう y のデータの存在予想域を求める。予測値 $\tilde{y}$ と表す。

・点推定：$\tilde{y} = \hat{\beta}_0 + \hat{\beta}_1 x = \hat{y}$　(13.7.2.1)

・95%信頼限界：

$$\text{ここで、} \hat{S}E(\tilde{y}) = \sqrt{\left\{1 + \frac{1}{n} + \frac{(x - \bar{x})^2}{S_{xx}}\right\} V_e} \tag{13.7.2.2}$$

このように予測の信頼区間は推定に比べてずっと大きくなる。なぜなら、y はもともと正規分布すると仮定しているので、その正規分布で与えられた誤差より精度よくはならないため。予測の場合も平均に近いところほど信頼区間は狭く、データの端では信頼区間は広くなる。

個々のデータの予測：

$x = x_0$ での予測値を $\tilde{y}$ とする。

$\tilde{y} = \beta_0 + \beta_1 x_0 + \varepsilon_0$ の右辺第 3 項が μ_0 より多い。

そのため、予測値 $\tilde{y}$ の分散は μ の分散より大きくなる。

ε_0 の分散は σ^2 であるゆえ、

$$V(\tilde{y}) = V(\hat{\mu}) + \sigma^2 = \{1 + \frac{1}{n} + \frac{(x_0 - \bar{x})^2}{S_{xx}}\} \sigma^2$$

標本からの分散として、分散分析表の V_e を使う。

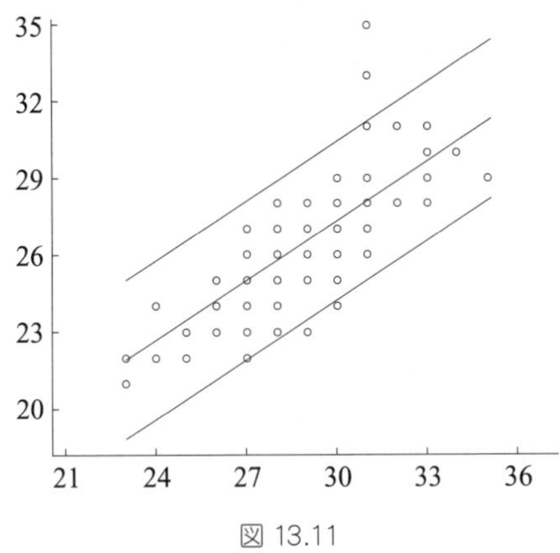

図 13.11

[補足説明 1]

回帰係数の推定値

$$\begin{cases} ①' \sum(y_i - a - bx_i) = 0 \\ ②' \sum x_i(y_i - a - bx_i) = 0 \end{cases}$$

①'より

$$\sum y_i - \sum a - b\sum x_i = 0$$

$$an + b\sum x_i = \sum y_i \qquad ①''$$

②'より

$$\begin{cases} \sum x_i y_i - a\sum x_i - b\sum x_i^2 = 0 \\ a\sum x_i + b\sum x_i^2 = \sum x_i y_i \qquad ②'' \end{cases}$$

①''、②''を正規方程式とよぶ。

①''より

$$a = \frac{\sum y_i}{n} - b\frac{\sum x_i}{n} = \bar{y} - b\bar{x} \qquad ①'''$$

①'''を②''に代入。

$$(\bar{y} - b\bar{x})\sum x_i + b\sum x_i^2 = \sum x_i y_i$$

$$b\underbrace{\left(\sum x_i^2 - \frac{(\sum x_i)^2}{n}\right)}_{S_{xx}} = \underbrace{\sum x_i y_i - \frac{\sum x_i \sum y_i}{n}}_{S_{xy}}$$

ここで、 $S_{xy}=\sum(x_i-\bar{x})(y_i-\bar{y})=\sum x_iy_i-\dfrac{\sum x_i\sum y_i}{n}$

$$S_{xx}=\sum(x_i-\bar{x})^2=\sum x_i^2-\frac{(\sum x_i)^2}{n}$$

より、 $b=\dfrac{S_{xy}}{S_{xx}}$

[補足説明 2]

回帰分析での母平均の推定

$$\hat{\mu}_x=\hat{\beta}_0+\hat{\beta}_1x$$

$\bar{y}=\hat{\beta}_0+\hat{\beta}_1\bar{x}$ より

$$\hat{\beta}_0=\bar{y}-\hat{\beta}_1\bar{x}$$

$$\therefore\ \hat{\mu}_x=\bar{y}-\hat{\beta}_1\bar{x}+\hat{\beta}_1\bar{x}$$

$$\hat{\mu}_x=\bar{y}-\hat{\beta}_1(x-\bar{x})$$

$\bar{y},\hat{\beta}_1$ は互いに独立なので

$$V(\bar{y})=\frac{\sigma^2}{n}$$

$$V(\hat{\beta}_1)=\frac{\sigma^2}{S_{xx}}$$

$$\therefore\ V(\hat{\mu}_x)=\left\{\frac{1}{n}+\frac{(x-\bar{x})^2}{S_{xx}}\right\}\sigma^2$$

[証明]

$$V(\bar{y})=V\left\{\frac{\sum y_i}{n}\right\}=\frac{1}{n^2}V(\sum y_i)=\frac{\sum\sigma^2}{n^2}=\frac{\sigma^2}{n}$$

$$\hat{\beta}_1=\frac{S_{xy}}{S_{xx}}=\frac{\sum(x_i-\bar{x})(y_i-\bar{y})}{(x_i-\bar{x})^2}=\frac{\sum(x_i-\bar{x})y_i}{\sum(x_i-\bar{x})^2}$$

一般に $F=\sum a_iy_i$ とすると

$$V(F)=\sum a_i^2V(y_i)$$

$\dfrac{(x_i-\bar{x})}{\sum(x_i-\bar{x})^2}=a_i$ とすると

$$V(\beta_1) = \sum a_i^2 V(y_i) = \sigma^2 \sum \left\{ \frac{(x_i - \bar{x})}{\sum (x_i - \bar{x})^2} \right\}^2$$

$$= \frac{\sigma^2}{\sum (x_i - \bar{x})^2} = \frac{\sigma^2}{S_{xx}}$$

$V(ax) = a^2 V(x)$ より

$$V(\hat{\mu}_x) = \left\{ \frac{1}{n} + \frac{(x_i - \bar{x})^2}{S_{xx}} \right\} \sigma^2$$

[補足説明 3]　誤差と残差の関係

回帰分析では、誤差に加えて残差という用語が使われる。

回帰モデルを、$y_i = \beta_0 + \beta_1 x_i + \varepsilon_i$ とすると、モデルに含まれている β_0、β_1（パラメータ）の値は未知で、それらの値は知ることはできない。パラメータがわからなければ誤差の値もわからない。パラメータの真値がわからないので、推定値で誤差を求めることになる。この推定値に基づく誤差を**残差**（residual）とよぶ。

上のモデルでは、

$$\varepsilon_i = y_i - (\beta_0 + \beta_1 x_i)$$

ただし、x_i, y_i はデータから求まるが、β_0、β_1 は未知であるので ε_i を求めることができない。推定値を使うと、

$$e_i = y_i - (\hat{\beta}_0 + \hat{\beta}_1 x_i)$$

これは計算できる。

以上まとめると、誤差 ε_i は未知で知ることはできない値であり、残差は計算可能な値で、誤差の推定値といえる。

第 14 章　多重 2×2 分割表

第 11 章では、1 枚の 2×2 分割表にまとめることができる研究の解析方法を学んだ。そこでは、2 要因間の関連性を調べたが、もしその研究で調べた 2 要因に影響を及ぼす第 3 の要因がその研究の中に潜んでいたとすると、第 3 の要因の内容ごとに、2×2 分割表の関連性が異なることが考えられる。

ここでは、1 枚の 2×2 分割表を第 3 の要因の内容ごとに（層別して）作られた複数の 2×2 分割表（多重 2×2 分割表）の解析方法を学ぶ。まず 14.1 節において、多重 2×2 分割表を例示し、このような表で表されるデータの解析における問題点について述べる。そして、交絡因子が存在するときの解析方法であるマンテル-ヘンツェル法およびそれに関連する手法について順次説明していく。

14.1　多重 2×2 分割表の例

例として新薬の副作用発現率について調査したデータについて考える。新薬は従来品に比べ副作用が起こりにくいので、高齢者に好んで投与される。それに対し、従来品は新薬に比べ効果は少し強いが、副作用は起こりやすい。年齢がこれらの変数（薬剤と副作用発現）の両方に関連していると考えられるので、年齢別に調べる必要がある。

そこで、若年層 650 人、高齢者 650 人で薬剤（新薬と従来品）と副作用発現率について調査したデータを表 14.1 に示す。

表 14.1　層別しない表

薬剤	副作用		計
	あり	なし	
従来品	138(0.21)	512	650
新 薬	175(0.27)	475	650
計	313	987	1300

この層別しない表での副作用発現率は、従来品 ＜ 新薬 である。さらに年齢区分別に層別した結果を表 14.2 に示す。

表 14.2　年齢区分別の層別表

(a) 若年者層

薬剤	副作用		計
	あり	なし	
従来品	120(0.20)	480	600
新 薬	5(0.10)	45	50
計	125	525	650

(b) 高齢者層

薬剤	副作用		計
	あり	なし	
従来品	18(0.36)	32	50
新 薬	170(0.28)	430	600
計	188	462	650

層別した表では、副作用発現率は、

若年者層：従来品 ＞ 新薬

高齢者層：従来品 ＞ 新薬

であり、ともに従来品の副作用発現率が高くなっており、層別しない表の結果と逆転している。

このような場合、薬剤（曝露）と副作用発現（疾病）についての 1 つの 2×2 分割表（表 14.1）を、年齢区分別に層別した 2 つの分割表（表 14.2）に分けて考えなければならない。この表 14.2 の例のように、複数の 2×2 分割表のことを**多重 2×2 分割表**とよぶ。

この例で

・650 人からなる若年層

・650 人からなる高齢者層

の 2 つの層について、薬剤（曝露）と副作用発現（疾病）の関連性を調べることになる（疫学や観察研究の領域では、一般的に曝露（要因）と疾病（結果）の関連性という表現がよく使われる）。

一般に、多重分割表が生じるのは、以下のような場合である。

1. 複数の母集団について 1 組の（2 つの）二値確率変数の関連性を調べなければならない。そのような場合、層別または複数の層（複数の母集団）での調査データを集めることにより複数の 2×2 分割表が生成される。
2. 1 つの試験の結果で、要因と結果に影響すると考えられる因子（複数ある場合もある。交絡因子とよばれる）により分類され、層別集計表が得られる。

このような多重分割表の解析には、以下のような注意が必要である。

- 個々の分割表について関連性を調べることで 2 変数間の関係を推測することは可能であるが、全層に対し統一した結果を導くのに、分割表間のデータを結合する必要がある。
- このとき単純に表を足し合わせると、関連性の評価にバイアスを生じ、次に紹介するようなシンプソン（Simpson）のパラドックスとよばれる関連性の逆転現象が生じる危険性がある。
- したがって、複数の表を併合する際に、シンプソンのパラドックスを含めた関連性のバイアスを回避するようにデータをうまく結合しなければならない。これを可能にする 1 つの方法がマンテル-ヘンツェル法である。マンテル-ヘンツェル法は、複数の 2×2 分割表の情報を結合し、統合した関連性の推測を行う手法である。

14.2 シンプソンのパラドックス

先ほどの薬剤と副作用発現の例を通して説明する。表 14.1 は、薬剤と副作用発現とに影響する年齢区分を無視した集計結果である。この表 14.1 より、薬剤と副作用発現率の関係は、従来品の副作用発現率は 0.21、新薬の発症率は 0.27 で、新薬の方が高い発現率になっている。

つぎに、年齢区分別に層別した結果を見る。表14.2(a),(b)とも、従来品の方が発現率が高い。併合した結果と層別した結果の結論が異なっている。この原因は、表 14.1 は年齢が、薬剤と副作用発現に関連のある因子であることを考慮していないためである。すなわち、関連した因子で層別することにより、真の姿が見えてくるのである。

一般に、原因（曝露、要因）と結果（疾病）に影響を及ぼす因子のことを**交絡因子**（confounding factor）とよぶ。さらに、この例のように、交絡因子を無視した結果、真の結果と逆転した結果となる現象は、**シンプソンのパラドックス**とよばれている。シンプソンのパラドックス現象を含めた関連性のバイアスを生じるような変数間の関係を**交絡**（confounding）という。交絡の正確な定義はあとで与える。表 14.2(a), (b) を図示すると図 14.1 のようになる。

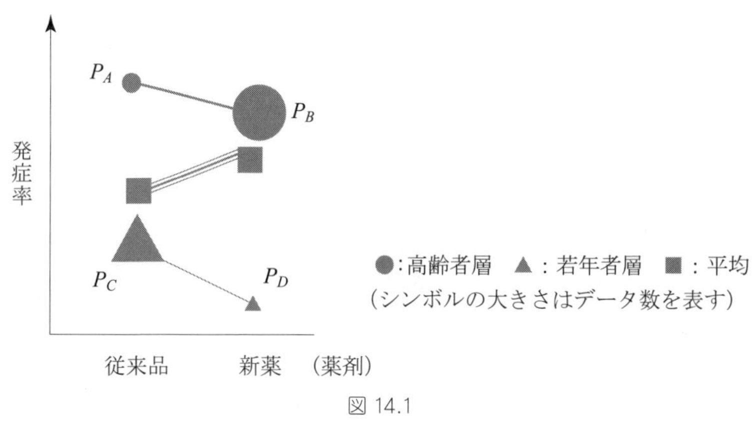

図 14.1

この図は、本来(P_A 対 P_B)および(P_C 対 P_D)の関係を見るところが、併合する（□マーク）と分母の違いから P_C 対 P_B、つまり B（高齢者で新薬）と C（若年者で従来品）の関係を見ていることになる。

交絡とは、統計では曝露効果が他の変数の効果と混ざってしまうために生じる**偏り**（バイアス）のことをいう。交絡はある（リスク）因子が原因系（曝露）と反応（結果）の双方に関連する（相関をもつ）場合に生じる。そして、観察する曝露と結果の関係に影響を与える第 3 の因子を**交絡因子**という（性・年齢は原因・結果の双方に対しつねに影響するため、交絡因子である）。

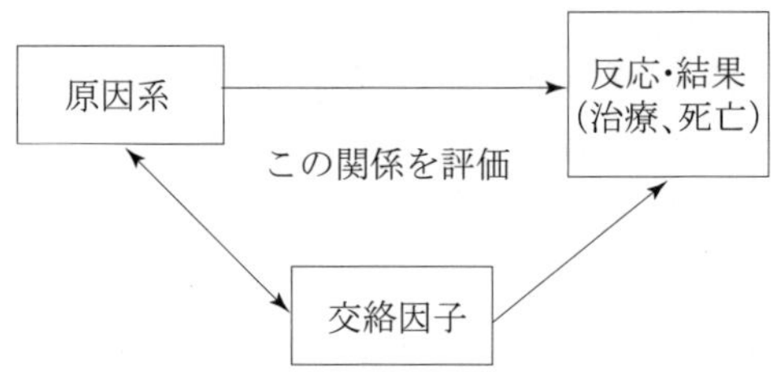

・わかっているもの　（例：性、年齢、重症度）
・わかっていないもの（いっぱい）

図 14.2

この変数間のつながりを断ち切る方法の 1 つに無作為化があるが、介入研究でしか使えない。重症度などの交絡因子が存在する場合、サンプルサイズにアンバランスがあると、併合した結果にいろいろ問題が生じる。それらを図にすると、図 14.3 のようになる。

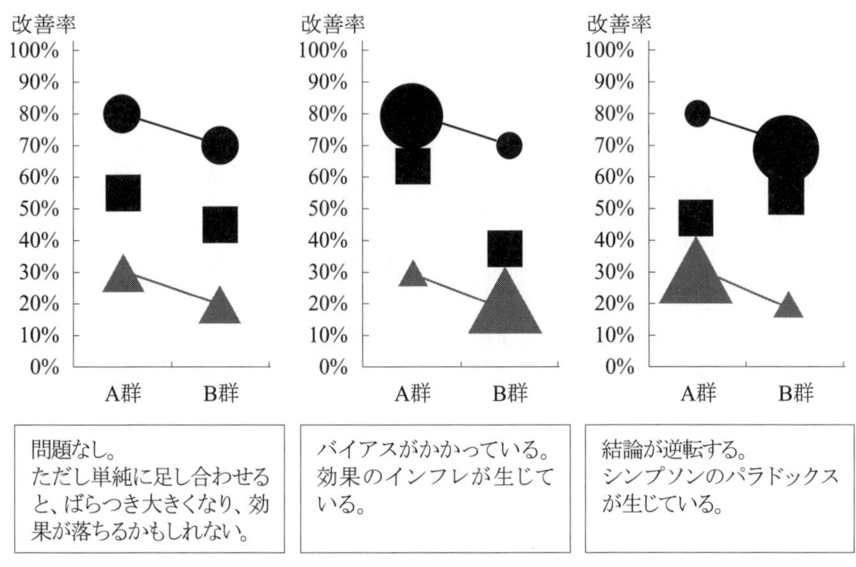

図 14.3 （例）重症度がバランスしていない状態

交絡因子が存在している解析では、**層別解析**が必要であるが、層別解析を行うのはシンプソンのパラドックスが生じるのを避けるためというよりは、変数間の関連性を正しく把握するためである。もし層別解析を行わなければ、ありもしない関連性が現れたり、あるいは本来存在する関連性が消えたり、そして極端な場合はシンプソンのパラドックスとよばれる関連性の逆転現象が生じたりする。このような望ましくない現象を避けるのが層別解析の役割である。そしてこの目的を果たすための簡便手法（電卓で計算可能）がマンテル-ヘンツェル法およびそれに関連する手法であり、さらに同じ目的で使え、かつより多くの情報を与えてくれるのが第 16 章で説明するロジスティック回帰である。

交絡因子を制御するには、表 14.3 のようないくつかの方法が考えられ、それぞれ利点・欠点がある。

表 14.3　交絡因子の制御

時期	制御方法		利点	欠点
計画時	**無作為化**	曝露・非曝露を無作為に割り付ける	未知の因子も制御できる	介入研究でしか使えない
	限定	交絡因子の1つの状態のみ観察対象とする	（当該交絡因子については）完全な制御ができる	結果の一般化に問題が残る
	マッチング	2群で交絡因子の分布が等しくなるように対象者を選定する	精度が増す	対象者の選定がときに困難。マッチした項目が危険因子と関連している場合、危険因子として観測されない（オーバーマッチング）
解析時	**層化**	交絡因子の層ごとに解析する	直接的で解析も比較的容易	結果の解釈が困難になることもある
	モデリング	多変量解析にて因子間の影響を制御する	標本サイズが小さくても適用可能。複数因子を同時に制御可能	モデル選択が難しい。結果の解釈が難しい。高度の統計知識が必要

14.3 オッズ比一様性

多重分割表のすべての表の関連性の指標（**オッズ比**：OR）が層間で一様ならば、多重分割表の情報を結合し、全体として曝露要因と疾病との関連性が吟味できる。その際、個々の表の関連性（オッズ比）が層間で一様かどうかを事前に評価しなければならない。よく使われる方法として**オッズ比一様性検定**がある。この検定でオッズ比の一様性が認められたら、多重分割表の情報を結合し、全体として曝露要因と疾病との関連性（要約オッズ比）を推定することに意味がある。この関連性を調べるのに、**マンテル–ヘンツェル検定**（Mantel - Haenszel test、**M-H 検定**）が利用される。

オッズ比一様性検定を事前に調べなければならない理由は、たとえば多重分割表のおのおのの表のオッズ比が異なった向きを示していると（**質的交互作用**）、状況の違いにより結論が変わることになる。そのとき、データを統合する意味はほとんどない。実際の解析では、質的交互作用が存在すると、それ以上の解析は無意味なため、層ごとに吟味して終了することになる。また、層間で関連性（オッズ比）が一様であるかどうかを調べることは、得られた結果の**一般化可能性**を検討するうえで有用な情報となり、**メタアナリシス**（meta-analysis：複数の研究結果の一致性や一般化を分析する方法の総称）にも有効な解析方法となる。

以上のような理由より、関連性の検定としての M-H 検定は、無条件に曝露要因と疾病との関連性の検定としては使えないことに注意しなければならない。

オッズ比の向きが異ならない場合でも、オッズ比の大きさが表により異なる場合もあり得る。これは**量的交互作用**とよばれるが、この場合も厳密にはデータの結合はできない。しかしその場合も、関連性の向きが同じであれば、その方向での関連性があるかどうかの検定法として M-H 検定が使われる場合がある。質的交互作用の検定法として Gail-Simon の検定（Gail & Simon, 1985）が知られている。

以上のことを手順として整理すると、

1. オッズ比一様性検定でオッズ比一様性を調べる。
2. オッズ比が一様でなければ、各表ごとに解析し終了する（その場合、結果の解釈が困難になることがある)。

3. オッズ比一様性が確認できたら、M-H 法により、分割表の情報を結合し、曝露要因と疾病との関連性を調べる。

オッズ比とオッズ比一様性検定の関係について、表 14.2 の薬剤と副作用発現の例を通して見る。

表 14.2(a)の若年者層でのオッズ比は 2.25

表 14.2(b)の高齢者層でのオッズ比は 1.42

表 14.2 のオッズ比は 2 つの表とも 1 以上の値であり、オッズ比一様性検定(Breslow-Day 検定 : B-D 検定)の p 値は 0.417 であり、オッズ比の一様性は否定されない。これに対し、表 14.2(b)の行のデータを入れ替えた場合(表 14.4)のオッズ比は 0.70 で、若年者層のオッズ比とは逆の向きであり、その結果 B-D 検定の p 値は 0.037(5%有意)である。

表 14.4　表 14.2(b)高齢者層の行を入れ替えた表

薬剤	副作用		計
	あり	なし	
従来品	170(0.28)	430	600
新 薬	18(0.36)	32	50
計	188	462	650

オッズ比 : 0.70

B-D 検定の p 値 : 0.037

この例のように、オッズ比一様性を、B-D 検定で検定することができる(これらの値は、SAS FREQ プロシジャーでの計算結果を使用した)。以上のデータを図に表すと、図 14.4 のようになる。

対象とするデザインには、2 つの極限モデルが考えられる。1 つは表(層)の数が少なく、各表のサンプルサイズが大きい場合、これを**極限モデル I** とよぶ。もう 1 つは、表の数が多く各表のサンプルサイズが小さい場合、これを**極限モデル II** とよぶ。コホート研究やメタアナリシスは極限モデル I にあたり、マッチングしたケースコントロール研究が極限モデル II にあたる。

オッズ比一様性検定には、対数オッズ比によるものとセルカウントによる定式化がある。極限モデル I に対しては、対数オッズ比による「Woolf の方法」は、計算が簡単で理解しやすく、適用条件が合えば適している。しかし、極限モデルIIでは各層（表）のデータがまばらになり、分布の近似が不安定になることがあるので注意が必要である。それに対しセルカウントによる定式化である「Breslow-Dayの方法」は両方のモデルに対し安定しているため、多くの統計ソフト、たとえばSASでは、計算は複雑であるがセルカウントによる方法が使われている。

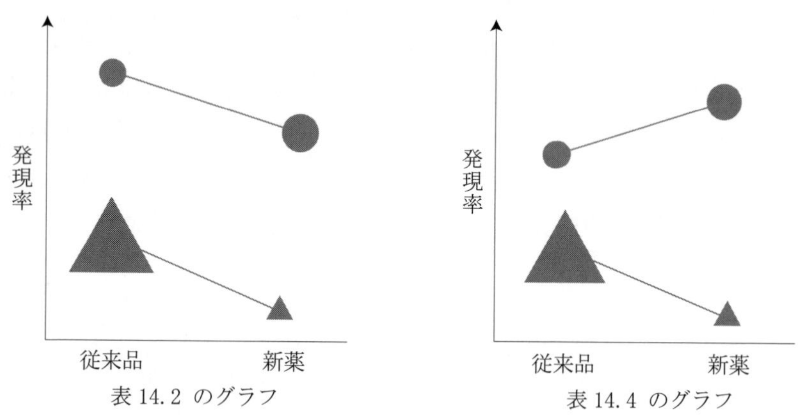

図14.4

14.3.1　Woolfの方法

対象とするデータの第 i 表に対し、下記の記号を使う。

表14.5

		グループ 1	2	計
反応	＋	a_i	b_i	m_{1i}
	−	c_i	d_i	m_{2i}
計		n_{1i}	n_{2i}	N_i

g 個の2×2分割表について、i 番目の分割表のオッズ比を θ_i と表す。

＜仮説＞

・$H_0 : \theta_1 = \cdots = \theta_g$ (14.3.1.1)

・H_1は、表間でオッズ比が同じでない

この仮説は、第8章で学んだ一元配置分散分析と似た仮説である。ここでの議論に、重み付き平均の知識が必要になるので、詳細は補足説明を参照してもらい、結果だけを公式として示す。

表14.5よりオッズ比は、

$$OR: \quad \hat{\theta}_i = \frac{a_i d_i}{b_i c_i} \tag{14.3.1.2}$$

対数オッズ比は、

$$x_i = \log(\hat{\theta}_i) \tag{14.3.1.3}$$

対数オッズ比の分散（第11章の補足説明参照）は、

$$V(\log\hat{\theta}_i) = \frac{1}{a_i} + \frac{1}{b_i} + \frac{1}{c_i} + \frac{1}{d_i} \tag{14.3.1.4}$$

となる。式(14.3.1.4)で、いずれかのセルが0だったら、各項に0.5を加える（これを連続修正とよぶ。補足説明参照）。

$$W_i = \{V(\log\hat{\theta}_i)\}^{-1} \tag{14.3.1.5}$$

とすると、対数オッズ比の平均は重み付平均$\overline{\theta}_{\text{way}}$として公式より次式となる。

$$\overline{\theta}_{\text{way}} = \frac{\sum_{i=1}^{g} w_i x_i}{\sum_{i=1}^{g} w_i} \tag{14.3.1.6}$$

ここでZ検定で使った検定統計量を思い出すと、すなわち$Z=(x-\mu)/\sigma$であった。Zにならって二次形式の検定統計量を定義する。

$$X^2 = \sum_{i=1}^{g} \frac{(x_i - \overline{\theta}_{\text{way}})^2}{\hat{\sigma}_i^2}$$

$$= \sum_{i=1}^{g} w_i (x - \overline{\theta}_{\text{way}})^2 \tag{14.3.1.7}$$

X^2は全体平均から個々のx_iのずれを評価する統計量になっており、式

(14.3.1.1)の帰無仮説のもとで自由度 $g-1$ の χ^2 分布に従う。式(14.3.1.7)の検定を Woolf の方法とよぶ（Woolf, 1955)。

14.3.2　Breslow-Day の方法

第 i 層の周辺和$(m_{1i}, m_{2i}, n_{1i}, n_{2i})$を与えたとき、オッズ比一様性の仮定、$OR_i=OR$ のもとでインデックス度数 a_i の期待値（の推定値）は、

$$\hat{E}(a_i \mid \hat{O}R_{MH}) = \tilde{a}_i$$
$$OR_i = \hat{O}R_{MH}$$

である（共通の OR の推定値として後出の**マンテル-ヘンツェル推定量** $\hat{O}R_{MH}$ を用いることに注意する)。以降、必要に応じ簡単に表記するため添え字 i を省略する。$OR_i = \hat{O}R_{MH}$ のもとで $\tilde{a}$ は次式の解である。

$$\hat{O}R_{MH} \equiv \frac{ad}{bc} = \frac{\tilde{a}(n_2-b)}{(m_1-\tilde{a})(n_1-\tilde{a})} = \frac{\tilde{a}(n_2-m_1+\tilde{a})}{(m_1-\tilde{a})(n_1-\tilde{a})}$$

上の式を整理すると、

$$\hat{O}R_{MH}(m_1-\tilde{a})(n_1-\tilde{a}) = \tilde{a}(n_2-m_1+\tilde{a})$$

さらに、

$$\tilde{a}^2(1-\hat{O}R_{MH}) + \tilde{a}\{n_2-m_1+\hat{O}R_{MH}(m_1+n_1)\} - m_1 n_1 \hat{O}R_{MH} = 0$$

$$\tilde{a} = \frac{m_1-n_2-\hat{O}R_{MH}(m_1+n_1) \pm \sqrt{-\{n_2-m_1+\hat{O}R_{MH}(m_1+n_1)\}^2 - 4(1-\hat{O}R_{MH})\, m_1 n_1 \hat{O}R_{MH}}}{2(1-\hat{O}R_{MH})}$$

$0 < \tilde{a} \leqq \min(m_1, n_1)$ を満足する解が $\tilde{a}$ である。

OR_{MH} と観測値とのずれをピアソン χ^2 統計量で測る。

$$X^2_{BD} = \sum_i^g \left[\frac{(a_i-\tilde{a}_i)^2}{\tilde{a}_i} + \frac{(b_i-\tilde{b}_i)^2}{\tilde{b}_i} + \frac{(c_i-\tilde{c}_i)^2}{\tilde{c}_i} + \frac{(d_i-\tilde{d}_i)^2}{\tilde{d}_i} \right]$$

ここで、

$$\tilde{b} = m_1 - \tilde{a}$$
$$b - \tilde{b} = (m_1 - a) - (m_1 - \tilde{a}) = -(a - \tilde{a})$$
$$c - \tilde{c},\ d - \tilde{d} \text{も同様に} = -(a - \tilde{a}), (a - \tilde{a})$$

（$d-\tilde{d}$ は $(a-\tilde{a})$ に等しいはずなので追加した）

よって、

$$X_{BD}^2 = \sum_i^g \Big[\frac{(a_i-\tilde{a}_i)^2}{\tilde{a}_i} + \frac{(b_i-\tilde{b}_i)^2}{\tilde{b}_i} + \frac{(c_i-\tilde{c}_i)^2}{\tilde{c}_i} + \frac{(d_i-\tilde{d}_i)^2}{\tilde{d}_i} \Big]$$

$$= \sum_i^g \frac{(a_i-\tilde{a}_i)^2}{V(\tilde{a}_i \mid \hat{O}R_{MH})} \tag{14.3.2.1}$$

ここで、

$$V(\tilde{a}_i \mid \hat{O}R_{MH}) = \left(\frac{1}{\tilde{a}} + \frac{1}{\tilde{b}} + \frac{1}{\tilde{c}} + \frac{1}{\tilde{d}} \right)^{-1} \tag{14.3.2.2}$$

$$H_0 : OR_1 = \cdots = OR_g = OR_{MH} \tag{14.3.2.3}$$

$H_1 : H_0$ 成立せず

H_0 のもとで $X^2 \sim \chi^2(g-1)$ により、オッズ比一様性の検定を行う。この方式を Breslow-Day 検定とよぶ。

14.4 要約オッズ比の推定

オッズ比一様性検定で、対数 *OR* とセルカウントによる 2 つの方法があることを紹介したが、**要約オッズ比**（common odds ratio）でも同様に 2 つの方法がある。1 つは対数オッズ比による Woolf の方法（1955 年）、もう 1 つはセルカウントによる M-H の方法（Mantel and Haenszel, 1959）である。Woolf の方法は、極限モデル II では前節で述べたと同様の問題を含んでいる。もう 1 つの M-H の方法は、点推定値は 1959 年に定式化され、その後さまざまな分散推定量が提案されたが、1980 年代になりようやくその適切な分散が求められた（Robins, Breslow and Greenland, 1986）。

14.4.1 Woolf の推定方法

Woolf の要約対数オッズ比の点推定値は式(14.3.1.6)の $\bar{\theta}_{\text{way}}$ である。対数オッズ比 $\bar{\theta}_{\text{way}}$ の近似標準誤差は次式となる。

$$SE(\bar{\theta}_{\text{way}}) = \sqrt{V(\bar{\theta}_{\text{way}})} = \sqrt{\hat{\sigma}_w^2} = \frac{1}{\sqrt{\sum_{i=1}^g w_i}} \tag{14.4.1.1}$$

ここで、W_iは式(14.3.1.5)である。これから対数オッズ比の両側 95%信頼率の信頼区間は、

$$(\bar{\theta}_{\text{way}} - 1.96 \times SE(\bar{\theta}_{\text{way}}),\ \bar{\theta}_{\text{way}} + 1.96 \times SE(\bar{\theta}_{\text{way}}))$$

逆対数変換したオッズ比の両側 95%信頼率の信頼区間は、

$$(\exp(\bar{\theta}_{\text{way}} - 1.96 \times SE(\bar{\theta}_{\text{way}})), \exp(\bar{\theta}_{\text{way}} + 1.96 \times SE(\bar{\theta}_{\text{way}}))) \qquad (14.4.1.2)$$

となる。

14.4.2　M-H 要約オッズ比の推定

各オッズ比が表間で一様ならば、オッズ比の要約を行う。要約オッズ比推定値は、g 個の別々の層のオッズ比の重み付き平均であり、**M-H 要約オッズ比**として次式で定式化されている（Mantel-Haenzel, 1959）。

$$\hat{\theta}_{MH} = \frac{\sum_{i=1}^{g}(a_i d_i / N_i)}{\sum_{i=1}^{g}(b_i c_i / N_i)} \qquad (14.4.2.1)$$

N_i：第 i 表の全データ

M-H 要約オッズ比の漸近分散は、1986 年にようやく Robins などにより定式化されたが、この分散の導出はかなり複雑なので、ここでは結果のみを示す。第 i 層において、

$$P_i = \frac{a_i + d_i}{n_i},\ Q_i = \frac{b_i + c_i}{n_i},\ R_i = \frac{a_i d_i}{n_i},\ S_i = \frac{b_i c_i}{n_i}$$

$$R = \sum \frac{a_i d_i}{n_i},\quad S = \sum \frac{b_i c_i}{n_i}$$

とすると、

$$\sigma^2 = \hat{V}(\log OR_{MH}) = \frac{\sum R_i P_i}{2R^2} + \frac{\sum (R_i S_i + Q_i R_i)}{2RS} + \frac{\sum S_i Q_i}{2S^2} \qquad (14.4.2.2)$$

対数 M-H 要約オッズ比の両側 95%信頼区間は、

$$\{\hat{\theta}_{MH} \times \exp(-1.96\hat{\sigma}),\ \hat{\theta}_{MH} \times \exp(1.96\hat{\sigma})\} \qquad (14.4.2.3)$$

となる（Robins, Breslow, Greenland, 1986）。

14.5 マンテル-ヘンツェル検定

共通オッズ比 $\theta_1=\cdots=\theta_g=\theta$ の推定量がマンテル-ヘンツェル要約オッズ比 $\hat{\theta}_{\mathrm{MH}}$ であることより、仮説を次のように定義する。

＜仮説＞

帰無仮説　$H_0: \theta=1$　(14.5.1)

(すべての表において 2 要因（曝露・疾病）間の関連性がない)

対立仮説　$H_1: \theta\neq 1$

すなわち、共通オッズ比が 1 に等しいかどうかを検定するのが、**マンテル-ヘンツェル検定**（Mantel-Haenszel test）である。この帰無仮説からの同じ方向のずれを示す量として、

$$\sum_{i=1}^{g} a_i - \sum_{i=1}^{g} e_i$$

が考えられ、この統計量より検定統計量として χ^2 統計量が定義できる。

$$X^2=\frac{\left[\sum_{i=1}^{g} a_i-\sum_{i=1}^{g} e_i\right]^2}{\sum_{i=1}^{g} \sigma_i^2} \tag{14.5.2}$$

X^2 は帰無仮説のもとで、自由度 1 の χ^2 分布に従う（"同じ方向のずれ"の意味は、統計量 $[\sum a_i-\sum e_i]$ は異方向の差、＋の差と－との差は相殺されてしまい、一方同じ方向の差は足し合わされて強化されるということである)。この検定をマンテル-ヘンツェル検定とよぶ。a_i は曝露されて疾病を発生した症例数であり、分割表の(1, 1)セルの度数である。周辺和が固定されているので、a_i は超幾何分布に従う確率変数であり、その平均と分散は公式（補足説明参照）より、

$$e_i=\frac{m_{1i}n_{1i}}{N_i} \tag{14.5.3}$$

ここで、e_i は a_i の期待値である。σ_i は a_i の標準偏差であり、

$$\sigma_i^2=\frac{m_{1i}m_{2i}n_{1i}n_{2i}}{N_i^2(N_i-1)} \tag{14.5.4}$$

である。

[補足説明 1]　重み付き平均の期待値と分散

たとえば、3 つのクラスの国語のテスト結果が、A クラス（60 人）60 点、B クラス（50 人）70 点、C クラス（35 人）90 点だったとする。この学年の平均を求めるにはどうすればいいのか。

1 つの方法は、(60＋70＋90)÷3＝73.3 であるが、人数の情報が使われておらず不適切である。もう 1 つの方法は、各クラスの人数が違うので、まず学年全体の合計を求め、学年全体の人数で割る方法である。これは合理的な平均点を求めている。

$$\frac{60\times 60+70\times 50+90\times 35}{60+50+35}=70.7$$

このような方法で求める平均を重み付き平均とよぶ。一般的に書けば、

$$x=\frac{\sum w_i x_i}{\sum w_i}$$

ここで w_i を重みとよぶ。

■重み付き平均と分散

OR は 0〜1 の値をとるため歪んだ分布をしているので、対数をとると近似的に正規分布することは 11.3 節で述べた。いま、k 番目の表の対数 OR_k を x_k と書く。

K 個の表おのおのの x_k の分散が異なっているとき、相応の重みを付けて平均化する必要がある。このような場合、各表の x_k の分散の逆数を重みとする重み付き平均が最尤推定値になることが知られている。すなわち、重み w_i を個々の表の x_k の分散 σ_k^2 の逆数、すなわち

$$w_k=\frac{1}{\sigma_k^2}$$

としたとき、重み付き平均 $\hat{x}_w$ は、

$$\hat{x}_W=\frac{\sum_{k=1}^{K} w_k x_k}{\sum_{k=1}^{K} w_k}$$

で定義され、$\hat{x}_w$ は最尤推定値となる。$\hat{x}_w$ の分散は、各表の x_k の分散 σ_k^2 とし

たとき

$$\hat{\sigma}_w^2 = \frac{1}{\sum_{k=1}^{K} w_k}$$

となる。

[補足説明 2] 超幾何分布

表 1 について、A 群の 8 例、B 群の 7 例、副作用発現 5 例が固定されているとき、(1,1)セルの度数 x の確率分布を考える。

表 1

	副作用あり	副作用なし	計
A 群	X	$8-x$	8
B 群	$5-x$	$2+x$	7
計	5	10	15

全体で 15 例、このうち副作用発現 5 例を選ぶ場合の数は、

$${}_{15}C_5 = 3003$$

通りある。

1) この 5 人がすべて B 群から選ばれるとき、その場合の数は、

$${}_{7}C_5 = 21$$

通りである。すなわち、A 群から 1 人も選ばれない、$X=0$ の確率は、

$$\frac{{}_{7}C_5}{{}_{15}C_5} = \frac{21}{3003} = 0.007$$

2) A 群から 1 人選ばれる、すなわち $X=1$ の確率は、

$$\frac{{}_{8}C_1 \times {}_{7}C_4}{{}_{15}C_5} = \frac{8 \times 35}{3003} = 0.093$$

3) A 群から 2 人選ばれる、すなわち $X=2$ の確率は、

$$\frac{{}_{8}C_2 \times {}_{7}C_3}{{}_{15}C_5} = \frac{28 \times 35}{3003} = 0.326$$

4) A群から3人選ばれる、すなわちX=3 の確率は、

$$\frac{{}_8C_3 \times {}_7C_2}{{}_{15}C_5} = \frac{56 \times 21}{3003} = 0.392$$

5) A群から4人選ばれる、すなわちX=4 の確率は、

$$\frac{{}_8C_4 \times {}_7C_1}{{}_{15}C_5} = \frac{70 \times 7}{3003} = 0.163$$

6) A群から5人選ばれる、すなわちX=5 の確率は、

$$\frac{{}_8C_5 \times {}_7C_0}{{}_{15}C_5} = \frac{56 \times 1}{3003} = 0.019$$

これをグラフにすると、図1となる。

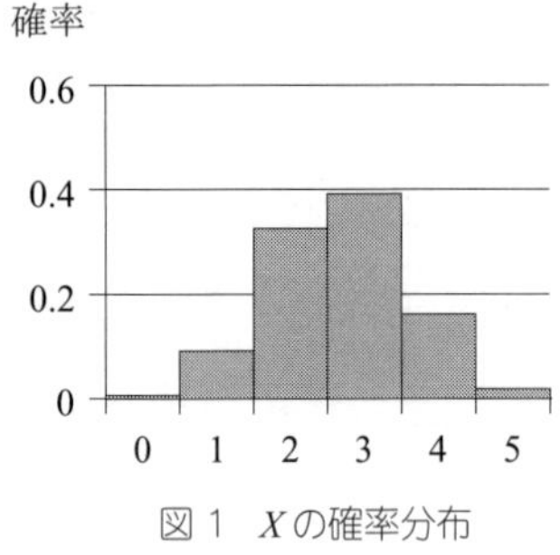

図1　Xの確率分布

一般的に、行列の周辺和を固定したとき、(1,1)セル度数のみが確率変数であり、表2の記号を使うと、その確率は、

$$P(X = x) = \frac{{}_{x+b}C_x \times {}_{c+d}C_c}{{}_N C_{x+c}}$$

と書ける。この確率分布を超幾何分布（hypergeometric distribution）とよぶ。

表2

	副作用あり	副作用なし	計
A群	X	b	$x+b$
B群	C	d	$c+d$
計	$x+c$	$b+d$	N

[補足説明 3]　超幾何分布の平均・分散

第 k 表

		グループ 1	グループ 2	計
反応	＋	X		n
	－	$M-X$		$n-N$
計		M	$N-M$	N

X は周辺和を固定したとき、超幾何分布に従う。すなわち、

$$f(X=x \mid N,M,n)=\frac{{}_M C_x \times {}_{N\text{-}M} C_{n\text{-}x}}{{}_N C_n}$$

ここで、$x=0, 1, \cdots, n$

■平均

定義より、

$$E(X)=\sum_{x=0}^{n} x\times f(X=x \mid N,M,n)$$
$$=\frac{1}{{}_N C_n}\sum_{x=0}^{n} x\times {}_M C_x \times {}_{N-M} C_{n-x}$$

${}_N C_n$ は定数なので両辺にそれを掛ける。さらに $X=0$ ならば、$x\times f(x)=0$ なので、

$${}_N C_n\times E(X)=\sum_{x=1}^{n} x\times {}_M C_x \times {}_{N-M} C_{n-x}$$
$$=\sum_{x=1}^{n} x\times \frac{M!}{x!(M-x)!}\times\frac{(N-M)!}{(n-x)!\{(N-M)-(n-x)\}!}$$
$$=\sum_{x=1}^{n} \frac{M!}{(x-1)!(M-x)!}\times\frac{(N-M)!}{(n-x)!\{(N-M)-(n-x)\}!}$$

M, N, n, x から 1 を引いて 1 を加えても値が変わらないので、式を変形する。

$$= M\sum_{x=1}^{n} \frac{(M-1)!}{(x-1)!\{(M-1)-(x-1)\}!}$$

$$\times \frac{\{(N-1)-(M-1)\}!}{\{(n-1)-(x-1)\}!\,[\{(N-1)-(M-1)\}-\{(n-1)-(x-1)\}]!}$$

$$= M\sum_{x=1}^{n} {}_{M-1}C_{x-1} \times {}_{(N-1)-(M-1)}C_{(n-1)-(x-1)}$$

$y=x-1$ とおくと、

$$= M\sum_{y=0}^{n-1} {}_{M-1}C_{y} \times {}_{(N-1)-(M-1)}C_{(n-1)-y}$$

$M-1=M, N-1=N, n-1=n$ と書くと、

$$= M\sum_{y=0}^{n} {}_{M}C_{y} \times {}_{N-M}C_{n-y}$$

$$\sum_{x=0}^{n} fx = 1$$

ここで、

$$ {}_{N}C_{n} = \sum_{x=0}^{n} {}_{M}C_{x} \times {}_{N-M}C_{n-x}$$

より、

$$= M \times {}_{N}C_{n}$$

$$= M \times {}_{N-1}C_{n-1}$$

ゆえに、

$$E(X) = M \times \frac{{}_{N-1}C_{n-1}}{{}_{N}C_{n}}$$

$$= M \times \frac{(N-1)!}{(n-1)!\,(N-n)!} \times \frac{n!\,(N-n)!}{N!}$$

$$= \frac{Mn}{N}$$

■分散

第2章 補足説明4より、

$$V(X)=E(X^2)-\{E(X)\}^2$$
$$=E\{X(X-1)\}-E(X)-\{E(X)\}^2$$

と右辺第2、3項は平均のところですでに既知であるので、第1項のみ求めればよい。

定義より、

$$E\{X(X-1)\}=\sum_{x=0}^{n}x(x-1)\times f(X=x\,|\,N,M,n)$$
$$=\frac{1}{{}_N\mathrm{C}_n}\sum_{x=1}^{n}x(x-1)\times {}_MC_X\times {}_{N-M}C_{n-x}$$

${}_NC_n$は定数なので両辺にそれを掛けると、

$${}_NC_n\times E\{X(X-1)\}=\sum_{x=1}^{n}x(x-1)\times {}_MC_X\times {}_{N-M}C_{n-x}$$

$x=0$、$x=1$のとき右辺の項は0になるので、

$${}_NC_n\times E\{X(X-1)\}=\sum_{x=2}^{n}x(x-1)\times {}_MC_X\times {}_{N-M}C_{n-x}$$

平均値と同様の変形を行い、$y=x-2$と置くと、

$$=M(M-1)\sum_{y=0}^{n-2}{}_{M-2}C_y\times {}_{(N-2)-(M-2)}C_{(n-2)-y}$$
$$=M(M-1)\times {}_{N-2}C_{n-2}$$
$$=\frac{n(n-1)M(M-1)}{N(N-1)}$$

ゆえに、

$$V(X)=E\{X(X-1)\}+E(X)+\{E(X)\}^2$$
$$=\frac{n(n-1)M(M-1)}{N(N-1)}+\frac{Mn}{N}-\frac{M^2n^2}{N^2}$$
$$=\frac{Mn(N-M)(N-n)}{N^2(N-1)}$$

[補足説明 4]　連続修正

ヒストグラムで表される確率（図 1）を、なめらかな曲線下の面積で確率を近似するとき、$P(X \leqq a)$に対する近似値は、その曲線下の a より左の面積とする。たとえば、$P(X \leqq 1)$は、その曲線下の 1 より左の面積で近似される。しかし正確な $P(X \leqq 1)$は、ヒストグラムの 0 および 1 を中心とする長方形に対応する面積で、ヒストグラムの 1.5 より左の面積に等しい。

それゆえ、曲線でのより精密な近似値は、1.5 より左の面積によって与えられる。ヒストグラムの $P(X \leqq a)$に対する近似値 ≈ なめらかな曲線下の $P(X \leqq a+0.5)$とすることにより、近似精度が上がる。この修正は、不連続なヒストグラムを連続曲線で精密に近似する補正であり、連続修正とよぶ。

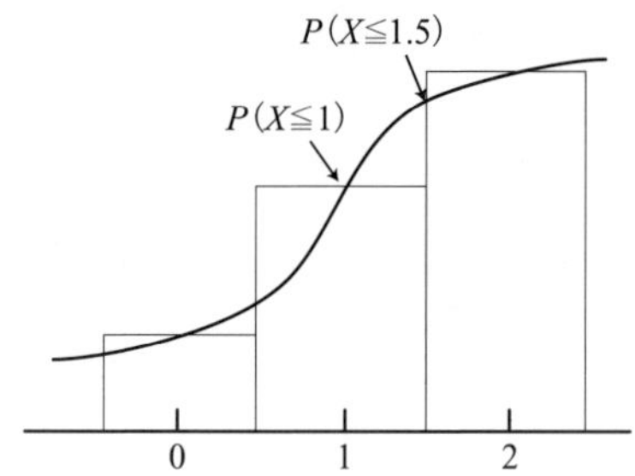

図 1　ヒストグラムの確率分布と近似曲線による確率分布

第 15 章　重回帰分析

15.1　はじめに

生活習慣病予防のためのチェックすべき項目の 1 つに BMI（body mass index）がある。BMI は肥満度の指標であり、体重(kg)^2÷身長(m)で定義される。この BMI がどのような要因により影響を受けるかを調べるとき、疑われる要因はいくつか考えられる。要因の候補として、たとえば性別、食事の内容（肉食かどうか）、食事量、運動量、食事時間、睡眠時間などがあげられる。それら複数の要因のうちどの要因が BMI に強く関係しているか、それはどの程度かなどを分析する方法として、**重回帰モデル**がある。重回帰モデルを使用して分析を行うと、要因分析や予測を行うことができる。重回帰モデルは下記のモデルで表される。

$$y_i = \beta_0 + \beta_1 x_{i1} + \cdots + \beta_j x_{ij} + \cdots + \beta_k x_{ik} + \varepsilon_i$$

ここで、i は対象を、j は変数を示す。x_{ij} は対象 i の変数（要因）j の値を示す。この重回帰モデルは、対象 i のもつ変数列 $x_{i1}, x_{i2}, \cdots, x_{ik}$ と、結果としてとる値 y_i との間に直線的な関係があることを表す。y_i は**応答変数**、**従属変数**とよばれ、β_j は要因にかかる係数（重み）であり、単回帰の場合と同様**回帰係数**（または**偏回帰係数**）とよばれる。y_i を説明する変数列$(x_{i1}, \cdots, x_{ik})$の各要素 $x_{ij}, j=1, \cdots, k$ は**説明変数**または**独立変数**、あるいは単に**変数**とよばれる。ε_i は誤差を示す。このモデルの係数を推定することにより、個々の説明変数の応答変数に対する影響度を調べることができる。

例として、ある糖尿病患者集団にピオグリタゾンを 6 カ月投与した場合の

$\mathrm{Hb}_{\mathrm{A1c}}$の変化に関するデータがあるとする。$i$ 番目の糖尿病患者で、次の 5 つの属性が測定されたとする。

y_i ：ピオグリタゾン投与 6 カ月後の $\mathrm{Hb}_{\mathrm{A1c}}$ の下降量（この値が大きいほどピオグリタゾンの大きな効果ありと判断される）

患者特性

x_{i1}：性別

x_{i2}：年齢

ピオグリタゾン投与前値：

x_{i3}：BMI

x_{i4}：総コレステロール

x_{i5}：$\mathrm{Hb}_{\mathrm{A1c}}$

このデータより要因分析として、ピオグリタゾン投与 6 カ月後の $\mathrm{Hb}_{\mathrm{A1c}}$ の下降量に影響を及ぼす患者背景因子を調べ、どのような患者層に効果が大きいかを調べることができる。さらに予測として、特定の説明変数の値をもつ患者での応答変数の値を予測することができる。たとえば、

性別：男性

年齢：65 歳

ピオグリタゾン投与前

BMI : 33

総コレステロール：270

$\mathrm{Hb}_{\mathrm{A1c}}$: 9.5

の糖尿病患者のピオグリタゾン投与 6 カ月後の $\mathrm{Hb}_{\mathrm{A1c}}$ の下降量を予測する。また患者背景が同一で、BMI が 25 と 33 とで、ピオグリタゾン投与 6 カ月後の $\mathrm{Hb}_{\mathrm{A1c}}$ の下降量にどれほどの差があるかを予測するなどが、重回帰モデルを使えば可能である。

ある変数を他の変数で説明する回帰分析手法には、応答変数のタイプの違いにより表 15.1 のように、いくつかの方法がある。13 章の回帰分析では、説明変数（要因）が 1 つのみのモデルについて説明した。本章では、説明変数

が複数の一般に使われるモデル（重回帰モデル）について説明する。すでに述べた単回帰分析と、これから説明する重回帰分析とで、推定方法、モデルの評価方法、回帰係数の検定方法は基本的に同じである。すなわち最小二乗法（誤差の二乗和が最小になるような方法）で回帰係数 β を推定し、モデルは分散分析法により評価する。また各回帰係数の統計的有意性は t 検定により実施する（表 15.2）。

表 15.1

応答変数	手法
⇨ **計量値**	**重回帰分析**
2 値データ	ロジスティック回帰分析
ハザード	コックス回帰分析

表 15.2

同じ	
回帰式の推定方法	最小二乗法
モデルの評価	分散分析
回帰係数の検定	t 検定

しかし、説明変数が複数になるため、新たに生じる概念や統計量が発生する（表 15.3）。

表 15.3

新たに必要な概念・統計量	
決定係数	自由度調整済み決定係数
変数選択	ステップワイズ法など
多重共線性	相関係数、VIF
回帰係数間の寄与の比較	標準化偏回帰係数
交互作用	

15.2 回帰係数の推定

一般的表記で進めると、抽象的・数学的になり過ぎるため、以下では説明変数 2 個の場合について説明する。

第 i 番目の被験者について、

- データ　(y_i, x_{i1}, x_{i2})
- モデル　$y_i = \beta_0 + \beta_1 x_{i1} + \beta_2 x_{i2} + \varepsilon_i$　(15.2.1)
- 推定値　$\hat{\beta}_0$、$\hat{\beta}_1$、$\hat{\beta}_2$
- 予測値　$\hat{y}_i = \hat{\beta}_0 + \hat{\beta}_1 x_{i1} + \hat{\beta}_2 x_{i2}$
- 誤差　$\varepsilon_i \sim N(0, \sigma^2)$

第 13 章で述べた測定値と予測値の差、残差は次式で定義される。

残差＝測定値－予測値

$$e_i = y_i - \hat{y}_i = y_i - (\hat{\beta}_0 + \hat{\beta}_1 x_{i1} + \hat{\beta}_2 x_{i2})$$

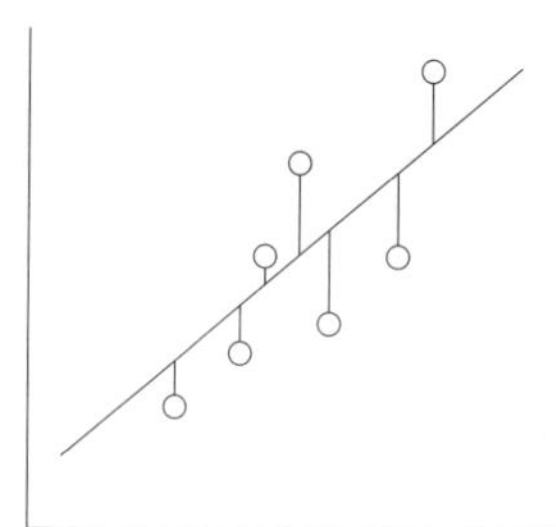

残差（データとあてはめ直線の差：図の垂線の部分）

図 15.1

上の図は、残差のイメージがつかみやすいように回帰線は直線で表しているが、説明変数が複数の場合は、多次元空間上の回帰平面となる。

残差 e_i を二乗してすべてのデータについて加えた**残差平方和**（二乗和）S_e

$$S_e = \sum_i e_i^2 = \sum (y_i - \hat{y}_i)^2$$

$$= \sum (y_i - (\hat{\beta}_0 + \hat{\beta}_1 x_{i1} + \hat{\beta}_2 x_{i2}))^2 \quad (15.2.2)$$

を最小にする β を求める。

残差平方和 S_e を各 $\hat{\beta}_i$ について微分したものを 0 とおいた**正規方程式**を解くことにより、$\hat{\beta}$ の推定値が求められる。すなわち、

$$\frac{\partial S_e}{\partial \hat{\beta}_0} = (-2)\sum_{i=1}^{n}\{y_i - (\hat{\beta}_0 + \hat{\beta}_1 x_{i1} + \hat{\beta}_2 x_{i2})\} = 0 \qquad (15.2.3)$$

$$\frac{\partial S_e}{\partial \hat{\beta}_1} = (-2)\sum_{i=1}^{n}\{y_i - (\hat{\beta}_0 + \hat{\beta}_1 x_{i1} + \hat{\beta}_2 x_{i2})\}\, x_{i1} = 0 \qquad (15.2.4)$$

$$\frac{\partial S_e}{\partial \hat{\beta}_2} = (-2)\sum_{i=1}^{n}\{y_i - (\hat{\beta}_0 + \hat{\beta}_1 x_{i1} + \hat{\beta}_2 x_{i2})\}\, x_{i2} = 0 \qquad (15.2.5)$$

式(15.2.3)を i について平均をとると、

$$\hat{\beta}_0 = \bar{y} - \hat{\beta}_1 \bar{x}_1 - \hat{\beta}_2 \bar{x}_2 \qquad (15.2.3)'$$

式(15.2.3)'を式(15.2.4)、(15.2.5)に代入し、下記の形に書き直す。

$$\left(\sum_{i=1}^{n} x_{i1}^2 - n\bar{x}_1^2\right)\hat{\beta}_1 + \left(\sum_{i=1}^{n} x_{i1}x_{i2} - n\bar{x}_1\bar{x}_2\right)\hat{\beta}_2 = \sum_{i=1}^{n} x_{i1}y_i - n\bar{x}_1\bar{y} \qquad (15.2.4)'$$

$$\left(\sum_{i=1}^{n} x_{i1}x_{i2}\, n\bar{x}_1\bar{x}_2\right)\hat{\beta}_1 + \left(\sum_{i=1}^{n} x_{i2}^2 - n\bar{x}_2^2\right)\hat{\beta}_2 = \sum_{i=1}^{n} x_{i2}y_i - n\bar{x}_2\bar{y} \qquad (15.2.5)'$$

ここで

$$S_{11} = \sum_{i=1}^{n}(x_{i1} - \bar{x}_1)^2$$

$$S_{22} = \sum_{i=1}^{n}(x_{i2} - \bar{x}_2)^2$$

$$S_{12} = S_{21} = \sum_{i=1}^{n}(x_{i1} - \bar{x}_1)(x_{i2} - \bar{x}_2) = \sum_{i=1}^{n} x_{i1}x_{i2} - n\bar{x}_1\bar{x}_2$$

$$S_{1y} = \sum_{i=1}^{n}(x_{i1} - \bar{x}_1)(y_i - \bar{y}) = \sum_{i=1}^{n} x_{i1}y_i - n\bar{x}_1\bar{y}$$

$$S_{2y} = \sum_{i=1}^{n}(x_{i2} - \bar{x}_2)(y_i - \bar{y}) = \sum_{i=1}^{n} x_{i2}y_i - n\bar{x}_2\bar{y}$$

$$j = 1,2$$

これらを用いると、つぎの正規方程式を得る。

$$S_{11}\hat{\beta}_1 + S_{12}\hat{\beta}_2 = S_{1y} \qquad (15.2.6)$$

$$S_{21}\hat{\beta}_1 + S_{22}\hat{\beta}_2 = S_{2y} \qquad (15.2.7)$$

回帰係数の推定をするとき、上式を行列表記すると簡潔に表示できる。

$$\begin{bmatrix} S_{11} & S_{12} \\ S_{21} & S_{22} \end{bmatrix} \begin{bmatrix} \hat{\beta}_1 \\ \hat{\beta}_2 \end{bmatrix} = \begin{bmatrix} S_{1y} \\ S_{2y} \end{bmatrix}$$

さらにベクトルで表すと（太字はベクトルを表す）、

$$\boldsymbol{S}\hat{\boldsymbol{\beta}} = S_y \qquad (15.2.8)$$

ここに

$$S = \begin{pmatrix} S_{11} & S_{12} \\ S_{21} & S_{22} \end{pmatrix}, \quad S_y = \begin{pmatrix} S_{1y} \\ S_{2y} \end{pmatrix}, \quad \hat{\beta} = \begin{pmatrix} \hat{\beta}_1 \\ \hat{\beta}_2 \end{pmatrix} \qquad (15.2.8)'$$

である。

この連立方程式(15.2.8)を解けば、各 $\hat{\beta}$ が推定できる。

$$\hat{\beta} = S^{-1} S_y \qquad (15.2.9)$$

S^{-1} は行列 S の逆数で逆行列とよばれる。Δ を S の逆行列とすると、式(15.2.9)の各成分は次のようになる。

$$\begin{bmatrix} \hat{\beta}_1 \\ \hat{\beta}_2 \end{bmatrix} = \begin{bmatrix} S_{11} & S_{12} \\ S_{21} & S_{22} \end{bmatrix}^{-1} \begin{bmatrix} S_{1y} \\ S_{2y} \end{bmatrix} = \begin{bmatrix} \Delta^{11} & \Delta^{12} \\ \Delta^{21} & \Delta^{22} \end{bmatrix} \begin{bmatrix} S_{1y} \\ S_{2y} \end{bmatrix}$$

$$= \begin{bmatrix} \Delta^{11} S_{1y} + \Delta^{12} S_{2y} \\ \Delta^{21} S_{1y} + \Delta^{22} S_{2y} \end{bmatrix}$$

より一般的な行列表記を補足説明 1 に示す。式(15.2.9)で求めた回帰係数を**偏回帰係数**（partial regression coefficient）という。偏回帰係数はそれぞれの説明変数がとる値の範囲や単位に依存するため、説明変数間の寄与の大小関係の評価に使用してはならない。説明変数の寄与の大きさは、偏回帰係数ではわからない。

標準化した偏回帰係数（**標準化偏回帰係数**：standardized partial regression coefficient）により説明変数の寄与の大小を検討することができる。標準化偏回帰係数とは、各説明変数および応答変数を平均 0、分散 1 になるように標準化して求めた回帰係数のことであり、次のように定義される。

$$\hat{\beta}_{S_j} = \hat{\beta}_j \sqrt{\frac{S_j}{S_y}} \qquad \text{ここで } \hat{\beta}_j \text{ は最小二乗推定量} \qquad (15.2.10)$$

S_j は X_j の分散、S_y は y の分散

この標準化偏回帰係数 β_{sj} は、説明変数 x_j の値が標準偏差で計って 1 単位動

くごとに応答変数が(同じく標準偏差)で計って何単位動くかを示している。標準化偏回帰係数は、とる値の範囲や単位に依存しないため、寄与の大小評価に利用できるが、予測には偏回帰係数を利用する。

15.3 モデルの評価

回帰式（モデル）が必ずしもデータをよく表しているとは限らない。それゆえ、推定された回帰式の評価が必要であり、考え方は単回帰と同じである。その評価には、3 通りの方法がある。

1. その回帰式全体が意味があるものか。
   回帰式全体が意味があるかどうかは単回帰の場合と同じであり、分散分析（F 検定）で検定することができる。
2. データをどの程度説明できているか。
   予測値がどれだけ正確にデータ（従属変数の値）を予測することができているかは**決定係数**で表される。さらに自由度調整済み決定係数を用い、モデル間で説明力を比較することもできる。
3. 推定されたパラメータは、本当に意味があるのか。
   回帰係数の有意性で検定することができる(第13章と同様であるので、13.4 節参照)。

15.3.1 分散分析による評価

y_i は従属変数の測定値

$$\bar{y} = \sum_i y_i / n$$

$$Y_i = \sum_{j=1}^{k} \hat{\beta}_j x_{ji}$$

$$\bar{Y} = \sum_{j=1}^{k} \hat{\beta}_j \bar{x}_j$$

k: 説明変数の数

n: データ数

式(15.2.3)'より $\bar{y} = \bar{Y}$

とし、平方和の分解を行う。

・ S_T(総平方和) = S_R(回帰による平方和) + S_e(残差平方和)

$$\sum_{i=1}^{n}(y_i-\bar{y})^2=\sum_{i=1}^{n}(Y_i-\bar{Y})^2+\sum_{i=1}^{n}(y_i-Y_i)^2$$

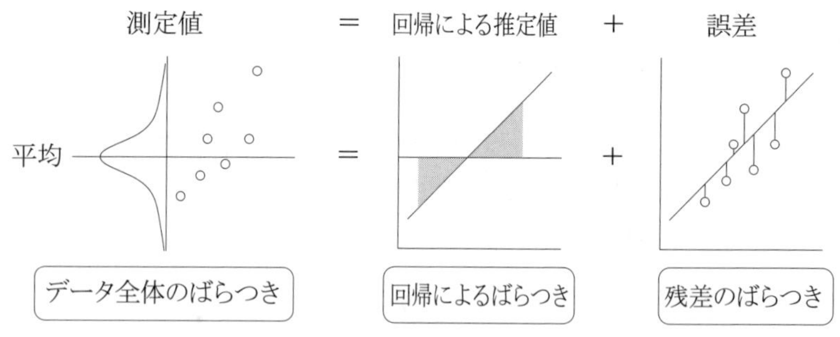

図 15.2　回帰とばらつき（平方和）

回帰分析では、x を指定できる変数と考えるので y の平方和 S_{yy} が総平方和となる。回帰による平方和 S_R は、回帰平面すなわちモデルによって説明される y の変動部分を表す。残差平方和 S_e は、回帰直線上の予測値からデータ y_i へのずれの程度を表し、回帰式によって説明できない y の変動部分を表す。それらをまとめた一覧表が、表 15.4 の分散分析表である。

表 15.4　重回帰分析の分散分析表

要因	平方和 S	自由度 φ	平均平方 V	F_0
回帰 R	$S_R=\sum_{i=1}^{n}(Y_i-\bar{Y})^2$	$\varphi_R = k$	$V_R = S_R/k$	V_R/V_e
誤差 e	$S_e=\sum_{i=1}^{n}(y_i-Y_i)^2$	$\varphi_e = n-1-\mathrm{k}$	$V_e=\dfrac{S_e}{n-1-k}$	
計	$S_T=\sum_{i=1}^{n}(y_i-\bar{y})^2$	$\varphi_T = n-1$		

例として、説明変数が 2 つの場合の分散分析表を示す(導出は補足説明参照)。

表 15.5　二変数の分散分析表

要因	平方和 S	自由度 φ	平均平方 V	F_0
回帰 R	$S_R = \hat{\beta}_1 S_{1y} + \hat{\beta}_2 S_{2y}$	$\varphi_R = 2$	$V_R = S_R/2$	V_R/V_e
誤差 e	$S_e = S_T - S_R$	$\varphi_e = n-3$	$V_e = S_e/(n-3)$	
計	$S_T = S_R + S_e$	$\varphi_T = n-1$		

ここで回帰による自由度は $\varphi_R=2$ となる。すなわち、

$\varphi_R =$ 説明変数の個数

（分散分析表の見かたは単回帰と同じなので説明は省略する）

15.3.2　決定係数（寄与率）

決定係数(coefficient of determination)とは、y の変動のうち回帰による変動の割合を表すもので、回帰式（モデル）の適合度の指標となり、次式で定義される。

$$R^2 = S_R/S_T = 1 - S_e/S_T \qquad (15.3.2.1)$$

ここで、S_{yy} は y の偏差平方和である。$R\,(>0)$は**重相関係数**とよばれ、観測値 y と予測値 $\hat{y}$ の相関係数を示す。もし $R^2=1$ ならデータは回帰モデルに完全にあてはまる。つまりすべての点で $y=\hat{y}$ となる。決定係数は回帰モデルの“あてはまりのよさ”を示す値であるが、説明変数を増やすと単純に増加していくという性質をもっている。

したがって、“役に立たない説明変数”であっても付け加えることにより、見掛け上予測の適合度は単調増加するので問題である。そこで、モデルに用いたパラメータ数に依存した何らかのペナルティを課すことでその問題を解消する目的で考えられたものが、**自由度調整済み決定係数**（寄与率）である。自由度調整済み決定係数は、説明変数の数を増やしても単調には増加しないように、平方和を自由度で割ることで作られた指標であり、次式で定義される。

$$R^{2^*} = 1 - \frac{S_e/\varphi_e}{S_T/\varphi_T} (= 1 - V_e/V_y) \qquad (15.3.2.2)$$

ただし$V_e = S_e / \varphi_e, V_y = S_T / \varphi_T$である。$V_e, V_y$はそれぞれ誤差および y の分散を表す。ある変数をモデルに組み込んだときに誤差分散が減少すれば、その変数の組み込みが誤差のばらつきの減少に寄与していると考えられるが、寄与率が増加するとともに誤差分散が減少するので、合理的な寄与率の定義になっている。

R^{2^*} はR^2とは異なり、パラメータ数（説明変数の数）の増加と共に増加するとは限らない。説明力のない変数を組み込むことによりパラメータ数 k は増えたが、残差平方和S_eがほとんど減らなかった状況を考えてみる。誤差自由度$\varphi_e = n-1-k$ は減少するがS_eはほとんど変わらない。その結果、S_e / φ_eの値はむしろ上昇し、したがってR^{2^*} は減少する。このように説明力のない変数を回帰に取り込むと R^{2^*} は減少することがわかる。なお$S_e = 0$なら$R^{2^*} = 1$となるので、R^2同様、データが回帰モデルに完全にあてはまるときに$R^{2^*} = 1$となる。

15.4　名義変数のコード化：ダミー変数（指示変数）

重回帰に持ち込める説明変数はどのようなタイプ（計量値、計数値、カテゴリー変数、名義変数）でもかまわない。ただ 1 つ名義変数については注意がいる。例を通して説明する。

たとえば、疾患状態 [喘息、気管支炎、正常] という名義変数に、

喘息 ＝ 1、気管支炎 ＝ 2、正常 ＝ 3

のようなコード化が考えられる。しかし、このコードそのままでモデルにもち込むと、疾患状態に量的効果を含んでしまう。そこで、疾患状態 [喘息、気管支炎、正常] のコードに対し、各状態の有無を示す 3 つの変数$[x_1, x_2, x_3]$に分解する（この変数を**ダミー変数**という）。各変数はそれぞれに対応する疾患状態の有無を示していることになる。このとき、いずれの状態についても

$$x_1 + x_2 + x_3 = 1$$

という関係が成り立つ。すなわち常に

$$x_3 = 1 - x_1 - x_2$$

が成り立つ。

疾患状態	x_1	x_2	x_3
喘息	1	0	0
気管支炎	0	1	0
正常	0	0	1

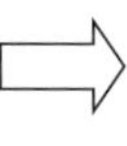

疾患状態	x_1	x_2	x_3
喘息	1	0	0
気管支炎	0	1	0
正常	0	0	1

ということは、x_3はx_1とx_2で表すことができるため、変数が1つ余分である。

もし、すべての変数$[x_1, x_2, x_3]$を使うとどのような問題が生じるのか。x_3と$\{x_1, x_2\}$は完全に相関している。このような状態は、後で説明する多重共線性の極端な場合であるゆえに、x_3を持ち込んではいけない。2つのダミー変数だけしか回帰に持ち込めない。つまり、1つ少ない区分のダミー変数だけしか回帰に持ち込めない。いまの例では$[x_1, x_2]$である。ダミー変数の解釈については、x_3が省かれるとすると、x_1の係数は喘息の効果になる。除かれたダミー変数の効果は、他のダミー変数の対照となり、**ベースライン**ともよばれ、β_0に含まれる。ダミー変数を使うと各症状の有無を指示するのみで、数値としての意味はなく、量的効果は生じないため、回帰モデルに含めても問題が生じない。

15.5 交互作用

重回帰分析では、モデルに複数の変数を含めることができる。その際、1つの変数と他の変数が相乗的に影響を与えることがある。このような効果を**交互作用**（interaction）という。x_1とx_2の交互作用は、$x_1 \times x_2$としてモデルに含めることができる。

交互作用を含むとどのようになるかを説明する前に交互作用を含まないモデルについて説明する。交互作用を含まないモデルでは、ある説明変数の値が変化しようがしまいが、他の説明変数と応答変数との関係は一定と仮定する。それに対し、交互作用を含むモデルでは、ある説明変数の値の変化に伴い、他の説明変数と応答変数との関係が変わる。ここでCampbellのデータを使い例示する。

表 15.6　15 人の子どもの肺機能検査結果

症例番号	死腔量[(*)] (ml)	身長 (cm)	年齢 (歳)	喘息 (0=なし、1=あり)	気管支炎 (0=なし、1=あり)
1	44	110	5	1	0
2	31	116	5	0	1
3	43	124	6	1	0
4	45	129	7	1	0
5	56	131	7	1	0
6	79	138	6	0	0
7	57	142	6	1	0
8	56	150	8	1	0
9	58	153	8	1	0
10	92	155	9	0	1
11	78	156	7	0	1
12	64	159	8	1	0
13	88	164	10	0	1
14	112	168	11	0	0
15	101	174	14	0	0

Campbell、一歩進んだ医療統計学、2001

（*）死腔とは、呼吸系において肺毛細血管とのガス交換にあずからない空間をいう。

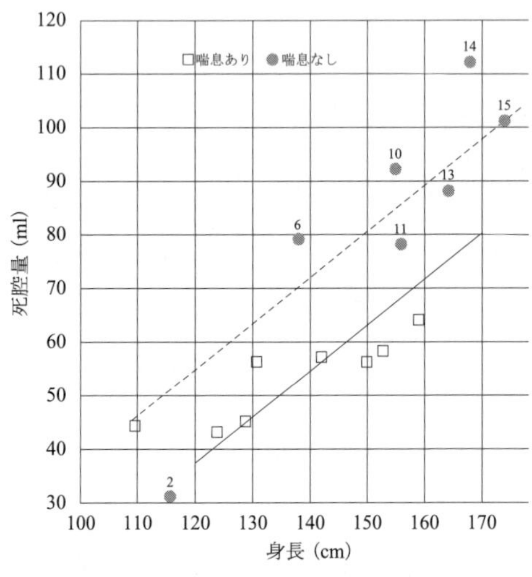

図 15.3　喘息児と非喘息児の勾配が同じ

説明変数が計量値とカテゴリーの場合、交互作用を含まないモデルは次式のように書ける。

$$\text{死腔} = \beta_0 + \beta_{\text{身長}} \times \text{身長} + \beta_{\text{喘息}} \times \text{喘息} \qquad (15.5.1)$$

式(15.5.1)をグラフに描くと $\beta_{\text{喘息}}$ だけ離れた勾配 $\beta_{\text{身長}}$ の 2 本の平行直線となる（図 15.3）。そして、**交互作用モデル**（interaction model）は次式となる。

$$\text{死腔} = \beta_0 + \beta_{\text{身長}} \times \text{身長} + \beta_{\text{喘息}} \times \text{喘息} + \beta_3 \times (\text{身長} \times \text{喘息}) \qquad (15.5.2)$$

死腔と身長の関係を示す勾配が、喘息か非喘息かでどのくらい変わるかを表すと、2 つの直線は以下のようになる。

・非喘息児の場合には

$$\text{グループ} = 0 : \text{死腔} = \beta o + \beta_{\text{身長}} \times \text{身長}$$

・喘息児の場合には

$$\text{グループ} = 1 : \text{死腔} = (\beta o + \beta_{\text{喘息}}) + (\beta_{\text{身長}} + \beta_3) \times \text{身長}$$

となる。このモデルの $\beta_{\text{身長}}$ の解釈は、式(15.5.1)のモデルと異なり、非喘息児における直線の勾配の予測値である。一方、喘息児における直線の勾配は $\beta_{\text{身長}} + \beta_3$ になる。β_3 が与えられれば、喘息児と非喘息児の勾配の違いがわかる。この例のように交互作用があれば、2 直線は交差する。

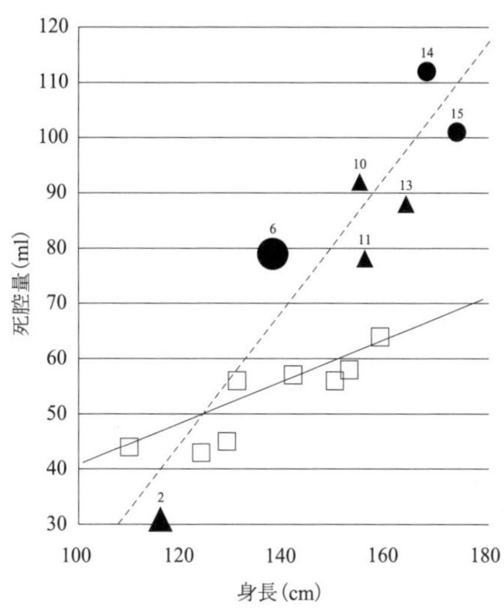

□喘息あり　●喘息なし&気管支炎なし　▲喘息なし&気管支炎あり

図 15.4　交互作用があれば、喘息児と非喘息児の回帰直線が交差している

以下に、交互作用のないモデル式(15.5.1)と、交互作用モデル式(15.5.2)の解析結果を示す。

表 15.7　交互作用のないモデル式(15.5.1)の解析結果

分散分析

要因	自由度	平方和	平均平方	F 値	$Pr > F$
Model	2	6476.91571	3238.45785	28.74	<.0001
Error	12	1352.01763	112.66814		
Corrected Total	14	7828.93333			

Root MSE	10.61452	R^2	0.8273
従属変数の平均	66.93333	調整済 R^2	0.7985
変動係数	15.85835		

パラメータ推定値

変数	自由度	パラメータ推定値	標準誤差	t 値	$Pr > \|t\|$	標準推定値
Intercept	1	−46.29216	25.01679	−1.85	0.089	0
hgt	1	0.84505	0.16139	5.24	0.0002	0.69211
asth	1	−16.81551	6.05313	−2.78	0.0167	−0.3672

表 15.8　交互作用モデル式(15.5.2)の解析結果

分散分析

要因	自由度	平方和	平均平方	F 値	$Pr > F$
Model	3	7124.3865	2374.7955	37.08	<.0001
Error	11	704.54683	64.04971		
Corrected Total	14	7828.93333			

Root MSE	8.00311	R^2	0.91
従属変数の平均	66.93333	調整済 R^2	0.8855
変動係数	11.95683		

パラメータ推定値

変数	自由度	パラメータ推定値	標準誤差	t 値	$Pr > \|t\|$	標準推定値
Intercept	1	−99.46241	25.20795	−3.95	0.0023	0
hgt	1	1.19256	0.16357	7.29	<.0001	0.97673
asth	1	−17.06224	4.56458	−3.74	0.0033	−0.37259
c_ha	1	−0.77825	0.24478	−3.18	0.0088	−0.40624

15.6 多重共線性

重回帰分析を行う際の注意として、相関係数の絶対値が 1 に近い変数の間には**多重共線性**(multicollinearity)が生じるという問題がある。相関係数が高いということは“似たものを測定している”と考えることができるので、そもそもそのようなものを同時に説明変数に加えることには意味がない。さらに、そのような相関が高いものをモデルに加えた場合、重回帰式を計算することが不能になったり、計算できても誤差が大きくなる場合があるので、避けなければならない。そのため説明変数間で、相互の相関係数の高いもの同士を同時に説明変数として用いてはならない。説明変数 A、B 間に相関が高いと、適切な回帰係数が推定できない。

[単純な例]

応答変数 Y に対して説明変数群 X_1 と X_2 が加法的に影響していると考えられる場合、$(Y = \beta_0 + \beta_1 X_1 + \beta_2 X_2)$ という重回帰モデルを考える。ここで、X_1 が X_2 と強い相関をもっているとすると、もし X_1 の標準化偏回帰係数の絶対値が大きければ、X_2 による効果もそちらで説明されてしまうので、X_2 の標準化偏回帰係数の絶対値は小さくなる。まったくの偶然でその逆のことが起こるかもしれない。

したがって、係数の推定は必然的に不安定になる。甚だしい場合は本来あるべき相関と逆向きの回帰係数が得られることがある。この現象は、説明変数群が応答変数に与える線型の効果を共有しているという意味で、多重共線性とよばれている。

多重共線性があるかどうかを判定する方法として、

1. 説明変数間の相関行列を調べる
   偏回帰係数の符号が逆転することなどによって見つかることもある。
2. VIF(*)（Variance Inflation Factor：分散拡大因子）が 10 を超えたら多重共線性を疑う

(*)VIF：おのおのの独立変数を、それ以外の独立変数の従属変数として重回帰分析したときの重相関係数の 2 乗を 1 から引いた値の逆数として定義される。

多重共線性の対処法として以下のようなものが考えられる。

- たとえば、多重共線性が生じる拡張期血圧（DBP）と収縮期血圧（SBP）のように本質的に相関するものならば、片方だけを説明変数に使う。
- 変数を除外するのではなく、主成分分析や因子分析などにより、複数の測定変数をより少ない潜在変数に変換してモデルに組み込む。

しかし、それでもやっかいな問題が残る。交互作用項の多重共線性である。X_1 と X_1*X_2 をモデルに入れると、2 つの項は高い相関を示し、多重共線性が生じやすい。この場合、交互作用項を説明変数間の積ではなく、説明変数の平均偏差間の積として使うことで回避できる。

以上のように多重共線性を回避する方法はいくつかが考えられるが、ただ説明力をあげるために交互作用項を入れても、解釈できなければ無意味であることに留意すべきである。

15.7　モデル選択

モデル選択とは変数選択ともいわれる。説明変数として使えそうな変数はたくさんあり、その中から目的変数の予測に役立つ変数を選ぶ必要がある。重回帰分析は、多くの説明変数をもつことができるが、理解しやすくするためその中から説明力の高いものを選別し、次元を低くした状態で定式化することが必要である。

もし、説明変数を不適切に選んだ場合、どのような影響が生じるのか。モデルに無駄な変数（真の回帰係数がゼロであるような変数）が含まれているとき、回帰係数の推定値や予測値は不偏ではあるが、誤差分散の推定値 V_e の自由度$(n-k-1)$ が小さくなるため、推定精度が悪くなる（k は独立変数の数)。それゆえ、必要な説明変数の選択は重要であり、その手順として以下の方法が使われている。

step 1. 研究者が必要とする変数は含める

step 2. 相関の高いものは除外する

step 3. 統計的変数選択法で選択する

15.7.1　統計的変数選択法

重回帰分析の重要な部分として、従属変数に影響を及ぼしている変数を、多くの説明変数の中から選択する「変数の選択」がある。これは独立変数の組み合わせをさまざまに変化させて重回帰分析を繰り返し、最もあてはまりのよいモデルを選択する作業である。選択指標として F 値、R^{2*}値（調整済み R^2、自由度調整済み決定係数)、C_p 統計量、AIC（赤池情報量基準。補足説明参照）などがあり、それらを利用して変数選択が行われる。

実際の選択では、上記選択指標を利用しながら、以下の方法が利用される。

1. 強制的に含める方法：すべての変数を強制的に取り入れる
2. 変数増加法：単回帰から出発し順次変数を取り入れていく
3. 変数減少法：すべての変数を含んだ重回帰モデルから出発し、順次変数を減少させていく
4. ステップワイズ法：変数増加法と変数減少法を組み合わせた方法

その他一部の変数を強制的に組み込み、それ以外の変数については上記のように変数増加、変数減少、あるいは変数増減によって変数を選択するような方法もある。

詳細は、回帰分析の実際（チャタジー・プライス）や、SAS による回帰分析（芳賀ら）などを参照されたい。

15.8 解析例

以下の解析には、SAS(*)の REG（回帰分析用プログラム）を使用した。

(*) SAS とは、統計パッケージの商品名で、世界的に最も強力な統計ソフトといわれている。現在、研究目的に限り net からフリーで利用可能である。

1）データ

解析に使用したデータは、15 人の小児の肺機能検査結果 (Campbell,2001) に、体重を追加した表 15.9 である。体重は、正規乱数を使って生成した変数で、この変数を追加した理由は、身長と高い相関をもつので、その対応法を検討するためである。

表 15.9　データ

変数名						
症例番号	死腔量	身長	体重	喘息	年齢	気管支炎
1	44	110	40.8	1	5	0
2	31	116	42.3	0	5	1
3	43	124	42.5	1	6	0
4	45	129	47.8	1	7	0
5	56	131	44.5	1	7	0
6	79	138	47.6	0	6	0
7	57	142	47.9	1	6	0
8	56	150	51.1	1	8	0
9	58	153	51.4	1	8	0
10	92	155	55.8	0	9	1
11	78	156	53.1	0	7	1
12	64	159	54.7	1	8	0
13	88	164	58.1	0	10	1
14	112	168	56.8	0	11	0
15	101	174	59.9	0	14	0

計算に使用した変数名と項目名の対応表を、表 15.10 に示す。

表 15.10　項目名と解析リストの変数名

項目名	変数名
死腔量(ml)	deads
身長(cm)	hgt
体重(kg)	w
喘息 (1=あり、0=なし)	asth
年齢(歳)	age
気管支炎 (1=あり、0=なし)	bronc
身長(m)	mhgt
交互作用項：身長と気管支炎	hb
交互作用項：身長と体重	hw
中心化交互作用項：身長と気管支炎	c_hb
中心化交互作用項：身長と喘息	c_ha

2）単位による偏回帰係数と標準化偏回帰係数への影響

変数の単位の取り方で、偏回帰係数は影響を受けるが、標準化した標準化偏回帰係数は影響を受けない。それを

$$\text{モデル I : deads} = \beta_0 + \beta_1 \text{身長} + \beta_2 \text{体重} + \beta_3 (\text{身長} \times \text{体重})$$

を使った解析結果を、表 15.11 と表 15.12 で示す。

表 15.11　身長の単位が cm のときのモデル I での回帰係数の推定値

パラメータ推定値							
変数	自由度	パラメータ推定値	標準誤差	t 値	$Pr > \|t\|$	標準推定値	分散拡大
Intercept	1	179.024	263.8909	0.68	0.5115	0	0
hgt	1	−1.1732	1.70482	−0.69	0.5056	−0.96086	87.70786
w	1	−4.4728	6.71454	−0.67	0.519	−1.15604	135.49092
hw	1	0.03828	0.03668	1.04	0.3191	2.96161	362.34184

表 15.12　身長の単位がｍのときのモデルＩでの回帰係数の推定値

パラメータ推定値							
変数	自由度	パラメータ推定値	標準誤差	t 値	$Pr > \|t\|$	標準推定値	分散拡大
Intercept	1	179.024	263.8909	0.68	0.5115	0	0
mhgt	1	−117.32	170.4816	−0.69	0.5056	−0.96086	87.70786
w	1	−4.4728	6.71454	−0.67	0.519	−1.15604	135.49092
hw	1	0.03828	0.03668	1.04	0.3191	2.96161	362.34184

単位 cm の身長の偏回帰係数は−1.173 であるが、単位 m での偏回帰係数は−117.31 であり、これらは大きく異なるが、標準化偏回帰係数は−0.961 と同値であり、単位の取り方に依存しない。

3）交互作用項、中心化による効果

表 15.13 より、身長(hgt)と体重(w)の交互作用項(hw)と、身長および体重との相関係数はおのおの 0.9898 と 0.9934 である。それが、中心化交互作用項 c_hw と身長(hgt)、体重(w)間の相関係数はおのおの−0.2171、−0.1309 と小さな値を示している。さらに表 15.12 では、交互作用項 hw の VIF は 362.34184 と非常に大きな値を示しており、多重共線性が疑われる。

表 15.13　中心化による交互作用項の相関係数

相関					
変数	hgt	W	hw	c_hw	deads
hgt	1	0.9726	0.9898	−0.2171	0.8463
w	0.9726	1	0.9934	−0.1309	0.8516
hw	0.9898	0.9934	1	−0.1213	0.8621
c_hw	−0.2171	−0.1309	−0.121	1	0.0007
deads	0.8463	0.8516	0.8621	0.0007	1

表 15.14　中心化交互作用項をもつモデル I での回帰係数の推定値

パラメータ推定値

変数	自由度	パラメータ推定値	標準誤差	t 値	$Pr > \|t\|$	標準推定値	分散拡大
Intercept	1	−99.408	30.67548	−3.24	0.0079	0	0
hgt	1	0.75235	0.84927	0.89	0.3946	0.61619	21.76559
w	1	1.06259	2.64984	0.4	0.6961	0.27464	21.10166
c_hw	1	0.03828	0.03668	1.04	0.3191	0.17036	1.19895

それに対し、交互作用項の多重共線性は中心化で解決できている。表 15.14 で交互作用項の VIF は 1.19895 と著しく小さな値で、多重共線性は解消しており、交互作用項をモデルにもたせても問題ないことがわかる。

4）変数選択によるベストモデル

以上より、身長と体重は高い相関を示しており、どちらか 1 つだけでいいと判断し、以降のモデルでは体重を除外し、ほかの変数と中心化交互作用項をもつモデルでの解析に絞る。

表 15.15　体重を除いた、元の変数と中心化交互作用項をもつフルモデルの相関行列

相関

変数	age	Hgt	asth	bronc	c_ha	c_hb	deads
age	1	0.8555	−0.4219	−0.0129	0.3999	0.3685	0.8078
hgt	0.8555	1	−0.4199	0.1015	0.7062	0.5242	0.8463
asth	−0.4219	−0.4199	1	−0.6447	−0.3075	−0.0922	−0.6578
bronc	−0.0129	0.1015	−0.6447	1	0.1982	0.1431	0.1403
c_ha	0.3999	0.7062	−0.3075	0.1982	1	0.0284	0.3981
c_hb	0.3685	0.5242	−0.0922	0.1431	0.0284	1	0.5465
deads	0.8078	0.8463	−0.6578	0.1403	0.3981	0.5465	1

表 15.15 より、相関係数が 0.9 を越える大きな値をもつものはない。ここか

ら不要と思われる変数を削除していく。この変数選択にはいくつかの方法が考えられているが、ここではAICが最小ものをベストモデルとする方法で変数選択を行う。

表 15.16　AICによる変数選択

取り込んだ変数の数	AIC	調整済 R^2	R^2	モデルの独立変数
5	60.3371	0.9252	0.9519	hgt asth bronc c_ha c_hb
4	60.8116	0.9206	0.9433	hgt asth bronc c_hb
4	62.4119	0.9117	0.9369	hgt asth bronc c_ha
3	65.7426	0.8855	0.91	hgt asth c_ha
4	67.6951	0.8744	0.9103	hgt asth c_ha c_hb
⋮	⋮	⋮	⋮	
1	95.2748	0.0937	0.1585	c_ha
2	97.2046	0.0228	0.1624	bronc c_ha
1	97.5646	−0.0557	0.0197	bronc

この変数選択よりベストモデルは、表 15.16 の一番上の 5 変数を取り込んだモデル

モデルII : $deads = \beta_0 + \beta_1 (hgt) + \beta_2 (asth) + \beta_3 (bronc) + \beta_4 (c\_ha) + \beta_5 (c\_hb)$

となる。

5）回帰診断

モデル適合度や説明変数の有意性などで解析は進められるが、最終的な推定結果を導く前に異常値・はずれ値（影響観測値：influential data）の検出が重要である。そのようなデータが混じっていると、解析結果は著しく歪められるためである。モデルの仮定に対しデータが適切であるかどうかを検討する方法として、回帰診断とよばれる方法が近年研究されている。仮定したモデルとデータとの乖離は適合度などで測る方法や、残差については図で観察する残差プロットなどを説明したが、多変量になるともう少し合理的な統計量に基づく診断方法も必要である。Cookの距離やDurbin-Watson比がよく用

いられる回帰診断統計量である。

Cook の距離とは、推定結果に大きな影響を与えるデータの検索に利用する。つまり影響観測値を探すための統計量である。i 番目の観測値ベクトルをデータから除いたときの推定値を $\hat{\beta}_{(i)}$ としたとき、$\hat{\beta}-\hat{\beta}_{(i)}$ の大きな値のものがはずれ値になる。この値を $\hat{\beta}$ の分散共分散行列で基準化したものが Cook の距離として定義される。

Durbin-Watson 比とは、残差について自己相関を計る統計量である。つまり残差がうねっているような変動を示す尺度として定義される。

ここでは、Cook の距離とグラフにより影響の大きなデータを探してみる。結果は、#2 のデータがはずれ値を示している（図 15.4 より）。このようなデータを除外すべきかどうかは、回帰診断統計量を見ただけでは簡単には決められない。データの特徴を十分調べたうえで判断すべきである。

図 15.5 はモデル II に対して Cook の距離（D）をプロットしたものであるが、#2 と#6 のデータで大きな値を示している。これらがどのようなデータであるかは、散布図を見るのが一番である。

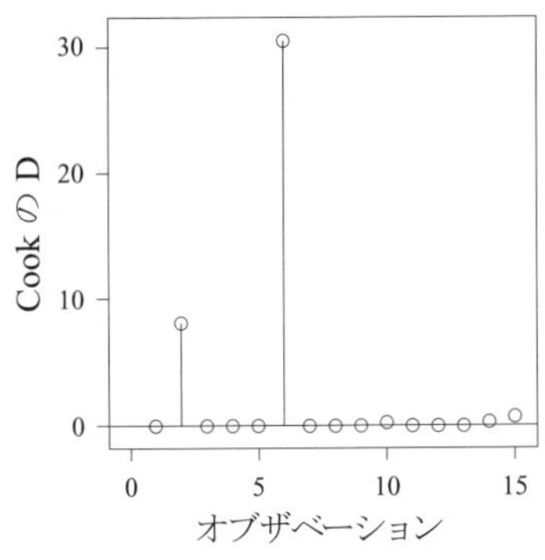

図 15.5　各データの Cook の距離

図 15.4 より、データ#2 は▲（喘息なしで気管支炎あり）のデータ群中のはずれ値であり、#6 は●（喘息なしで気管支炎もなし）のデータ群中のはずれ値であり、その値いかんによって回帰線の傾きが大きく左右されることがわかる。そのため Cook の距離が大きくなっている。

#2 は▲の影響観測値、#6 は●の影響観測値、いずれもが回帰直線を下に引

っ張る（■の直線とのなす角度は小さくなる）方向に働いているので、▲、●を合わせた回帰直線も下に引っ張られている。その結果、■の回帰直線との間に交互作用が見られる。この結果をそのまま認めると身長120cmあたりで両回帰直線は交差することになるが、それが医学的に説明がつくかどうかが問題である。いまの場合、全体に非疾患例の方が死腔量が多いようだが、もし交互作用ありとすると死腔量が身長のある範囲では非疾患例（●：喘息も気管支炎もなし）の方が高く、ある範囲では疾患例（▲：気管支炎あり）の方が高いということであり、身長によって逆転するということは医学的に説明しにくいであろう。

説明がつかないのであれば、交互作用を含んだモデルを採用しても意味がない。したがって、これら交互作用に大きく寄与しているこれら2つの影響観測値を除いて、交互作用を含まないモデル（主効果モデル）をあてはめてみる。

交互作用をはずしたモデルは、

$$\text{モデル III : deads} = \beta_0 + \beta_1\,(\text{hgt}) + \beta_2\,(\text{asth}) + \beta_3\,(\text{bronc})$$

となる。このモデルをあてはめた結果は下記の表15.17のようになり、症例数は少ないもののあてはまりはよく、シンプルで解釈のしやすいモデルになっている。

この例では、これら影響観測値を生んだ原因は●と▲の症例数が極端に少ないためと考えられ、上記のような判断をしたうえで、より確かな判断を下すためにデータを増やすこと、あるいは実験計画を見直すことの必要性が示唆される。このデータは、統計モデルおよび統計計算だけに頼って解析することの危険性を示す格好の材料となっている。ここで注意してほしいことは、回帰診断統計量のみで判断するのではなく、グラフなどでデータ構造の詳細を確認し、解釈できるモデルかどうかを考えることが重要である。回帰診断については、より詳しい専門書を参照されたい。

パソコン統計解析ハンドブックII多変量解析編、田中豊ほか、1984、共立出版
SASによる回帰分析、芳賀敏郎ほか、1996、東京大学出版

6）最終解析結果

上記考察より、交互作用をはずしたモデル、

モデル III : deads = $\beta_0 + \beta_1$ (hgt) + β_2 (asth) + β_3 (bronc)

をもとに、影響観測値#2と#6を除いたデータについての結果を、最終解析結果とする。影響観測値の影響を確認するため、はずれ値#2と#6を除外した場合、#2を除外した場合、およびすべてのデータでの解析結果を比較してみた。

表 15.17　推奨モデル III による結果

	#2, #6 除外	#2 除外	全データ
データ数	13	14	15
R_{adj}^2	0.940	0.921	0.845
AIC	48.0	54.7	70.3
β_1　hgt	0.320	0.418	0.630
p 値	0.0130	0.0017	0.0003
β_2　asth	−0.892	−0.759	−0.589
p 値	0.0001	<0.0001	0.0031
β_3　bronc	−0.297	−0.201	−0.303
p 値	0.018	0.068	0.056

β_i : 標準化偏回帰係数の推定値

これより、影響観測値を除くと適合度は改善されていることがわかる。また、各データセット間で、回帰係数は符号と相対的順位は保たれている。

15.9　まとめ

■ 重回帰分析を行う際の注意点

1. 説明変数として重回帰式に含める変数を選択するのは研究者がすべきことである。
2. 重回帰分析を実施する前に説明変数間の相関行列を算出し、高い相関があるかどうかチェックすること。あるいは VIF を調べること。相関係数は単に 2 変数間の関係を示しているのに対し、VIF はある変数と残りの変数との関係を評価する指標となっている。

3. 説明変数間に高い相関関係がある場合、誤った重回帰式を導く恐れがあるので注意が必要。
4. 高い相関があれば、どちらか一方だけを説明変数に含める。
5. 説明変数はいくつでも含められるし、無関係な変数でもわずかな共変関係があれば重回帰式の説明力（決定係数）を高めることができる。しかし、無駄な多くの変数を説明変数にすると、説明力は上がるが、推定精度が低下し、解釈が難しくなる。
6. 説明変数間の寄与の大小の判断は慎重にすべきである。
説明変数間の関係（寄与の大小）は偏回帰係数自体ではわからない。偏回帰係数はそれぞれの変数がとる値の範囲や単位に依存している。それゆえ、すべての変数ごとに平均0、分散1になるように標準化したうえでの偏回帰係数、すなわち標準化偏回帰係数を算出し、これにより説明変数の寄与の大小を検討する。
7. 予測には、標準化しない偏回帰係数を用いなければならない。
8. 式(15.2.1)の ε_i は、i が何であっても $N(0, \sigma^2)$ であるという制約がかかっている。それゆえ y_i と e_i をプロットすることでこの制約を満足しているかを観察することができる（13.6節 残差分析も参照）。

■ 重回帰分析を行う際の Q and A

・交絡因子の検定結果が *ns*（有意でない）のとき、モデルから除外すべきか?

　➢ 応答変数と有意な関係がなくとも、主たる説明変数の効果に影響しているかも知れないので、含めるべきである。

・変数選択でダミー変数の一部が取り込まれ一部が除かれた場合、その項目をどう取り扱えばよいか?

　➢ 一部のダミー変数でも取り込まれた場合は、その項目すべてモデルにもち込むべきである。ただしこの場合、元のカテゴリー変数のカテゴリー区分の妥当性をチェックすべきかもしれない。

・連続変数と区分化変数(*)が混在しているとき、事前に説明変数間の相関をどのように調べればよいか?

(*)区分化変数とは、順序データや2.3.3項でのグループ化したデータを指す。

- 連続変数同士の相関は絶対に調べること。
- 区分化変数（定義されているか?）同士の相関は、順位相関係数で調べる。
- 連続変数と区分化変数とでは、連続変数を適当に区分化変数にしたうえで、区分化変数同士の相関として調べる。

・説明変数と交互作用項との相関が高くなるがどうすればよいか?

- 説明変数の平均偏差間の積を交互作用として使うことで、回避できる（Cronbachの方法を応用する）。

[補足説明1]　回帰係数の推定、回帰係数の分散推定の行列による一般表記

モデルを

$$y = X\beta + \varepsilon$$

とすると、残差平方和の式(15.2.2)は、

$$F(\beta_0, \beta_1, \cdots, \beta_k) = \sum_{i=1}^{n} e_i^2 = (y - X\beta)'(y - X\beta)$$

Fを最小化するβは、上式を微分して0とした方程式を解けばよい。すなわち、

$$\frac{\partial F}{\partial \beta} = -2X'(y - X\beta) = 0$$

$$X'(y - X\beta) = 0$$

$$X'y = (X'X)\beta$$

よって、

$$\hat{\beta} = (X'X)^{-1}X'y$$

ここで、

$$y = \begin{bmatrix} y_1 \\ y_2 \\ \vdots \\ y_n \end{bmatrix}、 X = \begin{bmatrix} 1 & x_{11} & x_{21} & \cdots & x_{k1} \\ 1 & x_{12} & x_{22} & \cdots & x_{k2} \\ \vdots & \vdots & \vdots & \vdots & \vdots \\ 1 & x_{1n} & x_{2n} & \cdots & x_{kn} \end{bmatrix}、 \beta = \begin{bmatrix} \beta_0 \\ \beta_1 \\ \vdots \\ \beta_k \end{bmatrix}、 \varepsilon = \begin{bmatrix} y_1 \\ y_2 \\ \vdots \\ y_n \end{bmatrix}$$

$\hat{\beta}$ の分散は情報行列 I より、

$$\hat{I}(\hat{\beta}) = X'X/\sigma^2$$

$$\hat{V}(\hat{\beta}) = [\hat{I}(\hat{\beta})]^{-1} = (X'X)^{-1}\sigma^2$$

で求まる。

$\hat{\beta}_i$ の分散は行列 V の第$(i+1)$対角要素である。σ^2 の推定値は、分散分析表の誤差分散で与えられる。（参考）ドレーパー・スミス（応用回帰分析）

[補足説明 2]　表 15.5 の導出

観測値 $y_i(i=1,\cdots,n)$の総平方和 S_Tを、回帰による成分 S_Rと誤差成分 S_eに分解する。独立変数 x_1、x_2による回帰推定式は

$$\hat{Y}_i = \hat{\beta}_0 + \hat{\beta}_1 \bar{x}_{i1} + \hat{\beta}_2 \bar{x}_{2i} \quad \cdots(1)$$

$(i=1,\cdots,n)$

これを i について平均すると

$$\bar{Y} = \hat{\beta}_0 + \hat{\beta}_1 \bar{x}_1 + \hat{\beta}_2 \bar{x}_2 = \bar{y} \quad \cdots(2)$$

となる(式(15.2.3)')。定義より総平方和 S_Tは、

$$\begin{aligned} S_T &= \sum_{i=1}^{n}(y_i - \bar{y})^2 = \sum_{i=1}^{n}(y_i - Y_i + Y_i - \bar{y})^2 \\ &= \sum_{i=1}^{n}(y_i - Y_i)^2 + \sum_{i=1}^{n}(Y_i - \bar{Y})^2 + 2\sum_{i=1}^{n}(y_i - Y_i)(Y_i - \bar{Y}) \\ &= \sum_{i=1}^{n} e_i{}^2 + \sum_{i=1}^{n}(Y_i - \bar{Y})^2 + 2\sum_{i=1}^{n} e_i(Y_i - \bar{Y}) \quad \cdots(3) \end{aligned}$$

⇩　⇩　⇩

Se　S_R　0

さらに、回帰の平方和 S_Tは式(1)、(2)を用いると、

$$S_R = \sum_{i=1}^{n}(Y_i - \bar{Y})^2 = \sum_{i=1}^{n}\{\hat{\beta}_1(x_{i1} - \bar{x}_1) + \hat{\beta}_2(x_{i2} - \bar{x}_2)\}^2$$

ここで

$$S_{11} = \sum_{i=1}^{n}(x_{i1} - \bar{x}_1)^2$$

$$S_{22} = \sum_{i=1}^{n}(x_{i2} - \bar{x}_2)^2$$

$$S_{12} = \sum_{i=1}^{n}(x_{i1} - \bar{x}_1)(x_{i2} - \bar{x}_2) = \sum_{i=1}^{n} x_{i1} x_{i2} - n\bar{x}_1\bar{x}_2$$

なので、

$$= \hat{\beta}_1^2 S_{11} + \hat{\beta}_2^2 S_{22} + 2\hat{\beta}_1\hat{\beta}_2 S_{12}$$
$$= \hat{\beta}_1(\hat{\beta}_1 S_{11} + \hat{\beta}_2 S_{12}) + \hat{\beta}_2(\hat{\beta}_1 S_{12} + \hat{\beta}_2 S_{22})$$

正規方程式(15.2.6)、(15.2.7)より、

$$= \hat{\beta}_1 S_{1y} + \hat{\beta}_2 S_{2y} \quad \cdots(4)$$

以上を分散分析表にまとめると、表 15.5 になる。

[補足説明 3]　標準偏回帰係数

回帰係数を測定単位に影響されないようにするには、各変数を平均 0、分散 1 に標準化すればよい。説明変数が 2 つの場合、n 個のデータについて y および各 x_i の分散を以下のように表す。

$$S_y = \frac{S_T}{n-1} \text{ 、 } S_i = \frac{S_{ii}}{n-1} \quad \cdots(1)$$

ここで、

$$S_T = \sum_i (y_i - \bar{y})^2$$
$$S_{11} = \sum_i (x_{i1} - \bar{x}_1)^2$$
$$S_{22} = \sum_i (x_{i2} - \bar{x}_2)^2$$

である。式(1)を使い変数を標準化すると、

$$y' = \frac{y - \bar{y}}{\sqrt{S_y}} \text{ 、 } x_i' = \frac{x_i - \bar{x}}{\sqrt{S_i}} \quad \cdots(2)$$

と書ける。回帰式を変形すると、

$$y = \hat{\beta}_0 + \hat{\beta}_1 x_1 + \hat{\beta}_2 x_2$$
$$= (\bar{y} - \hat{\beta}_1\bar{x}_1 - \hat{\beta}_2\bar{x}_2) + \hat{\beta}_1 x_1 + \hat{\beta}_2 x_2$$
$$= \bar{y} + \hat{\beta}_1(x_1 - \bar{x}_1) + \hat{\beta}_2(x_2 - \bar{x}_2) \quad \cdots(3)$$

さらに、式(2)と(3)よりつぎの関係を得る。

$$y' = \frac{y - \bar{y}}{\sqrt{S_y}} = \hat{\beta}_1 \frac{x_1 - \bar{x}_1}{\sqrt{S_y}} + \hat{\beta}_2 \frac{x_2 - \bar{x}_2}{\sqrt{S_y}}$$

$$= \hat{\beta}_1 \frac{S_1}{\sqrt{S_y}} x_1' + \hat{\beta}_2 \frac{S_2}{\sqrt{S_y}} x_2'$$
$$= \hat{\beta}_1' x_1' + \hat{\beta}_2' x_2' \quad \cdots(4)$$

この $\hat{\beta}_i'$ を標準偏回帰係数（standard regression coefficient）とよぶ。式(4)より標準偏回帰係数の公式(15.9.1)が得られる。

$$\hat{\beta}_i' = \hat{\beta}_i \sqrt{\frac{S_i}{S_y}} \tag{15.9.1}$$

[補足説明4]　AIC（赤池の情報量基準：Akaike Information Criteria）

観測データがモデルにどの程度一致するかを示す統計量。

モデルに含まれるパラメータ数が無駄なパラメータであっても、多くなるほど残差平方和は単調に小さくなる。それゆえ、単に残差平方和の大小を比較して変数選択を行っても意味がない。そこで、適合度を示す量として対数尤度を求め、そこからハンディーとしてパラメータ数を引いた量を変数選択の基準として利用する考えで作られた統計量が、下記に定義されるAICである。

AIC＝ －2×(モデルの最大対数尤度)＋2×(モデルのパラメータ数)

相対的にAICが小さいほどいいモデルである。

（参考）坂元ほか：(1983) 情報量統計学、共立出版

AIC には誤差分散 σ^2 の項が含まれるが、SAS では σ^2 を現モデルでの最尤推定量

$$\hat{\sigma}^2 = \frac{SE}{n}$$

を用いて推定しており、結果として

$$\mathrm{AIC} = n \times \ln(SE/n) + 2p$$

として計算評価される。ここで SE は残差平方和、n は症例数、p は現モデルでのパラメータ数（切片含む）である。

しかし、σ^2 の推定にバイアスが入ることは望ましくないことなどから、$\hat{\sigma}^2$

として現モデルではなく最大モデルの最尤推定量を用いた方がよいとする立場もあり（たとえば James, *et al*., 2015）、この場合 AIC は次の式で評価される。

$$\mathrm{AIC} = \frac{1}{n\hat{\sigma}^2}(SE + 2k\hat{\sigma}^2)、\text{あるいは}\ \mathrm{AIC}' = n\,\mathrm{AIC} = \frac{SE}{\hat{\sigma}^2} + 2k = \frac{SE}{\hat{\sigma}^2} - 2 + 2p$$

ここで、

k は現モデルでの回帰係数の数（$k = p - 1$）

$\hat{\sigma}^2$ は最大モデルを想定したときの σ^2 の最尤推定量

である。この方式は R で採用されている。したがって AIC の値は統計ソフト間で異なる場合もあることに注意する。なお、AIC を後者（R）で定義すると Mallows の C_P 統計量（Mallows, 1973）と同値となることが知られている。

（参考）

James, G., *et al*., (2013, 5th printing 2015). *An Introduction to Statistical Learning with Applications in R,* p.212. Springer.

SAS (2009). SAS/STAT 9.2 User's Guide, 2ndEdition, pp.5557-5558. SAS.

Mallows, C. L., (1967). Choosing a Subset Regression, unpublished report, Bell Telephone Laboratories.

Mallows, C. L., (1973), Some Comments on C_P, Technometrics, **15**, 4: 661–675.

第 16 章　ロジスティック回帰

16.1　はじめに

ロジスティック回帰分析とは、応答が 2 値の場合に使われる多変量回帰分析である。特に医学領域では、生存・死亡、疾患発症の有無、治療効果の有無など 2 値応答の事象が多く、実用面でも重要な分析方法である。

表 16.1　多変量回帰分析の適用

応答変数	手法
計量値	重回帰
⇨ 2 値	ロジスティック回帰
ハザード	コックス回帰

ロジスティック回帰分析での研究目的として、

1）成人男性が心筋梗塞を発症する危険因子は何か。

2）どうすれば心筋梗塞発症リスクを低下させることができるか。

3）患者状態の違いによる発症リスクの違いはどれほどか。

このような課題に対し、ロジスティック回帰（logistic regression）を応用することにより応えることができる。ロジスティック回帰がもつ機能として、

1. 応答変数が 2 値のときの重回帰分析として使える。
2. ロジスティック回帰を用いると、説明変数と 2 値の応答変数の関連性を調べることができる。そのとき説明変量（交絡変数）はいくつ含んでいてもよく、それらはカテゴリー変数（離散変数、名義変数）でも連続変数であってもよい。

などがあげられる。代表的な応用として、コホート研究での疾病発現率へ影響を及ぼす要因探索などがあげられる。

16.2 ロジスティック回帰（モデル）

例として冠動脈疾患発症に関連する要因探索研究を考える。心電図（electrocardiogram：ECG）から得られたST降下パラメータ、性別、年齢などの要因がどのように冠動脈疾患発症と関連しているかを調べる。対象者をある病院を訪れ、カテーテル挿入を必要とした患者全例とする。

観察項目は、

CA　：冠動脈疾患発症の有無（1＝有り、0＝無し）

ECG　：ECGから得られたST降下パラメータ

（1＝ST降下パラメータ0.1以上､0＝ST降下パラメータが0.1未満。

ST降下パラメータが大きい方が異常所見である）

SEX　：性別（1＝男、0＝女）

得られたデータが表16.2だとする。

表16.2　得られたデータ

SEX	ECG	発症	発症せず	計	p
0	0	4	11	15	0.27
0	1	8	10	18	0.44
1	0	9	9	18	0.50
1	1	21	8	29	0.72

計80

2値の応答変数である冠動脈疾患発症と、2つの説明変数（性別およびST降下パラメータ）との関連を評価する際に最も単純な方法の1つとして、以下の線形確率モデルが考えられる（重回帰モデル）。

$$p_i = \beta_0 + \beta_1 \times (\mathrm{SEX}_i) + \beta_2 \times (\mathrm{ECG}_i) \tag{16.2.1}$$

SEX_i：iさんの性別、ECG_i：iさんのST降下パラメータ

ここで、左辺のp_iは対象iの冠動脈疾患発症率を表す。

この線形確率モデル式(16.2.1)では、冠動脈疾患発症率に対して、説明変数の効果を加法的にモデルに含めている。つまり、2 値の応答変数に関する応答確率に対して単純な線形回帰式をあてはめている。したがって、"回帰分析"や "分散分析" で学習した比較的単純かつ古典的な線形モデルの手法によって、説明変数の影響・効果をはじめとするパラメータを推定することができる。しかし、この単純な線形確率モデルには、以下の 2 つの問題点がある（議論を単純化するため、説明変数が 1 つの場合について考える)。

左辺にある確率 p_i は[0～1]という有限の範囲の値しかとることができないにも関わらず、

・右辺の線形関数は[－∞, +∞]の範囲の値をとる。

・経験的に、応答確率と説明変数の関係は線形より非線形の方がもっともらしい。

このような制約条件で成立するモデルを探す。対象 i の成功確率を p_i、測定値を x_i とする。

モデル 1：　$p_i = \beta_0 + \beta x_i$　(16.2.2)

このモデルの p_i のとる範囲は－∞～＋∞である。これは都合が悪い。

モデル 2：　$p_i = \exp(\beta_0 + \beta x_i)$　(16.2.3)

このモデルの p_i のとる範囲は $e^{\beta 0}$ ～＋∞ である。図で表すと図 16.1 となる。

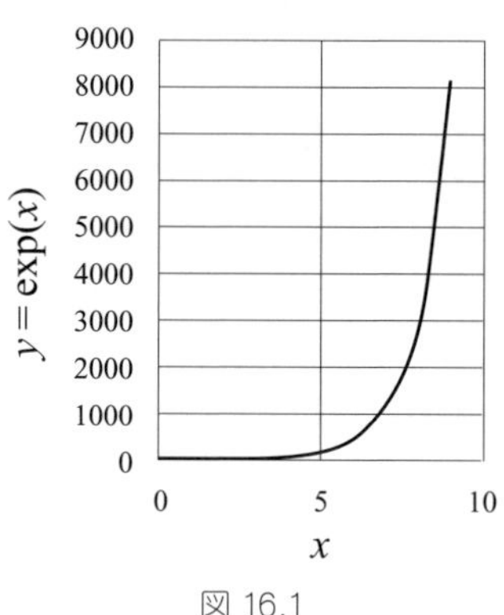

図 16.1

モデル 3：　$p_i = \dfrac{e^{\beta_0 + \beta_1 x_i}}{1 + e^{\beta_0 + \beta_1 x_i}} = \dfrac{1}{1 + \exp\{-(\beta_0 + \beta_1 x_i)\}}$　(16.2.4)

このモデルの p_i のとる範囲は 0 と 1 との間であり、図 16.2 となる。

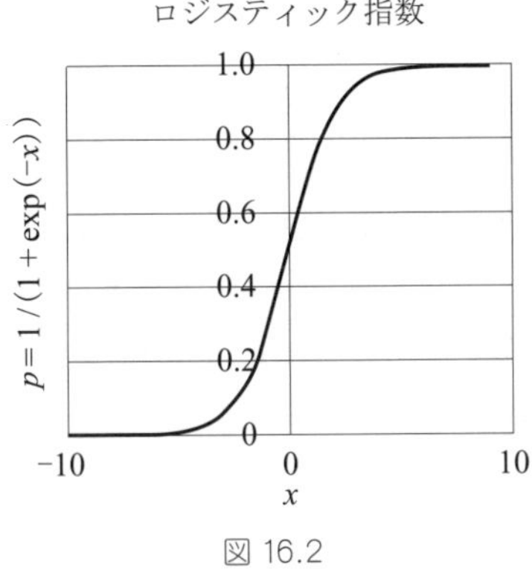

図 16.2

このモデル式(16.2.4)は、応答 p_i が 0〜1 に入っており、制約内で問題ない。そこでモデル式(16.2.4)の p_i をオッズで表すと

$$\text{odds} = \frac{p_i}{1-p_i} = \frac{e^{\beta_0+\beta_1 x_i}/(1+e^{\beta_0+\beta_1 x_i})}{1/(1+e^{\beta_0+\beta_1 x_i})} = e^{\beta_0+\beta_1 x_i}$$

対数をとると、

$$\ln[\frac{p_i}{1-p_i}] = \ln[e^{\beta_0+\beta_1 x_i}] = \beta_0 + \beta_1 x \tag{16.2.5}$$

一般的に書くと、

$$\text{対数オッズ}_i = \beta_0 + \beta_1 x_{i,1} + \cdots + \beta_k x_{i,k} \tag{16.2.6}$$

（対数オッズのことを**ロジット**ともいう）

となり、この式(16.2.6)の右辺は線形式となっている。この式(16.2.5)または式(16.2.6)を**ロジスティックモデル**とよぶ。

16.3 回帰係数の推定法

たとえば副作用発現のリスクを調べたいとき、結果が副作用有無の場合、応答が 2 値である。このとき関心のある事象は副作用ありである。分析したいことは、いろいろの要因（リスク因子）により副作用発現がどのように影響を受けるのかを分析することである。よって、応答変数として2値データと記録していても、分析のための応答変数（従属変数）は発現率とするのが自然である。そのような理由より、統計モデルの応答変数は割合（確率）である。重回帰分析では、応答変数（従属変数）は実数値であったので、最小二乗法を使うことができたが、ここでは応答変数は割合である。そのため、通常の最小二乗法は使えず、**最尤法**（さいゆうほう：method of maximum likelihood）という方法を使って推定する（重回帰分析での誤差分布は正規分布であり、正規分布をもとにした最尤法は最小二乗法と同値となる）。

一般に最尤法とは、想定している確率分布が与えられたデータが生じる確率が最大になる分布のパラメータ（母数）を探す方法である。ここで想定している確率分布は、対象としている変数が二値であるので**二項分布**である。

つぎに最尤法の説明をする。データが従う確率関数を$f(x; \alpha, \beta)$とし、xをデータ、α、β を分布のパラメータとする。分布形を調べるとき、パラメータα、βを与えてxのふるまい（分布）を決めていた。ここではその逆で、xを固定してα、βを変数とし、xに最も合うような（適合する）関数、言い換えればxの生じる確率が最大になるα、βを捜す。このときのα、βを変数とした確率関数 L を**尤度関数**（likelihood function）、尤度関数の値を**尤度**（likelihood）とよぶ。尤度は確率モデルが指定されたとき、そのデータが現れる確率のことである。最尤法とは、尤度が最大（確率が最大）となるパラメータ（**最尤推定値**：maximum likelihood estimate）を求める方法である。

対数関数は単調関数であるので、尤度の最大化と、尤度の対数をとった対数尤度の最大化は同値である。さらに対数尤度関数は一般の和の形になるので計算が簡単になる。そして、対数尤度関数の二次微分（の符号を変えたもの）がパラメータ推定値の分散の逆数（xがベクトルの場合は分散行列の逆行列）になるので、パラメータの推測と直接リンクしているという利点がある。尤度関数を最大にするパラメータは、尤度関数をパラメータで微分したものを0と置くことより求めることができる。ここでは、パラメータは回帰係数である。すなわち、

$$\frac{\partial(\ln L)}{\partial \hat{\beta}_i} = 0 \tag{16.3.1}$$

ここで尤度関数を定義する。従属変数$p_i(x)$は説明変数x_iのもとでの発病率を表すので

$p_i = r_i / n_i$

ここで、$x_i = (x_{i1}, x_{i2}, \cdots, x_{ik})'$ を対象iの説明変数ベクトル

$n_i : x_i$をもつ被験者数

$r_i : x_i$のもとでの発病数

とし、同じ値をもつ説明変数の組（パターン）をもつものを**プロファイル**とよぶ。

表 16.3 は、標本として選んだ 5 人の説明変数$\boldsymbol{x}_i$ $(i = 1, \cdots, 5)$ の観測値の中から、異なるパターン（プロファイル）を抽出し、それらに番号をつけたものである。それゆえ、説明変数$\boldsymbol{x}_i$は 1 つのプロファイルである。

表 16.3

プロファイルの例					
データ#	発症の有無	性	年齢	LDL	プロファイル#
1	0	1	64	160	1
2	0	2	46	120	2
3	1	2	55	110	3
4	1	1	64	160	1
5	0	1	64	160	1
プロファイルの数は 3					

プロファイルの個数をI個とすると、表 16.3 の例ではIは 3 である。r_iは二項分布$B(n_i, p_i)$に従う確率変数R_iの観測値と考えることができる。それゆえ、I個のプロファイルからなる全観測値がとる確率は、二項分布$B(n_i, p_i)$ の同時確率で示すことができる。

すなわち、I個の二項分布の同時確率は積の形で表すことができる。

$$L(\beta) = Pr\{R_1 = r_1, R_2 = r_2, \cdots, R_I = r_1 \mid \beta\} = \prod_{i=1}^{I} \binom{n_i}{r_i} p_i^{r_i} (1 - p_i)^{n_i - r_i} \qquad (16.3.2)$$

この確率は、データ$(\boldsymbol{x}_i, n_i, r_i)$が与えられた条件のもとで、係数$\beta$の尤度である。計算を簡単にするため対数をとる。

$$\ln\{L(\beta)\} = \text{constant} + \sum_{i=1}^{I} r_i \ln p_i + \sum_{i=1}^{I} (n_i - r_i)\ln(1-p_i) \tag{16.3.3}$$

これ以降、推定に無関係な定数項は省略する。ここで p_i は次式である。

$$p_i = \frac{e^{\beta_0} + \sum_{j=1}^{k} \beta_i x_{ij}}{1 + e^{\beta_0} + \sum_{j=1}^{k} \beta_i x_{ij}} \tag{16.3.4}$$

方程式(16.3.1)は非線形であり、一般的には解を明示的に表すことができない。そのため逐次計算による近似法が必要である。具体的には、Newton-Raphson 法やスコア法で求める（補足説明参照)。

16.4　モデルの評価

モデルを評価するのに 2 つの方法がある。

(1) モデル適合度の評価

用いたモデルが適切で、データによくあてはまっている保証はないため、モデルのあてはまりを確認する。モデルがどの程度データに適合しているかを、データと推定値との乖離を示す統計量などを用いて評価する。

(2) 変数の有意性

モデルが適合している、いないに関わらず､利用した変数が意味があるかどうか検定で評価する。

16.4.1　モデル適合度の検定

モデルの適合度は尤度比検定で調べる。例 1 として、説明変数が 2 つの場合を考え、対応して 2 つのモデルの尤度 L_1、L_2 が求められたとする。

Model_1　logit $P_1 = \beta_0 + \beta_1 x_1$　　　　<= 尤度：L_1

Model_2　logit $P_2 = \beta_0 + \beta_1 x_1 + \beta_2 x_2$　　<= 尤度：L_2

とすると、尤度 L_1、L_2 の比の統計量を次式で定義する。

$$LR = -2\ln\frac{L_1}{L_2} \sim \chi^2(df) \tag{16.4.1.1}$$

LR を尤度比統計量（likelihood ratio）とよび、モデル_1 と 2 が等しい（つまり $\beta_2=0$）という仮定のもとで、χ^2 分布に従う。ここでモデル_2 を、一番よくデータを説明できているモデルとし、説明変数を減らしたモデルを**簡略化されたモデル**とよぶと、

- モデル_1 はモデル_2 の簡略化されたモデル（subset）である。
- もし、LR が有意になれば、モデル_2 とモデル_1 は異なるということになる。
  - ・言い換えれば、モデル_1 はモデル_2 ほどデータに適合していないことになる。
- 有意でなければ、モデル_1 とモデル_2 は同程度にデータを説明していると見なせる。
  - ・すなわちモデル_2 より簡単なモデル、モデル_1 で表すことができるので、x_2 は意味がないことになる。
- 通常、モデル_2 は**フルモデル**（一番詳しくデータを説明しているモデル）といわれ、研究の際に調べた一番複雑なモデル、データに最もフィットしたモデルを使う。

ここで、自由度(df)は L_1 とモデル_2 のパラメータの差となる。例 2 として次のモデルを考えてみる。

		尤度
Model_1	logit $P_1=\beta_0$	<= L_1
Model_2	logit $P_2=\beta_0+\beta_1 x_1+\beta_2 x_2$	<= L_2

とすると尤度比統計量は、

$$LR=-2\ln\frac{L_1}{L_2}\sim\chi^2(2)$$ ← SPSS のオムニバス検定

この検定で何がわかるのか?

有意ならば　➔ Model_1 は不適合。すなわち、変数 x_1、x_2 を同時に除いてはいけない（回帰が意味をもち、少なくともいずれかの変数はモデルに組み込む価値がある）。

有意でなければ　➔ Model_2 は意味をもたない。すなわち、変数 x_1、x_2 は両方とも意味をもたない。

回帰が意味をもつならば、有意でなければならない。このような考え方でモデルの有意性を評価するのが、尤度比検定である。特に例2の方法は、モデルの適合度検定の意味をもつものであり、その統計量を**デビアンス**（deviance）とよぶ。

$$\text{Deviance}: D = -2\ln\left(\frac{\text{モデルの尤度}}{\text{完全にフィットしたモデルの尤度}}\right) \tag{16.4.1.2}$$

デビアンスは、乖離度といった意味合いをもつ量で、モデルの適合度を総合的に要約して評価する検定統計量である。この値は小さい方が適合度がよいことになる。完全にフィットしたモデルとは、推定値とデータが完全に一致したモデルのことである。デビアンスは、分子のモデル（**カレントモデル**、現モデル）が正しいという仮説のもとで、漸近的に

$D \sim \chi^2(I-r-1)$、I ＝ プロファイルの数、r ＝ 説明変数の数

の性質をもち、D の値が大きくて有意な結果を得た場合は、カレントモデル（分子のモデル）はデータへのあてはまりが悪いと判断する。

16.4.2　変数の有意性

変数の有意性には、Wald 検定、尤度比検定（補足説明参照）、スコア検定（score test）が利用できるが、ここではどの統計ソフトでも使われている Wald 検定について説明する。Wald 検定は、Z 検定と同じ形の検定統計量に基づく検定であり、次式で定義される。

$$Z = \frac{\hat{\beta}_j - \beta_j}{SE(\hat{\beta}_j)}$$

Wald 統計量は理論と実際のずれを評価する量であり、帰無仮設 $H_0: \beta_j = 0$ のもとで上式は次式となる。

$$Z = \frac{\hat{\beta}_j}{SE(\hat{\beta}_j)} \sim N(1,0) \tag{16.4.2.1}$$

式(16.4.2.1)の $SE(\hat{\beta}_j)$ は、$\hat{\beta}$ の分散共分散行列 $V(\hat{\beta})$ の $j+1$ 番目の対角成分の平方根である。ここで分散共分散行列は、

$$X = \begin{bmatrix} 1 & X_{11} & \cdots & X_{1k} \\ \vdots & \vdots & \vdots & \vdots \\ \vdots & \vdots & \vdots & \vdots \\ 1 & X_{n1} & \cdots & X_{nk} \end{bmatrix} \qquad \hat{V} = \begin{bmatrix} \hat{p}_1\hat{q}_1 & & 0 \\ & \ddots & \\ 0 & & \hat{p}_n\hat{q}_n \end{bmatrix}$$

とし（$\hat{p}_i$は式(16.3.4)のβの部分に$\hat{\beta}$を代入することにより得られる）

$$\hat{I}(\hat{\beta}) = X'\hat{V}X$$

なる行列を求める。この行列は**情報行列**とよばれ、一般に情報行列の逆行列が分散共分散行列である。すなわち、

$$\hat{V}(\hat{\beta}) = \left[\hat{I}(\hat{\beta})\right]^{-1} \tag{16.4.2.2}$$

ここで、[ ]'は転置行列、 [ ]$^{-1}$は逆行列を示す。この式(16.4.2.2)が、係数βの分散共分散行列である。式(16.4.2.1)のZにより、仮説検定を行う。

$H_0 : \beta_j = 0$　すなわち logit(p)と説明変数x_jとの間に関連がない

$H_1 : \beta_j \neq 0$

また、$Z^2 = \chi^2$（自由度 1）の関係よりχ^2検定で示される場合もあるが、それらのp値は同値である。この検定を **Wald 検定**とよぶ。さらに、最尤推定値のもつ漸近正規性の性質を利用した回帰係数の信頼区間は、上記標準誤差を用いて求められる。この信頼区間を Wald 信頼区間とよび、次式で定義される。

$$\hat{\beta}_j \pm 1.96 \times SE(\hat{\beta}_j) \tag{16.4.2.3}$$

16.5 回帰係数の解釈

例を用いて説明する。Truett, Cornfield, Kannel : *J.Chronic diseases*, 1967, 511 より、冠動脈疾患のリスク因子を調べるコホート研究において、冠動脈疾患（CHD : coronary heart disease）でない被験者のうち、年齢 50-62 歳の男性 656 名を 12 年間追跡調査し、そのうち CHD を発症した人が 130 名いた。最初の検査で測定した 7 項目、さらにそのデータをロジスティック解析した結果を

表 16.4 に示す。ロジスティックモデルは、式(16.2.4)または式(16.2.6)で定義されている。すなわち、

$$\hat{p}_i = \frac{1}{1+\exp\{-(\hat{\beta}_0 + \sum_{j=1}^{7} \hat{\beta}_j x_{ij})\}} \tag{16.5.1}$$

式(16.5.1)の結果より、この研究でのロジスティックモデルは次式と推定される。

$$\hat{p}_i = \frac{1}{1+\exp\{-(-7.9843+0.0711 x_{1i} + \cdots + 0.5695 x_{7i})\}} \tag{16.5.2}$$

表 16.4　測定項目および推定値

	説明変数	係数	推定値	標準誤差
x_0	切片	β_0	−7.9843	
x_1	年齢（歳）	β_1	0.0711	0.0319
x_2	血清コレステロール：TC(mg/dl)	β_2	0.0087	0.0024
x_3	収縮期血圧：SBP(mmHg)	β_3	0.0143	0.0041
x_4	相対体重	β_4	0.0071	0.0078
x_5	ヘモグロビン：Hb(g/dl)	β_5	−0.0180	0.0083
x_6	1 日あたりの喫煙量（0：吸わない、1：1 箱未満、2：1 箱、3：1 箱以上）	β_6	0.2743	0.0955
x_7	ECG（0：正常、1：異常）	β_7	0.5695	0.2974

Halperin, Blackwelder, Verter, 1971, *J. Chronic Diseases*, 125

患者対照研究, 1982, Schlesselman, ソフトサイエンス

（順序カテゴリー変数 x_6 の取り扱いでは、順序カテゴリーにスコアを与え計量値であるかのごとく扱っているが、厳密にはよくない。ここでは大まかな傾向を把握する意味で計量値としている）

例として、このモデルより次のような特性値をもつ被験者の CHD 発症確率を予測してみる。年齢(55)、TC(210)、SBP(130)、相対体重(100)、Hb(120)、喫煙(0)、ECG(0)、すなわち、

$$x = (55, 210, 130, 100, 120, 0, 0) \tag{16.5.3}$$

この値を式(16.5.2)に代入すると、この被験者の CHD 発症率が推定できる。

$$\hat{\beta}_0 + \hat{\beta}_1 x_1 + \cdots + \hat{\beta}_7 x_7$$
$$= -7.9843 + 0.0711(55) + 0.0087(210) + \cdots + 0.5695(0) = -1.8378$$

$$\hat{p} = 1/\{1+\exp(1.8387)\} = 0.137 \tag{16.5.4}$$

特性値、式(16.5.3)をもつ被験者は12年以内にCHDを発症する確率は0.137と推定される。

1つまたは複数の項目が異なる人と人とのリスクの違いを推定するには、式(16.5.1)をそれぞれの人に適用すればよい。たとえば、式(16.5.3)の特性値をもつ人と、喫煙状態のみが異なる人のリスクは、それぞれ同じように式(16.5.1)を使えば求めることができる。

いま、喫煙状態が3であったとし、そのときのリスクは式(16.5.3)の人の何倍になるかを推定してみる。喫煙状態が3の x^* は、

$$x^* = (55, 210, 130, 100, 120, \mathbf{3}, 0) \tag{16.5.5}$$

よって、先ほどと同じように計算すると、

$$\begin{aligned}&\hat{\beta}_0+\hat{\beta}_1 x_1+\cdots+\hat{\beta}_7 x_7\\&\quad=-7.9843+0.0711(55)+0.0087(210)+\cdots+0.2743(3)+0.5695(0)\\&\quad=-1.0149\end{aligned}$$

これにより、

$$\hat{p}^* = 1/\{1+\exp(1.0149)\} = 0.2660$$

2つの条件の違いによるリスク比は、

$$\hat{p}^*/\hat{p} = 0.2660/0.137 = 1.942 \tag{16.5.6}$$

となる。すなわち、喫煙状態の違いによりリスクは1.94倍高くなると推定される。オッズ、オッズ比を利用すると、カテゴリー変数ではより簡単にリスクを推定できる。$q=1-p$、説明変数を x 1つだけとし、式(16.5.1)をオッズで書き直すと、次のようになる。

$$\hat{p}_i = 1/\{1+\exp(-x_i)\}$$

$$\hat{q}_i = 1-1/\{1+\exp(-x_i)\} = \exp(-x_i)/\{1+\exp(-x_i)\}$$

$$\hat{p}_i/\hat{q}_i = 1/\exp(-x_i) = \exp(+x_i)$$

表16.4に対して、

$$\text{オッズ} = \frac{\hat{p}_i}{\hat{q}_i} = \exp(\hat{\beta}_0+\sum_{j=1}^{7}\hat{\beta}_j x_{ij}) \tag{16.5.7}$$

ある変数 x_j が1単位変化すると、式(16.5.7)よりオッズは $\exp(\hat{\beta}_j)$ 倍になる。

さらに変数 x_j 、x_k がそれぞれ 1 単位変化すると、式(16.5.7)よりオッズは $\exp(\hat{\beta}_j+\hat{\beta}_k)=\exp(\hat{\beta}_j)\times\exp(\hat{\beta}_k)$ 倍になる。

以上のことを一般的に書くと、以下のように表現できる。値が $x^*=(x_1^*, x_2^*, \cdots, x_k^*)$ の被験者を、値が $x=(x_1, x_2, \cdots, x_k)$ の被験者と比較したとき、相対オッズ（相対リスク）はオッズ比で次式のように書ける。

$$\phi(x^*, x)=\frac{p(d=1|x^*)}{p(d=0|x^*)}\ \frac{p(d=0|x)}{p(d=1|x)}=\exp[\textstyle\sum\hat{\beta}_i(x^*-x)] \qquad (16.5.8)$$

$x_j^*=x_j$ ならば $\hat{\beta}_j(x_j^*-x_j)=0$ なので、オッズ比は 2 人の間で異なる変数だけに依存する。たとえば、特定の薬を使用したかどうかを x で表したとき、x は服薬したか否かである。そのときのオッズ比は $\exp\{\hat{\beta}_j(x_i^*-x_i)\}=\exp\{\hat{\beta}_j\}$ となる。

16.6　解析例

ここで使用したソフトは SAS LOGISTIC である。データは、Hosmer, Lemeshow のテキスト(第 3 版、2013)に紹介されている低体重児発生のリスク要因を調べる研究データである。ソースデータは http://www.umass.edu/statdata/statdata/stat-logistic.html の Low Birthweight file より Excel シートとして手に入れることができる。

Low Birthweight fileの一部

	A	B	C	D	E	F	G	H	I	J	K
1	ID	LOW	AGE	LWT	RACE	SMOKE	PTL	HT	UI	FTV	BWT
2	85	0	19	182	2	0	0	0	1	0	2523
3	86	0	33	155	3	0	0	0	0	3	2551
4	87	0	20	105	1	1	0	0	0	1	2557

母親の最終月経時の低体重が出生時低体重児発症と関連し、低体重発症は乳児死亡や出生障害のリスクファクターであることが知られている。この研究の目的は、多要因の影響を調整しながら、母親の体重が低いほど低体重児出生リスクが高くなるという関係を調べることである。

表 16.5　項目名と解析リストの変数名

項目名	変数名
データ一連番号	ID
出生時低体重　1＝低体重　0＝正常	LOW
母親の年齢	AGE
母親の区分化年齢（区分の中央値を使う）	AGE_mid
母親の年齢のダミー変数 若い区分を対照群とする	AGE2 AGE3
母親の最終月経時の体重（pound） 以下、”母親の体重”と表記する	LWT
母親の区分化体重（区分の中央値を使う）	LWT_mid
母親の体重のダミー変数 重い区分を対照群とする	LWT1 LWT2
人種　1＝白人　2＝黒人　3＝その他	RACE
人種のダミー変数　白人＝RACE1　黒人＝RACE2 そのほかの人種を対照群とする	RACE1 RACE2
妊娠時の喫煙　1＝あり　0＝なし	SMOKE
妊娠前の労働　1＝あり　0＝なし	PTL
高血圧歴　1＝あり　0＝なし	HT
子宮の痛み　1＝あり　0＝なし	UI
医師への受診回数（今回の解析には使わない）	FTV
誕生時の体重（g）（今回の解析には使わない）	BWT

最終解析結果を得るには、いくつかの確認が必要である。確認事項として、モデルの適合度、モデルの有意性を確認しながらモデルを決めていかねばならないことは、16.4 節で述べた。実際の解析でモデルを決めるには、さらに以下の事項の検討が必要である。

1) 連続量に対しては、ロジットと線形性が成り立っているか、すなわち量反応関係としての傾向性の検討
2) 交互作用の検討
3) Influential data の検討
4) 変数選択

である。

1）連続変数の取り扱い

モデルより説明変数とロジットは線形関係が仮定されているため、線形性の確認が必要である。その際、図16.3のように連続変数を区分化変数に変換したうえでグラフ化すると、その傾向がよくわかる（この図は仮想データによるもので、実データを使用していない）。

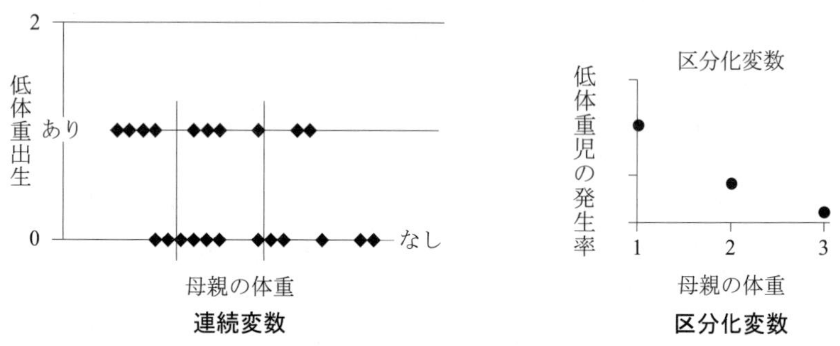

図16.3　連続変数と区分化変数の関係

それゆえ、ここでは連続変数をそのままモデルに入れずに、区分化したものを説明変数として使う。各区分の値は区分の中央値を使う。さらに区分化した変数がロジットに対して線形性が認めにくい場合、各区分をダミー変数として解析に使う。

まず区分化であるが、恣意性が入らないためと、各区分のバランスがとれる意味で分位数（2章参照。四分位数とは、データを大きさの順に並べたとき4等分する点、つまり全体の1/4、2/4、3/4にあたる値のことをいう。ほかの分位点についても同様）に基づく方法を使う。分位数には、三分位数、四分位数（quartile）や五分位数（quintile）が用いられる。ここでは三分位数を用いて母親の体重および年齢を、3区分化した区分化変数 LWT_mid および AGE_mid を作り、その区分ごとの低体重児出生率を求めた。区分化変数の区分値として、当該区分に含まれる中央値を与えた。いまの場合、母親の体重では (105,121,155)、年齢では(18,23,29)である。

この例では、連続量は母親の体重（LWT）と年齢（AGE）の 2 変数であり、それぞれのモデルに対する結果をおのおの表 16.6 と表 16.7 に示し、さらにその関係をグラフ（図 16.4 と図 16.5）に示す。

表 16.6

区分	全体	発症あり	%
1	69	19	0.275
2	69	25	0.362
3	51	15	0.294

表 16.7

区分	全体	発症あり	%
1	65	14	0.215
2	64	19	0.297
3	60	26	0.433

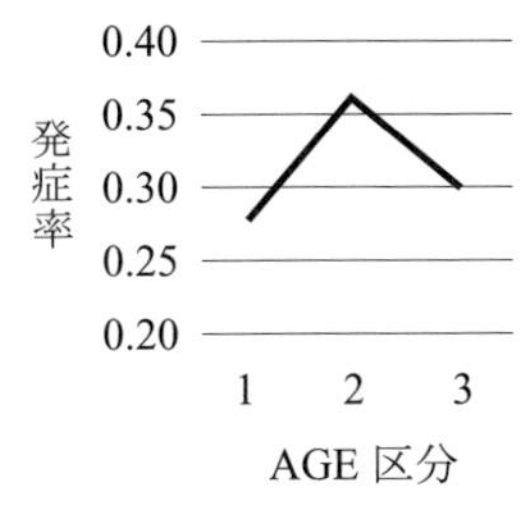

図 16.4　年齢（AGE）

$p = 0.7031$

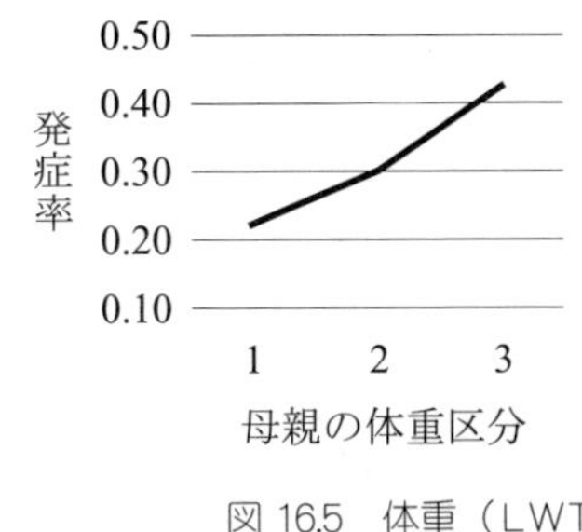

図 16.5　体重（LWT）

$p = 0.0142$

この図より、母親の体重は線形であり、年齢は線形でないことがわかる。図と検定の p 値とも一致する。

連続量として線形性を見るのに、SAS LOGISTIC のモデルに説明変数として LWT_mid を使い、それを確認するモデルは、

$$\text{logit}(x) = \hat{\beta}_0 + \hat{\beta}_1 \text{LWT\_mid}$$

である。

このモデルの $\hat{\beta}_1$ の有意性より線形性（量反応関係）を確認する（線形項有意だけでは単調傾向のラフな証拠にはなるが、厳密にはさらに二次項などの非線形項が有意でないことで（控えめに）線形性の確認ができる）。結果を表 16.8 に示す。

表 16.8　$\hat{\beta}_1$ の線形性

最尤推定値の分析

パラメータ	自由度	推定値	標準誤差	Wald χ^2	Pr > ChiSq
Intercept	1	1.6915	1.0109	2.7999	0.0943
LWT_mid	1	−0.0197	0.00803	6.0131	0.0142

p 値は 0.0142 で有意であり、母親の体重は線形であると見なせる。年齢についても、三分位数を用いて区分化変数（AGE_mid）に変換し、線形性が確認できない場合、年齢の若い区分を対照群としてダミー変数（AGE2,AGE3）を作る。

表 16.9　AGE のダミー変数

AGE_mid	AGE 1	AGE 2
18	1	0
23	0	1
29	0	0

人種についても、白人（RACE1）、黒人（RACE2）としたダミー変数を作る。年齢のようないろいろな変数と関連することが多い基本的な変数は、たとえ有意でなくとも最終段階までモデルに含めておき、最後に有意でなかったら除外するという方針が望ましい。この検討でわかったことは、母親の体重は線形であり、年齢は線形でないということである。

2）交互作用の検討

以上は主効果モデルについての検討であったが、次は交互作用の検討である。すべての変数の組み合わせは多いので、LWT_mid との 1 次の交互作用について SAS LOGISTIC で 5 つのモデル文を指定し、求めた交互作用項の推定値の p 値を表 16.10 に示す。

表 16.10

交互作用項	p 値
LWT_mid*SMOKE	0.8482
LWT_mid*PTD	0.4325
LWT_mid*RACE	0.8289
LWT_mid*HT	0.5273
LWT_mid*UI	0.0485

これより、LWT_mid*UI のみがかろうじて有意となっている。

3）Influential data の検出

特に Influential data を検出する基準はなく、はずれ値を検索することになるが、SAS では個々のデータごとにしか診断統計量を求められない。必要なのはプロファイルごとの診断統計量である。これを求めるには、基本的なロジスティック解析の説明から離れてしまうので、この例では実施しない。これ以上の説明は、丹後ほか「ロジスティック回帰分析」（新版,2013）や Hosmer,Lemeshow & Sturdivant, *Applied Logistic Regression*, (3rd ed., 2013)を参照されたい。

4）変数選択

理論的には尤度比検定で変数の出し入れを判定しなければならないが、それにはステップごと最尤推定値を計算しなければならず、計算時間がかかる。そのため SAS では取り込みではスコア検定、取り除きは Wald 検定を利用している（補足説明 4 参照）。ここでは、いままでの準備より最終モデルとして、

$$\begin{aligned}\mathrm{logit}(x) = \hat{\beta}_0 + \hat{\beta}_1\mathrm{LWT\_mid} + \hat{\beta}_2\mathrm{AGE1} + \hat{\beta}_3\mathrm{AGE2} + \hat{\beta}_4\mathrm{smoke} + \hat{\beta}_5\mathrm{ptd}\\ + \hat{\beta}_6\mathrm{RACE1} + \hat{\beta}_7\mathrm{RACE2} + \hat{\beta}_8\mathrm{HT} + \hat{\beta}_9\mathrm{UI} + \hat{\beta}_{10}\mathrm{LWT\_mid^*\,UI}\end{aligned}$$

をとり、必要と思われる変数をステップワイズ法で選択する。変数取り込み、取り除きの各確率（基準となる有意水準）を 0.20 とする。結果を表 16.11 に示す。変数選択の結果、下記モデルが最終的に最も倹約したモデルとなる。

$$\mathrm{logit}(x) = \hat{\beta}_0 + \hat{\beta}_1\mathrm{LWT\_mid} + \hat{\beta}_2\mathrm{SMOKE} + \hat{\beta}_3\mathrm{PTD} + \hat{\beta}_4\mathrm{RACE1} + \hat{\beta}_5\mathrm{HT}$$

表 16.11　最終解析結果

基準	値	自由度	値/自由度	Pr > ChiSq
デビアンス	21.7363	24	0.9057	0.595
Pearson	17.4227	24	0.7259	0.8301

モデルの適合度統計量

基準	切片のみ	切片と共変量
AIC	236.672	213.644
SC	239.914	233.095
−2 Log L	234.672	201.644

包括帰無仮説：BETA = 0 の検定

検定	χ^2 値	自由度	Pr > ChiSq
尤度比	33.0278	5	<.0001
スコア	31.4182	5	<.0001
Wald	25.656	5	0.0001

最尤推定値の分析

パラメータ	自由度	推定値	標準誤差	Wald χ^2	Pr > ChiSq
Intercept	1	1.5174	1.131	1.8001	0.1797
LWT_mid	1	−0.0206	0.00903	5.1947	0.0227
SMOKE	1	0.8856	0.3925	5.0894	0.0241
ptd	1	1.2863	0.4472	8.2733	0.004
RACE1	1	−0.9587	0.3903	6.034	0.014
HT	1	1.6074	0.6699	5.7578	0.0164

オッズ比推定とプロファイル尤度による信頼区間

効果	単位	推定値	95%信頼限界	
LWT_mid	1	0.98	0.962	0.997
SMOKE	1	2.424	1.133	5.33
ptd	1	3.62	1.522	8.9
RACE1	1	0.383	0.174	0.81
HT	1	4.99	1.36	19.688

このモデルより、母親の体重が軽いと発生率が上昇し、喫煙、PTD や HT は発生率を上昇させ、白人では発生率が低くなることが予想される。

[補足説明 1]　回帰係数の推定

回帰係数は式(16.3.1)の解であるが、この方程式は非線形であるので明示的には示すことができない。

$$\frac{\partial(\ln L)}{\partial\hat{\beta}_i}=\frac{\partial(l)}{\partial\hat{\beta}_i}f(l) \tag{1}$$

とし、$f(l)$のテイラー（Taylor）展開を行い、その第2項まで使って近似計算を行う。一般に関数$f(x)$をμのまわりでテイラー展開すると、

$$f(x)=f(\mu)+\frac{f^{(1)}(\mu)}{1!}(x-\mu)+\frac{f^{(2)}(\mu)}{2!}(x-\mu)^2+\cdots+\frac{f^{(n)}(\mu)}{n!}(x-\mu)^n+\cdots$$

となる。$f^{(n)}$はfをn回微分したものである。

ここで、第m近似解$\hat{\beta}_{(m)}$が求まっているとき、テイラー展開し第1次項（第2項）までとると、

$$\frac{\partial l(\hat{\beta}_{(m)};x)}{\partial\beta_j}+\sum_{i=1}^{n}\frac{\partial^2 l(\hat{\beta}_{(m)};x)}{\partial\beta_j\partial\beta_k}(\beta_{(m)}-\hat{\beta}_{(m)})\cong 0 \tag{2}$$

ここで

$$U_{(m)}=\frac{\partial l(\hat{\beta}_{(m)};x)}{\partial\beta_j}\quad,\quad H_{(m)}=\frac{\partial^2 l(\hat{\beta}_{(m)};x)}{\partial\beta_j\partial\beta_k}$$

とおくと、

$$\hat{\beta}_{(m+1)}=\hat{\beta}_{(m)}-H^{-1}_{(m)}U_m \tag{3}$$

この式はニュートン-ラフソン（Newton-Raphson）法を示している。たとえばパラメータ1つの場合、補足説明2 ニュートン-ラフソン法の図をもとに説明すると、真の解に近い値$\beta_{(0)}$を初期値として、座標$(\beta_{(0)},f(\beta_{(0)}))$での接線を求める。$x$軸と接線との交点は、

$$\beta_{(1)}=\beta_{(0)}-[\frac{df(\beta)}{d\beta}]^{-1}f(\beta_{(0)})$$

となり、$\beta_{(1)}$は真の解により近い点となる。この手順を繰り返すことにより真の解の近似値を求めることができる。

[補足説明2]　ニュートン-ラフソン法

関数 $y=f(x)$ は $f(a)<0$, $f(b)>0$ で(a,b)を含む区間で$f''(x)>0$とする。以下の手順で$f(x)=0$ の解 $c\ (a<c<b)$を求めることができる。

Step1：　初期値 $x_0=b$ とおく

Step2：　$x_{n+1}=x_n-f(x_n)/f'(x_n)$

Step3：　$|x_{n+1}-x_n|$ が十分小さくなるまでstep2を繰り返す。

これが十分小さければ、$x_{n+1}\fallingdotseq c$ とする。

点$(x_0, f(x_0))$を通り、勾配$f'(x_0)$の直線は

$$y-f(x_0)=f'(x_0)(x-x_0)$$

この直線とx軸の交点の座標は$(x_0, 0)$、直線の式は$0-f(x_0)=f'(x_0)(x_1-x_0)$、
$x_1=x_0-f(x_0)/f'(x_0)$・・・Step2の式

【例】 $y=x^2-2$ でx軸と交わる値を求める。

代数解は、$0=x^2-2$ より　$x=\sqrt{2}=1.4142135\cdots$

ニュートン-ラフソン法を使うと、

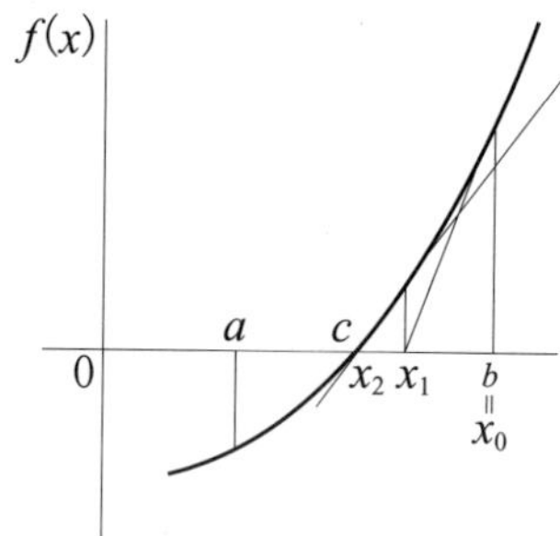

$$y'=2x$$

$$x_0=2$$

$$x_1=x_0-\frac{f(x_0)}{f'(x_0)}=2-\frac{2}{2\times 2}=1.5$$

$$x_2=x_1-\frac{f(x_1)}{f'(x_1)}=1.5-\frac{0.25}{2\times 1.5}=1.4167$$

$$x_3=x_2-\frac{f(x_2)}{f'(x_2)}=1.4167-\frac{0.007039}{2\times 1.4167}=1.414215$$

$$x_4=x_3-\frac{f(x_3)}{f'(x_3)}=1.414215-\frac{0.000004066}{2\times 1.414215}=1.4142135$$

[補足説明 3]　尤度比検定（変数の有意性）

r 個の変数の中で q 個の変数 $\{x_{r-q+1},\cdots,x_r\}$ の有意性検定

$$H_0:\beta_{r-q+1}=\cdots=\beta_r=0$$

$H_1:H_0$ でない。どれかの変数の係数が 0 でない。

・帰無仮説のもとで、$G\sim\chi^2(q)$

・有意ならば q 個の変数は必要

【例】 1 変数の場合　$H_0:\beta_1=0,\quad H_1:\beta_1\neq 0$

$$G=-2\ln\left(\frac{\text{定数項のﾓﾃﾞﾙの尤度}}{\text{ﾌﾙﾓﾃﾞﾙの尤度}}\right)-(-2\ln\left(\frac{\text{変数}x_i\text{のﾓﾃﾞﾙの尤度}}{\text{ﾌﾙﾓﾃﾞﾙの尤度}}\right))$$

$$=-2\ln\left(\frac{\text{定数項のﾓﾃﾞﾙの尤度}}{\text{変数}x_i\text{を含めたﾓﾃﾞﾙの尤度}}\right)$$

$$=2L(\beta_0,\beta_1)-2L(\beta_0,0)$$

・帰無仮説のもとで、 $G\sim\chi^2(1)$

・有意ならば β_1 は必要

（参考） この方式で、**モデルの有意性**も検定できる。

$$H_0:\beta_0=\beta_1=\cdots=\beta_r=0$$

$H_1:H_0$ でない。どれかの変数の係数が 0 でない。

$$G=-2\ln\left(\frac{r\text{個の変数を除いたﾓﾃﾞﾙの尤度}}{r\text{個の変数全てを含めたﾓﾃﾞﾙの尤度}}\right)$$

$$=2L(\beta_0,\cdots,\beta_r)-2L(0,\cdots,0)$$

帰無仮説のもとで、$G\sim\chi^2(r)$より判定する。

[補足説明 4] 取り込みはスコア検定、取り除きは **Wald** 検定を利用

モデルに変数を取り込むとき、そのときのモデルに含まれている説明変数の推定値は求められているが、追加しようとしている説明変数の推定値は不明である。しかし、追加説明変数のスコア統計量は求めることはでき、その統計量が取り込み基準を満足すればモデルを更新する。

逆に変数を取り除くときは、すでに対象となるモデルの説明変数の推定値は決まっているので、それらの変数の Wald 検定は可能である。モデルの変

数群の中より、Wald 検定により除外基準を満足する変数はモデルから除外する。このように取り込みと取り除きでは、使用する統計量を切り替えなければならない。

第 17 章　生存時間解析

17.1 はじめに

前章までは、応答が計量値および二値データに関する解析法について述べてきた。医学・薬学分野で出てくるもう 1 つの重要なデータタイプとして生存時間データがある。

生存時間とは、ある事象の生じるまでの時間の総称である。もちろん"死亡という事象"に至る時間として、実際の生存時間も含む。その他機械が故障するまでの時間（故障時間ともいう）、あるいは薬を投与してから効果が発現するまでの時間、効果の持続時間などが生存時間として扱われる変数となる。

生存時間データの大きな特徴は、打ち切り観測値を含むことである。つまり、ある人についてある時点を起点としてどのくらい生存するかを調べたとして、ある時間 T までは生存していることはわかるが、それ以上の情報がなく、実際にいつ死亡したかわからない場合がある。**生存時間解析**（survival analysis）ではこのようなデータを解析することができる。

ある疾患の患者 10 例に薬 A を 12 週投与し結果を評価すると表 17.1 のようになったものとする。

表 17.1　投与 12 週後の治癒率

治癒	未治癒	判定不能	合計
6 例	2 例	2 例	10 例

10例中6例が治癒し、2例が未治癒、残り2例は途中で別の薬を併用したため薬Aの効果が評価できず判定不能となった。この場合治癒率はどのように計算すればよいのであろうか？

① 判定不能例は評価できないので集計から除き、評価可能な残り8例を用いて治癒率を計算する。この場合治癒率は

治癒率＝治癒例数÷評価可能例数＝6/8＝0.75＝75%

となる。

② 一方、本来評価すべき患者が評価されていないのだから、それはペナルティとして未治癒と考える。この場合は

治癒率＝治癒例数÷投与例数＝6/10＝0.60＝60%

となる。

③ 判定不能例は治癒か未治癒かわからないのだから、半分は治癒していると考える。この場合は

治癒率＝(治癒例数＋判定不能例数×0.5)÷投与例数

＝(6＋2×0.5)/10＝0.70＝70%

となる。

④ 判定不能例は判定可能例と同じ治癒率を示すはずだと考えれば、治癒率の計算は最初の方式と一致することになる。

このように判定不能例が生じる場合には、治癒率の計算法がいくつも考えられる。どの方法で計算するのがよいのだろうか？　では以下のような場合（表17.2）はどうだろうか？

表17.2　投与6カ月後の生存率

生存	死亡	消息不明	合計
6例	2例	2例	10例

重篤な疾患に罹っている10例の患者さんに治療を施したところ、投与6カ月後に6例の患者さんが生存し、2例が死亡した。残り2例は6カ月時点で消息不明であり、生死の判定ができない。

この場合、もしたとえばそのうち一例は3カ月時点、残り1例は4カ月時点まで生存していたことがわかっているとすれば、その部分的な生存情報をできるだけ生かして生存率を計算すべきと考えられるだろう。このような考え方から生まれた方法がこれから説明する**生命表法**（life table method）や**カプラン-マイヤー法**（Kaplan-Meier method）とよばれる**生存率**（survival rate）の計算法である。計算された生存率を時間に対してプロットしたものは**生存曲線**（survival curve）とよばれ、カプラン-マイヤー法を用いた生存曲線は**カプラン-マイヤー曲線**（Kaplan-Meier curve）とよばれたりもする。

歴史的には生命表法の方が古く、保険会社の保険数理士（actuary）が死亡リスクの評価に使っていた方法であるため、保険数理法（actuarial method）ともよばれる。この方法は多分に記述的なものであり、一般的には一年単位で生死の状態が調べられるなどの粗いデータ向きである。それに対しカプラン-マイヤー法は、数理統計的な立場から生み出されたもので小標本でも使え、精密に（たとえば、週単位あるいは日単位に）測定された生存時間に基づいて計算されるので、統計的推論にも向いている。

実際この方法は累積生存率のノンパラメトリックな最尤推定値（つまり特定の分布を仮定しない最尤推定値）を与える。最尤推定値はデータ数が多い場合に、真の値に近づくことがわかっている。

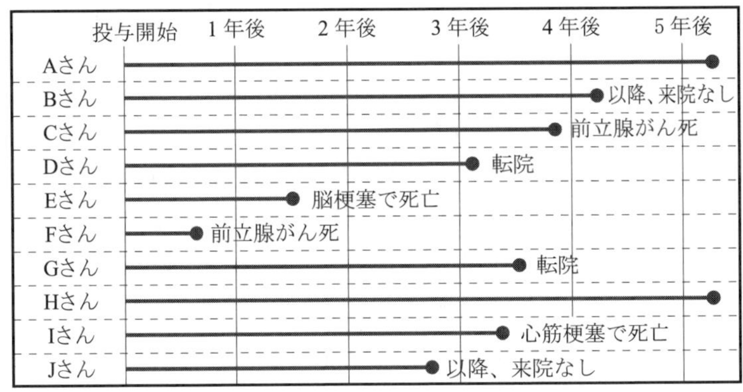

図 17.1　リュープリンの前立腺癌に対する有効性（n=10）

一般に生存率を計算するためには、生存時間のデータが必要である。図 17.1 は、A さんから J さんまで 10 人の生存時間を調べたデータ（表 17.3）を図の形に表したものである。

表 17.3 最終観察時点のデータを時系列に並べた一覧表

		時点（年）	最終観察時の状況
1	F さん	0.6	死亡
2	E さん	1.5	死亡
3	J さん	2.7	生存
4	D さん	3.1	生存
5	I さん	3.2	死亡
6	G さん	3.5	生存
7	C さん	3.9	死亡
8	B さん	4.2	生存
9	A さん	5.4	生存
10	H さん	5.5	生存

少数例の場合は、このように表よりも図で表した方がわかりやすい。生存時間データではこの図のように転院例や途中で来なくなって消息不明になるような場合が発生する。

このときある時点まで生存していることはわかるが、それ以降の状態が不明のため、正確な生存時間がわからないという事態になる。このような例を**打ち切り例**（censored case）あるいは**打ち切り観測値**（censored observation）とよぶ。生存率を計算したり、治療間で生存率を比較する場合にこのような打ち切りデータが発生するのが生存時間データのひとつの特徴であり、このようなデータをどのように取り扱うかがデータ解析上の重要な問題となる。

図 17.1 で投与 1 年後を見ると、10 例の内 1 例死亡（F さん）しているので、1 年後の生存率は(10－1)/10＝0.9(90%)である。さらに 1 年から 2 年にかけてもう 1 人死亡（E さん）しているので 2 年間の死亡例数は合計 2 例、したがって 2 年後の生存率は(10－2)/10＝0.8(80%)である。これは 2 年後生存率＝1

年後の生存率×1 年後に生存しているという条件のもとでの 2〜3 年の間の（条件付き）生存率＝(9/10)×(8/9)＝8/10 と考えることもできる。

では 5 年後はどうなるだろうか？　10 例のうち、5 年間での死亡例は 4 例だが、同時に打ち切り例も 3 例している。打ち切り例をどう扱うかがこのようなデータを処理する鍵となる。

17.2 生命表法

図 17.1 のデータについて、上の流儀を 2 年以降も続けてみる。データを 1 年単位で見ていく。生命表法ではこのように区間を 1 年なら 1 年間隔で区切って、各 1 年ごとに計算していく。

2 年から 3 年にかけて死亡はないものの、1 例（J さん）が途中打ち切りとなっている。いまの場合、J さんは 2.7 年まで生存していることがわかっているが、ここでは 1 年単位でデータを扱うことにしているので、2 年から 3 年の間に打ち切られたものとして丸めてしまう。この区間に死亡はないので、生存率は変わらない（つまり 3 年生存率は 0.8 のままである）が、その間に 1 例が打ち切られているので、3 年後の生存例数は 7 例となる（図 17.1 では 3 年後の軸を切っている横線（症例）の数に対応する）。

そして 3 年後と 4 年後の間に死亡したのは 2 例、打ち切られたのは 2 例である。打ち切り例については平均的にその区間の真ん中まで生存していたと考えると、平均的に 2 例中 2/2＝1 例生存していたことになる。したがって、3〜4 年の間の死亡率を計算するときの分母は、7−1＝6 例である。つまり 3〜4 年の間では 6 例中 2 例死亡したことになる。よってその間の条件付き生存率は(6−2)/6＝2/3 となる。

もともと 3 年後の生存率は 0.8 であったから、4 年後の生存率は、3 年後の生存率×(3 年後に生存しているという条件での)3〜4 年の間の(条件付き)生存率＝0.8×2/3＝0.5333 となる。同様に 4〜5 年の間に死亡例はないので 5 年生存率＝4 年後の生存率×(3 年後に生存しているという条件での)4〜5 年の間の(条件付き)生存率＝0.5333×1＝0.5333 となる。これらの手順を整理してまとめたのが、表(17.4)〜(17.7)の手順 1〜4 である。

手順 1（表 17.4）：観察期間（生存時間）を任意の区間（いまの場合 1 年ごと）で区切り、各区間ごとに「区間開始時の生存例数」R_i、「区間内の死亡例数」d_i、「区間内の打ち切り例数」c_iを表にする。ただし i は区間の番号を表す。

表 17.4　観察期間を任意の区間で区切り、「各区間の開始時の生存例」、「死亡例」、「打ち切り例*」の表

区間（年）	各区間の開始時の生存例	各区間での死亡例	各区間での打ち切り例
0〜1	10	1	0
1〜2	9	1	0
2〜3	8	0	1
3〜4	7	2	2
4〜5	3	0	1
5〜6	2	0	2

手順 2（表 17.5）：各区間での死亡率 P_iを以下の式により算出する。このとき上の例のように打ち切り例は実質 $c_i/2$ として扱う。したがって

$$\text{区間 } i \text{ での死亡率} p_i = \frac{\text{区間 } i \text{ 内の死亡例数}}{\text{区間 } i \text{ の開始時の生存例数} - \text{区間 } i \text{ 内の打ち切り例数}/2}$$

(*この期間の半分までは観察されていたとして、1/2 を掛ける)

となる。また区間 $i+1$ の開始時の生存例数は

区間 $i+1$ の開始時の生存例数
　＝区間 i の開始時の生存例数－区間 i 内の死亡例数－区間 i 内の打ち切り

となる。

これらを記号で書けば、

$$p_i = \frac{d_i}{R_i - c_i/2}\text{、かつ } R_{i+1} = R_i - d_i - c_i \qquad (17.2.1)$$

となる。

表 17.5　各区間で死亡率

区間(年)	各区間の開始時の生存例	各区間での死亡例	各区間での打ち切り例	各区間での死亡率
0〜1	10	1	0	0.1000 (= 1 / 10)
1〜2	9	1	0	0.1111 (= 1 / 9)
2〜3	8	0	1	0
3〜4	7	2	2	0.3333 [= 2 / (7−0.5×2)]
4〜5	3	0	1	0
5〜6	2	0	2	0

手順 3（表 17.6）: 各区間での（条件付き）生存率 q_i を算出する。

区間 i での生存率 $q_i = 1 -$ 区間 i での死亡率 p_i

記号で書けば

$$q_i = 1 - p_i \tag{17.2.2}$$

となる。

表 17.6　各区間での生存率

区間(年)	各区間の開始時の生存例	各区間での死亡例	各区間での打ち切り例	各区間での死亡率	各区間での生存率
0〜1	10	1	0	0.1000	0.9000 (=1−0.1000)
1〜2	9	1	0	0.1111	0.8889 (=1−0.1111)
2〜3	8	0	1	0	1
3〜4	7	2	2	0.3333	0.6667 (=1−0.3333)
4〜5	3	0	1	0	1
5〜6	2	0	2	0	1

手順 4（表 17.7）：各区間での生存率を積算し累積生存率 S_i を算出する。

区間 i での累積生存率 S_i

$$= 区間\ i-1\ での累積生存率\ S_{i-1} \times 区間\ i\ での生存率\ q_i$$

$$= \prod_{h=1}^{i} 区間\ h\ での生存率\ q_h$$

記号で書けば

$$S_i = S_{i-1} \times q_i = q_1 \times q_2 \times \cdots \times q_i \tag{17.2.3}$$

となる。ただし、$S_0=1$ である。

結局区間 i までの各区間での（条件付き）生存率を掛け合わせたものが、区間 i での累積生存率である。

表 17.7　各区間での生存率を積算し、累積生存率を算出

区間(年)	各区間の開始時の生存例	各区間での死亡例	各区間での打ち切り例	各区間での死亡率	各区間での生存率	累積生存率
0～1	10	1	0	0.1000	0.9000	0.9000
1～2	9	1	0	0.1111	0.8889	0.8000 (=0.9000×0.8889)
2～3	8	0	1	0	1	0.8000
3～4	7	2	2	0.3333	0.6667	0.5334 (=0.8000×0.6667)
4～5	3	0	1	0	1	0.5334
5～6	2	0	2	0	1	0.5334

17.3　カプラン-マイヤー法

カプラン-マイヤー法(Kaplan-Meier method)は観測された死亡時間をそのまま用いる方法で、観測死亡時間にのみ死亡が起こるものとする。したがって死亡時間のみに着目して生命表法と同じように累積生存率を計算していく。ただし、この方法では区間という概念がないので、打ち切り例数を半分にするなどの調整は必要としない。

手順 1（表 17.8）：各症例の最終観察時点（死亡または打ち切り時点）のデータを時系列に並べ、一覧表に整理する。ただし同じ観測時間がある場合、便宜上打ち切り時点は死亡時点よりも後の時間と見なす。実際その時点で死亡した例とその時点まで生きていた例（打ち切り例）では後者の方が長く生きたと考えても不都合はないだろう。

表 17.8　最終観察時点のデータを時系列に並べる

		時点(年)	最終観察時の状況
1	F さん	0.6	死亡
2	E さん	1.5	死亡
3	J さん	2.7	生存
4	D さん	3.1	生存
5	I さん	3.2	死亡
6	G さん	3.5	生存
7	C さん	3.9	死亡
8	B さん	4.2	生存
9	A さん	5.4	生存
10	H さん	5.5	生存

手順 2（表 17.9）：手順 1 により並べたデータに基づいて各時点の死亡率を算出する。

第 i 死亡時点 t_i での死亡率 p_{t_i}

＝時点 t_i での死亡数 d_i / 時点 t_i の直前まで生存していた例数 R_i

記号では $p_{t_i} = d_i / R_i$　(17.3.1)

死亡時点以外の時点 t では $p_t = 0$ となることに注意する。

表 17.9　各時点での死亡率

		時点(年)	最終観察時の状況	各時点での死亡率
1	F さん	0.6	死亡	0.1000 (= 1/ 10)
2	E さん	1.5	死亡	0.1111 (= 1 / 9)
3	J さん	2.7	生存	0.0000 (= 0 / 8)
4	D さん	3.1	生存	0.0000 (= 0 / 7)
5	I さん	3.2	死亡	0.1667 (= 1 / 6)
:	:	:	:	:
10	H さん	5.5	生存	0.0000 (= 0 / 1)

手順 3（表 17.10）：各時点の生存率を算出する。

時点 t_i での生存率 q_{t_i}＝1－時点 t_i での死亡率 p_{t_i}

記号では $q_{t_i}=1-p_{t_i}$ (17.3.2)

死亡時点以外の時点 t では $q_t=1$ となる。

表 17.10　各時点での生存率

		時点(年)	最終観察時の状況	各時点での死亡率	各時点での生存率
1	F さん	0.6	死亡	0.1000	0.9000 (=1－0.1000)
2	E さん	1.5	死亡	0.1111	0.8889 (=1－0.1111)
3	J さん	2.7	生存	0.0000	1.0000
4	D さん	3.1	生存	0.0000	1.0000
5	I さん	3.2	死亡	0.1667	0.8333 (=1－0.1667)
:	:	:	:	:	:
10	H さん	5.5	生存	0.0000	1.0000

手順 4（表 17.11）：各時点の生存率を積算することにより、累積生存率を算出する。

時点 t_i での生存率 $S_{t_i}=S_{t_{i-1}}\times q_{t_i}=q_{t_1}\times q_{t_2}\times\cdots\times q_{t_i}$

記号では $S_t = S_{t_{i-1}} \times q_{t_i} = q_{t_1} \times q_{t_2} \times \cdots \times q_{t_i}$ (17.3.3)

死亡時点以外の時点 t、ただし $t_i \leqq t < t_{i+1}$ では

$$S_t = S_{t_i} \tag{17.3.4}$$

となる。

表 17.11　各時点での生存率を積算し、累積生存率を算出

		時点(年)	最終観察時の状況	各時点での死亡率	各時点での生存率	累積生存率
1	F さん	0.6	死亡	0.1000	0.9000	0.9000
2	E さん	1.5	死亡	0.1111	0.8889	0.8000 (=0.9000×0.8889)
3	J さん	2.7	生存	0.0000	1.0000	0.8000
4	D さん	3.1	生存	0.0000	1.0000	0.8000
5	I さん	3.2	死亡	0.1667	0.8333	0.6666 (=0.8000×0.8333)
:	:	:	:	:	:	:
10	H さん	5.5	生存	0.0000	1.0000	0.5000

生存曲線（survival curve）は、横軸に時間、縦軸に生存率をとって、時間の関数として生存率を描かせたものである。図 17.2 はカプラン-マイヤー法によるリュープリンデータの推定生存曲線を示している。途中、ひげのように伸びている短い線はその時点で打ち切りが発生したことを示している。このように打ち切りがどこで生じているかを示すことは、打ち切り分布の特性を知り、生存時間解析の妥当性を吟味するのに役立つ。生命表法により求めた生存率に関しても同様に生存曲線を描かせることができる。

表 17.12　まとめ

	時間(年)	最終観察時の状況	各時点での死亡率：q_t	各時点での生存率：$1-q_t$	累積生存率:$S(t)$
F さん	0.6	死亡	0.1000	0.9000	0.9000
E さん	1.5	死亡	0.1111	0.8889	0.8000
J さん	2.7	生存		1.0000	0.8000
D さん	3.1	生存		1.0000	0.8000
I さん	3.2	死亡	0.1667	0.8333	0.6666
G さん	3.5	生存		1.0000	0.6666
C さん	3.9	死亡	0.2500	0.7500	0.5000
B さん	4.2	生存		1.0000	0.5000
A さん	5.4	生存		1.0000	0.5000
H さん	5.5	生存		1.0000	0.5000

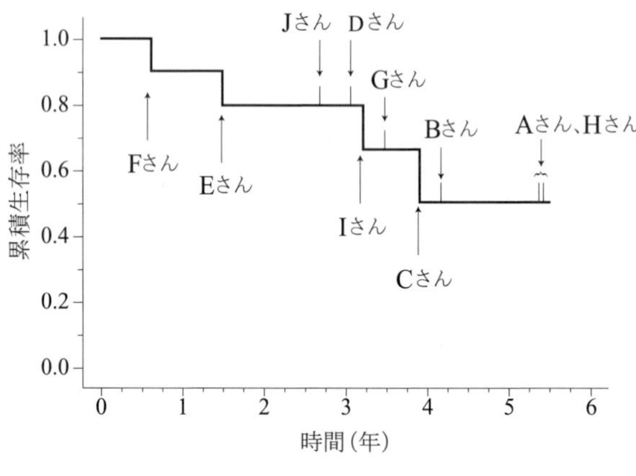

図 17.2　推定生存曲線

参考までに、統計ソフト SAS を用いたカプラン-マイヤー法によるリュープリンデータの生存率の計算結果を示す。

■ SAS の例

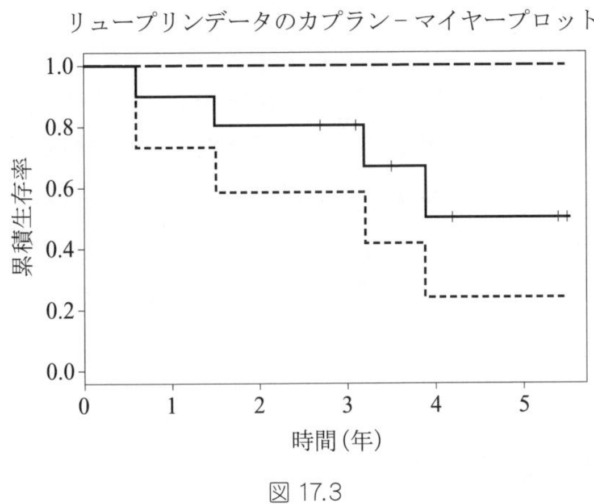

図 17.3

17.4 生命表法とカプラン-マイヤー法のどちらを用いるべきか？

最初の説明で述べたように、生命表法はもともと保険数理士が適用していた方法で、経験的にこのような方法を開発し適用していた。この方法は対象者の数が多く、また 1 年ごとなど“粗い”時間間隔で生存時間が測られる（したがって結果的に同じ生存時間の値をもつ対象者の数が多くなる）ような場合に、手計算で“簡便に”生存率を計算できる利点がある。したがってこの方法は、大規模調査向きの方法といえるだろう。

これに対しカプラン-マイヤー法は、日単位など“精密に”測られた生存時間に基づいて“正確に”生存率を計算する方法であり、死亡時間ごとに計算を進めていく必要があるので、大量のデータだと手計算では手に負えなくなる。たとえば、10 年間で 100 例の死亡があった場合、カプラン-マイヤー法では最大 100 回の計算が必要であるが、生命表法では 1 年間隔の区間にすれば 10 回の計算ですむ。

しかしコンピュータの行きわたった現在では、カプラン-マイヤー法が用いられるのが一般的となってきている。またカプラン-マイヤー法は、理論的裏づけもしっかりしているので研究にも向いている方法といえる。昨今の臨床研究論文にもっぱらカプラン-マイヤー法が登場するのはそのためである。もちろん、同じ値をもつ生存時間データが多くなるような粗いデータの場合には、カプラン-マイヤー法の適用は適切でなく、生命表法を用いる必要がある。また論文の粗い集計表を元に計算する場合には、簡便法として生命表法が使える。結論として、精密な生存時間データが得られている場合にはカプラン-マイヤー法を用いるのがよいだろう。

17.5　生存時間中央値

生存時間中央値（median survival time）または中央生存時間とは、生存時間分布での中央値のことである。生存時間を表す確率変数を$T(\geqq 0)$としたとき、累積分布関数を$F(t)=Pr(T\leqq t)$と表せば、生存関数（survival function：生存率を時間の関数として表したもの）は$S(t)=Pr(T\geqq t)=1-F(t)$で表せる。$F(t)$は、生存時間がt以下となる確率（時刻tまでに死亡する確率）を表し、$S(t)$は逆に生存時間がt以上となる確率（時刻以降に死亡する確率）を表す。カプラン-マイヤー法や生命表法で求めた生存率は、実は生存時間の分布形を仮定せずに（ノンパラメトリックに）$S(t)$を推定したものである。ここで生存時間中央値というのは

$$S(t_M)=F(t_M)=0.5 \tag{17.5.1}$$

となるようなt_Mの値のことであり、生存率推定値から求められる生存時間中央値をMedと表すと、

生存時間中央値Med ＝ 生存率が0.5より小さくなる最小の生存時間

と定義される。もちろん生存曲線が50%を切っていないと生存時間中央値は求められない。上のリュープリンの例では、生命表法の場合最小の生存率が0.0533なので中央値が求められず、またカプラン-マイヤー法でも生存率がちょうど0.5になる時間が3.9年以降最終の観測時間である5.5年まで続くので中央値は求められない。

もし、推定生存率がちょうど 0.5 となるような場合は、そのような最小の生存時間 min(t_M)と最大の生存時間 max(t_M)の平均をとって、

生存時間中央値 Med ＝ {min(t_M) ＋ max(t_M)}/2
ただし、min(t_M)：生存率が 0.5 となる最小の生存時間
max(t_M)：生存率が 0.5 となる最大の生存時間

を生存時間の中央値とするが、この定義は多分に便宜的なものである。

生存時間分布で中央値が重要視される理由は、生存時間分布は一般に右に歪むような非対称な分布をしており、分布の代表値として平均値が一般に必ずしもふさわしくないこと、生存曲線が推定できれば生存時間中央値を推定することは比較的容易であるなどのことによる。ただし、前に述べたように生存曲線が 50%を切っていることが必要であり、また中央値付近の死亡が少なく、生存曲線が寝ている（水平に近い）場合は、50%生存に近い生存時間の幅が広くなるので推定は難しくなる。指数分布（exponential distribution）など生存曲線の形状を仮定できれば、分布のパラメータを推定することによっても分布の平均値や中央値を推定することが理論的に可能である。

【例】生存時間分布と指数分布

生存時間を表す確率変数を T 、その実現値を t で表すと、一般に生存時間分布は時間 t の関数として以下のように表される。

分布関数 $F(t)$：これは時間 t までに死亡する確率で、

$$F(t)=Pr(T<t) \tag{17.5.2}$$

生存関数 $S(t)$ ：これは時間 t 以上生存する確率であり、

$$S(t)=Pr(T\geqq t)=1-F(t) \tag{17.5.3}$$

密度関数 $f(t)$ ：これは $F(t)$ の変化率（時間 t で死亡する率）であり、

$$f(t)=dF(t)/dt \tag{17.5.4}$$

時間 t での死亡の起こりやすさを表す。微小時間 $t \sim t+dt$ の間に死亡が起こる確率は $dF(t)=f(t)dt$ で表される。

［定義］

ハザード $h(t)$ ：これは生存時間特有の概念で、時間 t の直前まで生存しているという条件で、時間 t で死亡する確率密度を表し、

$$h(t) = f(t)/S(t) \\ = -\{dS(t)/dt\}/S(t) \\ = -d\{\log S(t)\}/dt \tag{17.5.5}$$

となる。ハザードは瞬間死亡率（instantaneous mortality rate）ともよばれる。

代表的な生存分布である指数分布ではハザード $h(t)$ は一定値 λ をとり、

$$h(t) = \lambda \tag{17.5.6}$$

と書ける。どの時点でも、その時点の直前まで生存している条件でその瞬間に死亡する率は時間によらず同じという性質をもつ。対応する累積分布関数、生存関数はそれぞれ

$$F(t) = 1 - e^{-\lambda t} \text{、} \ S(t) = 1 - F(t) = e^{-\lambda t} \tag{17.5.7}$$

となる。また密度関数は

$$f(t) = \lambda e^{-\lambda t} \tag{17.5.8}$$

であり、平均値は

$$\mu = 1/\lambda \tag{17.5.9}$$

となる。中央値 t_M は生存率が半分となる時点であり、

$$S(t_M) = e^{-\lambda t_M} = 0.5 \tag{17.5.10}$$

となる関係から、

$$t_M = -\log(0.5)/\lambda \tag{17.5.11}$$

である。つまり λ が推定できれば中央値 t_M は推定できることになる。

生存時間データが $t_1, t_2, \cdots, t_n$ の n 個あり、そのうち m 個が非打ち切り観測値、つまり打ち切られていない死亡時間だったとする。このとき平均値 μ の最尤推定値は

$$\hat{\mu} = \sum_{i=1}^{n} t_i / m \tag{17.5.12}$$

となることが知られている。分子は n 個のすべての観測値の和、分母は非打ち切り観測値の数であることに注意する。打ち切り観測値については観測値そのものは足し込まれるが、観測値の数には勘定しない。もし打ち切り観測値がなければ $\hat{\mu}$ は普通の標本平均値に一致する。いずれにしても $\hat{\mu}$ が求まると、λ の最尤推定値は

$$\hat{\lambda} = 1/\hat{\mu} \tag{17.5.13}$$

として求まる。結局

$$\hat{\lambda} = m / \sum_{i=1}^{n} t_i \tag{17.5.14}$$

である。リュープリンの例では

$$\hat{\mu} = 33.6/4 = 8.4, \hat{\lambda} = 1/\hat{\mu} = 0.119,$$
$$\hat{t}_M = \text{Med} = -\log(0.5)/\hat{\lambda} = -\log(0.5)\hat{\mu} = 5.822$$

となる。ただし、一般に外挿は危険である。データの範囲外でモデルが成立している保証はないからである。

17.6　5年生存率の推定

致命的な疾患であるがんなどでは、診断後あるいは治療後の5年間の生存率である**5年生存率**が生存の長さの1つの目安になっている。たとえば、カプラン-マイヤー法により推定生存曲線$\hat{S}(t)$が得られれば、5年生存率の点推定値は$\hat{S}(t=5)=\hat{S}(5)$として得られる。5年生存率は生存に関する重要な指標なので、点推定値だけでなく、区間推定値も併せて求めたい場合が多いが、これは

$$\text{信頼区間(信頼限界)} = \text{点推定値} \pm Z(\alpha) \times \text{標準誤差} \tag{17.6.1}$$

の形で求められる。ここで標準誤差は生存率の推定値の分散の平方根をとることによって求まるが、生存率の分散推定式は以下に示すグリーンウッドの公式（Greenwood's formula）による（補足説明1参照)。

$$V(S_t) = S_t^2 \sum_{h=1}^{i} \frac{d_h}{R_h(R_h - d_h)}, \ i \leqq t < i+1 \tag{17.6.2}$$

ただし、$t_h, h=1,\cdots,i$は第i死亡時点までの死亡時間、d_hは第h死亡時点での死亡数、R_hは第h死亡時点でのリスク集合（at risk数：つまり第h死亡時点の直前の生存数）を表す。

17.7　生存曲線の比較：ログランク検定

表 17.13 は 40 歳未満群と 40 歳以上群の 2 つの年齢群の生存時間データである。これらのデータの年齢別生存曲線は図 17.4 に示されている。2 個の生存曲線は違いがあるようにみえるが、本当に差があるかどうかを検定したい。このようにいくつかの生存曲線に違いがあるかどうかを検定する代表的方法が**ログランク検定**（log-rank test）である。

表 17.13　年齢別生存時間データ

40 歳未満群		40 歳以上群	
ID	生存期間（月）	ID	生存期間（月）
A1	2	B1	1
A2	3	B2	1
A3	6	B3	1
A4	6	B4	1
A5	7	B5	2
A6	10	B6	3
A7	15	B7	3
A8	15	B8	9
A9	16	B9	22
A10	27		
A11	30		
A12	32		

もしある一時点での集計結果の比較であれば、2×2 分割表での χ^2 検定が可能である。たとえば 1 カ月後であれば、以下のような集計表が得られるから、連続修正（第 14 章補足説明 4 参照）を行わない χ^2 検定では $\chi^2 = 6.588\ (p = 0.010)$、連続修正を行った場合は $\chi^2 = 4.021\ (p = 0.045)$ でいずれにしても 5%有意となる。

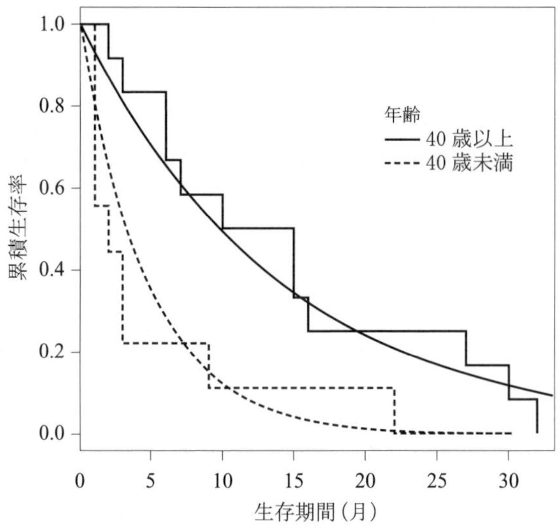

図 17.4　表 17.13 のデータの生存曲線

表 17.14　1 カ月時点の表

年齢	死亡		計
	はい	いいえ	
40 歳未満	0	12	12
40 歳以上	4	5	9
計	4	17	21

しかし、時間の経過により、死亡例が増えていくので、個別の時点ではなく、観察期間全体で群間の生存時間に差があるかどうかを評価する必要がある。ログランク検定では各死亡発生時点で上のような分割表を作成し、これらすべての分割表の上で群間に死亡率の差がないという帰無仮説に対するマンテル-ヘンツェル検定を行う（第 14 章参照）。

このときの各表の分母は、死亡発生時点の直前で生存している患者数（すなわち at risk 数 : number at risk）である。これは各死亡時点で両群の死亡率に差がなければ、過去の経過のいかんに関わらずその時点での死亡率は群間で同じなので、それぞれの表は独立な表と考えてよいことに基づいている。実際に第 i 死亡時点で作られる 2×2 表が表 17.15 のようになったとする。

このとき帰無仮説：各死亡時点での死亡率は同じ（2 つの生存曲線は同じ）のもとで、以下のマンテル-ヘンツェル検定統計量（14.5 節参照）は近似的に自由度 1 の χ^2 分布に従う。

表 17.15　第 i 死亡時点の表

年齢	死亡		計
	はい	いいえ	
40 歳未満	d_{i1}	$R_{i1}-d_{i1}$	R_{i1}
40 歳以上	d_{i2}	$R_{i2}-d_{i2}$	R_{i2}
計	d_i	R_i-d_i	R_i

$$\chi^2=\frac{\left[\sum_{i=1}^{nd}d_{i1}-\sum_{i=1}^{nd}m_{i1}\right]^2}{\sum_{i=1}^{nd}V_{i1}} \tag{17.7.1}$$

（上式の記号（表 17.15）は、死亡事象に注目した表記であり、一般的な表記（第 14 章補足説明 2 の表 2）と読み替えが必要である）

ここに m_{i1}、V_{i1} は R_{i1}、R_{i2} および d_i が与えられた条件のもとでの d_{i1} の期待値と分散であり、

$$m_{i1}=E(d_{i1})=\frac{d_iR_{i1}}{R_i},\quad V_{i1}=V(d_{i1})=\frac{d_i(R_i-d_i)R_{i1}R_{i2}}{R_i^2(R_i-1)} \tag{17.7.2}$$

である（このときは超幾何分布（第 14 章補足説明 3 参照）に従う）。近似的に $d_{i1}, i=1,\cdots,n_d$ が平均 m_{i1}、分散 V_{i1} の独立な正規分布に従う、すなわち $d_{i1}\sim N(m_{i1},V_{i1})$ ならば、その和も近似的に正規分布に従い、

$$\sum_{i=1}^{n_d}d_{i1}\sim N\left(\sum_{i=1}^{n_d}m_{i1},\sum_{i=1}^{n_d}V_{i1}\right) \tag{17.7.3}$$

となる。したがって、式(17.7.1)の X^2 は近似的に自由度 1 の χ^2 分布に従う。

また、たとえ各d_{i1}が近似的な正規分布に従わなくても、中心極限定理によりその和$\sum_{i=1}^{n_d} d_{i1}$はやはり近似的に正規分布に従う。したがって、ある程度のデータ数があればX^2は近似的なχ^2分布に従うと考えてよい。なおデータ数が少ない場合に正規近似を用いないで正確なp値を計算するような方法も考案されているが、ここでは触れない。表 17.13 の年齢別生存時間データでは、$X^2 = 6.17\ (p = 0.013)$となるので 5%水準で有意である。すなわち 2 群間で生存時間分布に差ありと判定される。

実は各時点の$d_{i1}, i = 1, \cdots, n_d$を足し込む検定統計量の作り方からわかるように、2 群の生存曲線が異なるといっても、どちらか一方がつねに各時点の条件付き死亡率p_i（あるいは条件付き生存率$q_i = 1 - p_i$）が高いときにこの検定の検出力が高くなるが、この大小関係が凸凹しているときには、そのような生存曲線の差はこの検定では検出できない。極端な場合は 2 つの生存曲線がクロスする場合であり、このような場合にログランク検定を用いるのは適切ではない。ログランク検定が最も適切な場合は後出の比例ハザード性が成り立つ場合である。

■ SAS の例

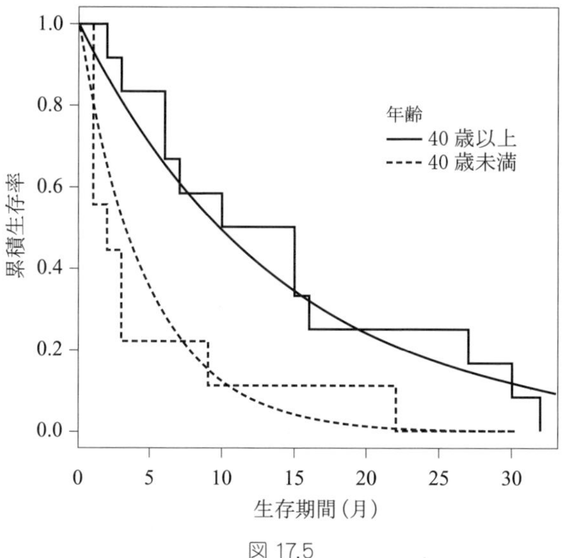

図 17.5

[補足説明 1]　グリーンウッドの公式

まず、時間 t_h の直前まで生存しているという条件のもとで、時間 t_h で死亡する確率を p_h、生存する確率を $q_h = 1 - p_h$ とすると、死亡数 d_h は 2 項分布 $B(R_h, p_h)$ にしたがい、p_h の推定値 $\hat{p}_h = d_h / R_h$ の推定分散は $\hat{p}_h(1-\hat{p}_h)/R_h = d_h(R_h - d_h)/R_h^3$ となる。ところで $S_h = \prod_{j=1}^{h} q_j$ ゆえ、対数をとると $\log S_h = \sum_{j=1}^{h} \log q_j$ となるが、右辺は独立な変量 $\log q_j, j = 1, \cdots, h$ の和の形をしているので、その分散は、それぞれの和の分散の和となる。すなわち

$$V(\log S_h) = \sum_{j=1}^{h} V(\log q_j)$$

である。

一般に、確率変数 x の関数 $y \approx f(x)$ の近似分散は、$V(y) \approx \{f'(x)^2\} V(x)$ により与えられる。この方法はデルタ法（delta method、第 11 章 補足説明 2 参照）とよばれるが、これを用いると、$y = \log x$ なら、$f'(x) = dy/dx = 1/x$ ゆえ、$V(y) \approx \{(1/x)^2\} V(x) = V(x)/x^2$ となる。ゆえに

$$V(\log q_j) \approx V(q_j)/q_j^2 = (p_j q_j / R_j)^2 / q_j = p_j / (R_j q_j)$$

である。

これに $p_j = d_j / R_j, q_j = (R_j - d_j)/R_j$ を代入すると、$V(\log q_j) \approx d_j / R_j(R_j - d_j)$ となる。したがって

$$V(\log S_h) = \sum_{j=1}^{h} V(\log q_j) \approx \sum_{j=1}^{h} d_j / R_j(R_j - d_j)$$

となる。欲しいのは S_h の分散であるから、$S_h = \exp(\log S_h)$ となることに注意して、再びデルタ法を適用することにより、

$$V(S_h) \approx S_h^2 V(\log S_h) = S_h^2 \sum_{j=1}^{h} d_j / R_j(R_j - d_j)$$

となる（$y = \exp(x)$ に対して $f'(x) = \exp(x) = y$ であるから、$V(y) \approx y^2 V(x)$ となることを利用する)。これがグリーンウッドの公式とよばれるものであるが、生存率の信頼区間を作る際には、この公式を直接利用して

$$S_h \pm z_{1-\alpha} \sqrt{V(S_h)} \approx S_h \left\{ 1 \pm z_{1-\alpha} \sqrt{\sum_{j=1}^{h} d_j / R_j(R_j - d_j)} \right\}$$

とする。ただし推定精度が悪い場合に信頼区間が[0,1]を超えることが起こり得る。これを補正するような修正公式も存在するが、簡便には信頼区間が[0,1]を超えた場合に、1 または 0 に置き換えればよい。

[補足説明 2]　層別ログランク検定（stratified log-rank test）

式(17.7.1)のマンテル-ヘンツェル検定統計量（＝ログランク検定統計量）は

$$\chi^2 = \frac{U^2}{V} \tag{1}$$

のように書くことができる。ここで $U = \sum_{i=1}^{n_d} d_{i1} - \sum_{i=1}^{n_d} m_{i1}$, $V = \sum_{i=1}^{n_d} V_{i1}$ である。この検定統計量が層別された第 h 層($h = 1,\cdots,H$)層から得られたものとすると、層ごとのログランク検定統計量は

$$\chi_h^2 = \frac{U_h^2}{V_h}, h = 1,\cdots,H \tag{2}$$

と書ける。ここで 2 値データの場合のマンテル-ヘンツェル検定統計量(14.5.2)と同様に、分母と分子を足しこんで $U_T = \sum_{h=1}^{H} U_h$, $V_T = \sum_{h=1}^{H} V_h$ としたとき、

$$\chi_T^2 = \frac{U_T^2}{V_T} \tag{3}$$

は**層別ログランク検定統計量**（stratified log-rank test statistic）とよばれ、層に共通の 2 群間のハザード比が 1（すなわち比較したい 2 群間で層に関わらずハザードが等しい）という仮説の下で、近似的に自由度 1 の χ^2 分布に従う。したがって、計算された χ_T^2 が自由度 1 の χ^2 分布の上側 α 点より大きいときに有意水準 α で統計的に有意と判定する。このとき層間でハザード比は一定と仮定されていることに注意する。すなわち、層間でハザード比が一定と仮定できないときは、この検定は妥当でない。

第 18 章　生存時間データの回帰分析 ——Cox 回帰

18.1　はじめに

第 17 章では生存時間分布の推定法および比較法について説明した。本章では生存時間データの回帰手法について述べる。これは開発者の名を取って Cox 回帰（Cox regression ; Cox,1972)、あるいは手法の特性から比例ハザード回帰（proportional hazards regression）などとよばれているが、計量値の重回帰分析、2 値データの**ロジスティック回帰分析**に対応する生存時間データの回帰手法である。

この手法は重回帰分析やロジスティック回帰分析とともに、あるいはそれ以上に医学データや生物データで頻繁に用いられており、応用として極めて重要である。通常の重回帰、ロジスティック回帰などの回帰的な方法は、多数の因子が疾患の発生や進展に関与しているとき、それらの因子を同時に考慮することにより､他の因子の影響を除外した特定の因子の“効果の大きさ”を推定したり、考慮した因子全体の応答への影響度を推定する方法である。

たとえば、2 群の治療効果を比較する場合に、前に説明した重回帰モデルやロジスティックモデルを使うと、治療効果の指標（死亡率など）に影響を与える諸因子の 2 群間の偏りを補正することができ、治療法も含めて効果に対する共変量の関連度 (“重み”) を推定することができる。しかしこの場合、応答（治療効果）の測定は一定の期間の後に限定しなければならなかった。

しかし、生存データでは打ち切りデータが生じ、症例により観察期間が異なってしまう。そのため、上に述べた方法では、全症例の評価時期を最短観察期間に合わせるか、観察期間が一定期間未満の症例を除外したりしなければならず、観察期間の結果を100%使用することはできない。

それに対して、第 17 章に述べた通常の生命表理論では、症例により観察期間が異なっている場合でも、すべての症例の全観察期間の情報を100%有効に活かし、観察開始時点から各時点までの**累積死亡率**（**生存率**）を計算することが可能である。しかし、生命表理論では各期間ごとの生存率、死亡率および、観察開始時点から各時点までの累積死亡率（生存率）を計算することが可能であるが、多数の共変量（予後因子）を同時に考慮して、群間の偏りを補正した補正累積生存率の計算は困難である。

通常の生命表法で 2 群間の偏りを補正するには、偏りが生じた因子について、その因子の水準すなわちカテゴリーごとの累積死亡率（生存率）を計算し、カテゴリーごとに比較しなければならない。このような層別解析では、考慮すべき因子の数とカテゴリーの数、およびそれらの組み合わせの数が大きくなり、極めて煩雑となる。さらにサブグループの症例数が少なくなり、統計学的検出力や推定精度が低下する。また 2 値データの場合の偏り調整の方法であるマンテル-ヘンツェル法と同様の偏り調整法として、第 17 章［補足説明 2］に示した層別ログランク検定（stratified log-rank test）が知られているが、この方法も共変量の組み合わせが多くなると計算が困難となる。重回帰的手法では同時に多数の**共変量**[1]（**予後因子**）を考慮して、各変数独自の重みを推定したり、処置群間の偏りを補正することができた。

ここで、重回帰型の生命表理論があれば、両者の特長を活かしながら、共変量の生存率への影響度と、共変量の偏りを補正した補正累積生存率（死亡率）を推定することができる。1972 年に、Cox は重回帰分析と生命表理論を組み合わせた、統計的手法を考案した。

18.2　回帰モデル

生存時間の回帰モデルを考える際、何を従属変数にすればいいのかという問題がある。第 17 章においても説明したが、ハザードは**瞬間死亡率**ともよば

---

[1] 共変量とは、交絡因子（confounding factor）あるいは効果調整因子（effect modifier）をさし、医学領域では予後因子（補足説明参照）とよばれることもある。

れ、ある時点（の直前）まで生存したという条件の下で、その時点で死亡する瞬間の死亡率を表す。ハザードを時間の関数と考えたとき、**ハザード関数**（hazard function）とよばれる。

ハザード関数 $h(t)$は、時間 t で死亡する密度関数 $f(t)$と、時間 t 以上生存する割合を示す生存関数 $S(t)$を用いて、

$$h(t)=\frac{f(t)}{S(t)}$$

のように表される。すでに死亡している個体は、$h(t)$には直接関係しない。また定義より $h(t)\geqq 0$ は明らかである。

生存関数は時間経過に応じた累積量であるのに対し、ハザード関数は瞬間的な死亡可能性を示している関数である。またその形から指数、ワイブル（Weibull）、対数正規などの時間分布形を特定できる。さらにハザード関数が決まると、累積ハザード関数や生存関数も決まるなど、他の関数にもたやすく変換できるという意味で中心的働きをする。このような理由により、モデル化での従属変数として使われる。

$h(t)$は、時間 t での死亡発生事象に直接関係するので、回帰モデルを考えるとき $h(t)$をモデル化するのは合理的である。ある時点で共変量の影響を直接受けるのがハザードである。また生存時間データには、ある時間（時点）までは生存しているが、それ以上いつまで生きるか（あるいはいつの時点で死亡するか）がわからない打ち切りデータ（censored data）の発生が不可避であるが、$h(t)$をモデル化すれば、このようなデータも容易にモデルに組み込むことができる。それゆえ、応答変数にハザードを使うことで、生存時間データの特質をよく捉えられる（ハザードに関しては、17.5 節の「ハザードの定義」および「補足説明 2」も参照されたい）。

次に、ハザード関数に回帰モデルの構造をいかに組み込むかを考える。**説明変数**（あるいは共変量）からなるベクトルを $\boldsymbol{x}$ で表したとき、ハザード $h(\boldsymbol{x},t)$が

$$h(\boldsymbol{x},t)=\lambda(\boldsymbol{x})h_0(t) \tag{18.2.1}$$

となるモデルを考える。ここで、

t：観察期間

$\boldsymbol{x}$：各観察症例についての P 個の説明変数（共変量、予後因子などという場合もあり、同じ意味で使う）、$x_1, x_2, \cdots, x_P$ のすべての変数は平均値を代入したとき 0 となるように変換しておくと計算上都合がよい。

$h(\boldsymbol{x}, t)$：時間 t におけるハザード（hazard：瞬間死亡率）

$h_0(t)$：$x_1, x_2, \cdots, x_P$ がすべて平均値であるときの時間 t におけるハザード。

$h_0(t)$ を**ベースラインハザード**（基準人のハザード）、または**基準ハザード**とよぶ。いわゆる、基準条件におけるハザードをさす。共変量の値を平均値からのかい離（差）として表したとき、基準ハザードは元の共変量の値が平均値のときのハザードを示すことになる。このモデルは、h と h_0 との比（ハザード比）が時間に関係なく一定である、つまり比例的であると仮定したものである。このようなモデルを**比例ハザードモデル**（Proportional hazards model）とよぶ。

式(18.2.1)は、$h(\boldsymbol{x},t)$ が処置法などの共変量の値により $h_0(t)$ からどれだけ変化するかを示している。$\boldsymbol{x}$ は時間によらない共変量である。たとえば処置法や性別など、全調査期間で変わらないものがその例である。すでに述べたようにハザードは正の値しかとれない。したがって $h(\boldsymbol{x},t) > 0, h_0(t) > 0$ である。

ゆえに $\boldsymbol{x}$ のあらゆる値に対して常に $\lambda(\boldsymbol{x}) > 0$ でなければならない。関数 $\lambda(\boldsymbol{x}) = \exp(\boldsymbol{\beta x})$ は $\boldsymbol{x}$ のあらゆる値に対してもこの条件 $\lambda(\boldsymbol{x}) > 0$ を満足する。ここに $\boldsymbol{\beta}$ は回帰係数である。したがって、この関数を用いると式(18.2.1)は

$$h(\boldsymbol{x},t) = \exp(\boldsymbol{\beta}'\boldsymbol{x})h_0(t) \tag{18.2.2}$$

となる。これが、Cox の比例ハザードモデル（Cox's proportional hazards model）、あるいは単に **Cox モデル**（Cox model）とよばれるものである。

さらに、式(18.2.2)を変形すると

$$\ln\frac{h(\boldsymbol{x},t)}{h_0(t)} = \boldsymbol{\beta x} \tag{18.2.3}$$

となる。これを拡張して、一般に P 変量の場合は

$$\ln\left(\frac{h(\boldsymbol{x},t)}{h_0(t)}\right) = \beta_1 x_1 + \cdots + \beta_p x_P \tag{18.2.4}$$

あるいは

$$\ln\left(\frac{h(\boldsymbol{x},t)}{h_0(t)}\right)=\beta_1(x_1-\bar{x}_1)+\cdots+\beta_p(x_p-\bar{x}_p) \tag{18.2.5}$$

のように表すことができる。

ベースラインハザードは、式(18.2.4)の定式化では $\boldsymbol{x}=0$ のときのハザード、また式(18.2.5)の定式化では $\boldsymbol{x}=\bar{\boldsymbol{x}}$ のときのハザードとなる。ここに $\bar{\boldsymbol{x}}$ は共変量ベクトルの平均、すなわち共変量の平均値からなるベクトルであり、平均ベクトルとよばれる。

回帰パラメータ $\boldsymbol{\beta}$ の推定値は、ハザードに関する尤度、すなわち条件付き尤度を最大化することにより得られる。$h(\boldsymbol{x},t)$ は共変量 $\boldsymbol{X}$ をもつ個体の時間 t におけるハザードすなわち瞬間死亡率である。ロジスティックモデルでは従属変数が対数オッズだったが、Cox モデルでは**対数ハザード比**（log hazard ratio）である。このモデルを回帰手法として考えるときには Cox 回帰（Cox regression）とよばれる。この手法の理論は大変難解なのでここでは詳細な説明を省略するが、生物の生存時間は複雑なため、機械の故障時間の解析で用いられる指数分布やワイブル分布のような標準的な生存時間（あるいは故障時間）分布が適用できない場合が多い。したがってハザード比に着目することにより、生存分布を特定しないで、回帰分析を行える Cox 回帰がこのような場面で極めて有用である。

Cox 回帰のもう 1 つの特徴は、同時に多数の関連因子の影響を除いた補正生存率曲線が求められることである。これはベースラインハザードを生命表分析におけるカプラン-マイヤー(Kaplan-Meier)法のようなやり方で推定し、これに Cox 回帰の結果を結合することにより得られる。回帰パラメータに関してはパラメトリック、ベースラインハザードに関してはノンパラメトリックに推定されるので、**セミパラメトリックな回帰**（semiparametric regression）とよばれる場合もある。これにより補正生存率曲線に基づく 5 年生存率を推定することができる。

また、2 つの共変量ベクトル x_1, x_2 に対応するハザード $h(\boldsymbol{x}_1,t)=h_0(t)e^{\boldsymbol{\beta}'\boldsymbol{x}_1}$ と $h(\boldsymbol{x}_2,t)=h_0(t)e^{\boldsymbol{\beta}'\boldsymbol{x}_2}$ との比をとれば、ベースラインハザードはキャンセルされ、ハザード比（相対リスク）$e^{\boldsymbol{\beta}'(\boldsymbol{x}_1-\boldsymbol{x}_2)}$ となるので、このことを利用して、

ある因子の有無、またはある因子のカテゴリー（または値、程度）の差の死亡率への影響度を調べることができる。

18.4 節で、実データを使った Cox モデルの解析例を紹介する。

18.3 回帰係数の推定

観察された生存データに比例ハザードモデルを当てはめるには、共変量にかかっている**未知パラメータ** $\boldsymbol{\beta}$ を推定しなければならない。生存関数を推定するならば、ベースラインハザード関数も推定しなければならないが、係数 $\boldsymbol{\beta}$ の推定とベースラインハザード関数の推定は別々に推定することが可能である。まず $\boldsymbol{\beta}$ を推定して、それをベースラインハザード関数の推定に利用する。この節では未知パラメータ $\boldsymbol{\beta}$ の推定方法について考える。

比例ハザードモデルの未知パラメータ $\boldsymbol{\beta}$ は、最尤法（method of maximum likelihood）により推定する。最尤法では標本データの尤度を求める（16.3 節参照)。尤度は観察データの同時確率密度関数（連続データ)、または確率関数（区分データ）であり、仮定するモデルの未知パラメータの関数である。このとき未知パラメータ $\boldsymbol{\beta}$ の推定値は、観測されたデータが生じる確率が最も大きい値として決まる。つまり、最尤推定値（maximum likelihood estimates）は尤度関数を最大化する値である。実際は、尤度関数を最大化するよりその対数である対数尤度関数を最大化するほうが、結果は同じで計算は楽である。さらに対数尤度関数の 2 次微分から最尤推定値の近似分散を求めることができる（16.3 節参照)。

最尤推定の最初のステップは、観測データのプロファイルを記述する尤度関数を求めることである。n 人の被験者から異なる r 人の死亡時点と、$n-r$ 人の右側打ち切りの生存時間データが得られたとする。それぞれの死亡時点で死亡するのは 1 人だけとする。つまりタイ（tie）がないと仮定する（タイがある場合は後で触れる)。

r 人の生存時間を順に $t_{(1)}<t_{(2)}<\cdots<t_{(j)}<\cdots<t_{(r)}$ と書く。時点 $t_{(j)}$ でのリスク集合 (risk set) を $R(t_{(j)})$ で示す。この $R(t_{(j)})$ は $t_{(j)}$ の直前の時点まで生存していた被験者集合である。Cox は比例ハザードモデルに対する尤度関数を次式と

して示した。ここでは、この式をCox尤度とよぶ（Cox尤度の導出は補足説明を参照されたい）。

$$L(\beta)=\prod_{j=1}^{r}\frac{\exp(\beta'\boldsymbol{x}_{(j)})}{\sum_{k\in R(t_{(j)})}\exp(\beta'\boldsymbol{x}_{(k)})} \tag{18.3.1}$$

ここでn人の生存時間の観測値を$t_1, t_2,\cdots, t_n$とし、c_iをi番目$(i=1,2,\cdots,n)$の生存時間t_iが右側打ち切りか死亡かを示す指示変数とする。右側打ち切りならば0、それ以外ならば1である。このとき尤度関数(18.3.1)は次のように書くことができる。

$$L(\boldsymbol{\beta})=\prod_{i=1}^{n}\left\{\frac{\exp(\boldsymbol{\beta}'x_i)}{\sum_{k\in R(t_i)}\exp(\boldsymbol{\beta}'x_i)}\right\}^{c_i} \tag{18.3.2}$$

$R(t_i)$は時点t_iでのリスク集合である。式(18.3.2)の対数尤度関数は、

$$\log L(\beta)=\sum_{i=1}^{n}c_i\{\beta'\boldsymbol{x}_i-\log\sum_{k\in R(t_i)}\exp(\beta'\boldsymbol{x}_k)\} \tag{18.3.3}$$

式(18.3.2)あるいは式(18.3.3)において、$c_i=0$すなわち打ち切りに対応する項は消えることに注意する。つまり、積あるいは和は実際に死亡が生じた時点だけを考えればよい。打ち切りはリスク集合、すなわち$R(t_i)$を考えるときに考慮される。比例ハザードモデルの回帰係数βの最尤推定値は、数値計算によりこの対数尤度関数(18.3.3)を最大化することにより求められる。すなわち、

$$\frac{\partial\log L(\beta)}{\partial\beta}=0$$

この最大化には通常**ニュートン-ラフソン法**（Newton-Raphson method）が用いられる。以上はタイがない場合の話であるが、実際には1時点で複数人が死亡している場合も生じる。そのときCox尤度を修正しなければならない。

いまs_jを、j番目$(j=1,2,\cdots,r)$の死亡時点$t_{(j)}$で死亡した複数の被験者に対するp個の共変量のそれぞれを合計したものとする。もし$t_{(j)}$においてd_j人が死亡している場合、s_jのh番目の要素は

$$S_{hj}=\sum_{k=1}^{di}\boldsymbol{x}_{hjk}$$

である。ここで $\boldsymbol{x}_{hjk}$ は、j 番目$(j=1,2,\cdots,r)$の死亡時点で死亡した d_j 人の中の k 番目$(k=1,2,\cdots,d_j)$の被験者に対する h 番目$(h=1,2,\cdots,p)$の共変量の値である。

ブレスロー(Breslow)により最も単純な近似として次式が与えられている。

$$L(\boldsymbol{\beta})=\prod_{j=1}^{r}\frac{\exp(\boldsymbol{\beta}'\boldsymbol{s}_j)}{\{\sum_{k\in R(t_{(j)})}\exp(\boldsymbol{\beta}'\boldsymbol{x}_k)\}^{dj}} \tag{18.3.4}$$

この近似は、統計ソフトでタイを取り扱う際のデフォルトとして利用されている。タイの取り扱いではいろいろな方法が提案されており、正確な方法(Kalbfleisch and Prentice,2002)、近似法として上で紹介した Breslow 法(1974)、Efron 法(1977)があるが、詳細は参考文献(Collett(2003)など)を参照されたい。

18.4 事例

ここでは、Collett(2003)のテキストから入手した副腎腫のデータを使って解析した。解析には統計ソフト SAS University Edition (free)の PHREG を使用し、データを表 18.1 に示す。

これは腎臓がん、あるいは副腎腫の患者36名の研究データである。すべての患者は化学療法と免疫療法の組み合わせで治療され、何人かは腎臓摘出術が行われた。ここで調べたいことは、患者の生存時間が診断時の年齢と腎臓摘出術の有無とどう関連するかである。

このデータでは、患者の年齢は 0 が 60 歳未満、1 が 60～70 歳まで、2 が 70 歳を超えるに区分化され、生存時間は単位が月で計られている。打ち切りについては 0 が打ち切り、1 は死亡を示す。j 番目の年齢グループを age_j と表す$(j=1,2,3)$。手術実施の有無は ope_k で、$\mathrm{ope}_1=0$ は実施せず、$\mathrm{ope}_2=1$ は実施を示す$(k=1,2)$。

この研究の考えられるモデルは次の 5 つである。 i を被験者の番号とすると、

表 18.1　副腎腫データ

OBS	ope	agec	time	censor
1	1	0	9	1
2	1	0	6	1
3	1	0	21	1
4	1	1	15	1
5	1	1	8	1
6	1	1	17	1
7	1	2	12	1
8	0	0	104	0
9	0	0	9	1
10	0	0	56	1
11	0	0	35	1
12	0	0	52	1
13	0	0	68	1
14	0	0	77	0
15	0	0	84	1
16	0	0	8	1
17	0	0	38	1
18	0	0	72	1
19	0	0	36	1
20	0	0	48	1
21	0	0	26	1
22	0	0	108	1
23	0	0	5	1
24	0	1	108	0
25	0	1	26	1
26	0	1	14	1
27	0	1	115	1
28	0	1	52	1
29	0	1	5	0
30	0	1	18	1
31	0	1	36	1
32	0	1	9	1
33	0	2	10	1
34	0	2	9	1
35	0	2	18	1
36	0	2	6	1

モデル 1（共変量なし）：$h_i(t) = h_0(t)$

モデル 2（年齢のみ）：$h_i(t) = h_0(t) \times \exp(\beta_1 \mathrm{age}_j)$

モデル 3（手術のみ）：$h_i(t) = h_0(t) \times \exp(\beta_2 \mathrm{ope}_k)$

モデル 4（年齢・手術主効果のみ）：$h_i(t) = h_0(t) \times \exp(\beta_1 \mathrm{age}_j + \beta_2 \mathrm{ope}_k)$

モデル 5（年齢・手術交互作用あり）：$h_i(t) = h_0(t) \times \exp(\beta_1 \mathrm{age}_j + \beta_2 \mathrm{ope}_k + (\beta_3 \mathrm{age*ope})_{jk})$

解析は次の内容を吟味しながら進める。

- 変数の線形性
- はずれ値の調査
- モデルの選択と回帰係数の推定
- モデルの妥当性のチェック
- ベースラインハザードの推定と生存関数の推定
- 回帰係数の解釈

1）変数の線形性、はずれ値の調査

このデータは対象となる変数はすべてカテゴリー変数であり、ロジスティック回帰でも行ったカテゴリーの順序性の確認が必要である。

対象の変数は年齢である。手術の有無別に各年齢ごとの平均生存時間（打ち切りは考慮していない）の分布を表 18.2 と図 18.1 に示す。図より順序性が確認できるため、ここでは、(−2logL) と AIC の結果も考慮し、解析には agec を使い、それのダミー変数化は必要ないとみなす。次に、はずれ値であるが、このデータは特に問題ないと思われる。

表 18.2　カテゴリーごと生存期間分布

	ope = 0	ope = 1
agec	meantime	meantime
0	51.63	12.00
1	42.56	13.33
2	10.75	12.00

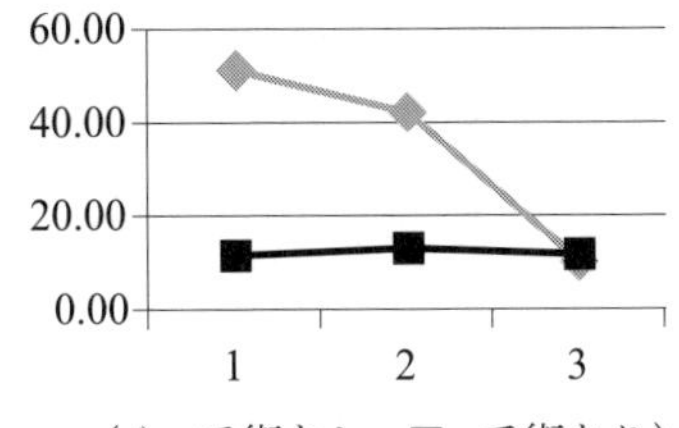

（◆：手術なし、■：手術あり）

図 18.1　ope ごと年齢の平均生存時間分布

2）モデルの選択と回帰係数の推定

5 つのモデルの解析結果を表 18.3 に示す。ここではモデル選択は尤度比および AIC の比較で進める。

表 18.3　モデル適合度および回帰分析結果

	最尤推定量の分析							モデルの適合度統計量		
モデル	パラメータ	DF	パラメータ推定値	標準誤差	χ^2	Pr>ChiSq	ハザード比	基準	共変量なし	共変量あり
1	ope	1	1.480	0.508	8.495	0.004	4.392	−2logL	177.667	170.247
								AIC	177.667	172.247
								尤度比包括		
								χ^2	自由度	Pr>ChiSq
								7.420	1.000	0.007
2	agec	1	0.528	0.286	3.409	0.065	1.696	−2logL	177.667	174.422
								AIC	177.667	176.422
								χ^2	自由度	Pr>ChiSq
								3.245	1.000	0.072
3	ope	1	1.397	0.515	7.363	0.007	4.043	−2logL	177.667	167.867
	agec	1	0.461	0.293	2.475	0.116	1.586	AIC	177.667	171.867
								χ^2	自由度	Pr>ChiSq
								9.799	2.000	0.007
4	ope	1	1.898	0.686	7.649	0.006	.	−2logL	177.667	166.857
	agec	1	0.643	0.339	3.599	0.058	.	AIC	177.667	172.857
	ope*age	1	−0.639	0.644	0.986	0.321	.	χ^2	自由度	Pr>ChiSq
								10.809	3.000	0.013
5	a2	1	0.089	0.420	0.045	0.833	1.093	−2logL	177.667	172.172
	a3	1	1.465	0.578	6.423	0.011	4.329	AIC	177.667	176.172
								χ^2	自由度	Pr>ChiSq
								5.494	2.000	0.064
6	ope	1	1.412	0.515	7.508	0.006	4.103	−2logL	177.667	165.508
	a2	1	0.012	0.425	0.001	0.977	1.012	AIC	177.667	171.508
	a3	1	1.342	0.592	5.140	0.023	3.825	χ^2	自由度	Pr>ChiSq
								12.158	3.000	0.007
7	ope	1	1.943	0.731	7.076	0.008	.	−2logL	177.667	162.479
	a2	1	−0.046	0.498	0.008	0.927	.	AIC	177.667	172.479
	a3	1	2.068	0.690	8.996	0.003	.	χ^2	自由度	Pr>ChiSq
	ope*a2	1	0.051	0.971	0.003	0.958	.	15.188	5.000	0.010
	ope*a3	1	−2.003	1.343	2.225	0.136	.			

基本になるのは、共変量をもたないモデルの (−2logL) と AIC である。それらは 177.667 と 177.667 である。手術のみモデルに含めると、(−2logL) = 170.247 と AIC = 172.247 であり、177.667−170.247 = 7.42、自由度 1 で p 値は 0.007 と

有意である。このような見方で全部のモデルを調べる。

モデル 3 の χ^2 値は 9.799 であり、モデルはデータによく適合している。また含まれている各変数の有意性に関する p 値は ope では 0.007、agec では 0.116 である。モデル 6 は、agec をダミー化した変数を含んだもので、a3 の p 値は 0.023 であり、モデル 3 の agec の p 値は 0.116 であるが、モデル 6 の結果より agec はモデルに必要である。

次に交互作用であるが、モデル 4 の交互作用項の p 値は 0.321 と有意ではない。さらにモデル適合度を見ると (−2logL) = 166.857、AIC = 172.857 であり、モデル 3 と比べると、(−2logL)の差は 167.867−166.857 = 1.01、自由度 1 であり有意ではなく、さらに AIC ではモデル 3:AIC = 171.867、モデル 4:AIC = 172.857 で交互作用をもったモデル 4 のほうが適合度が劣っている。

また年齢をダミー化した a2 と a3 を使ったモデル 6 とモデル 7 の比較を行う。モデル 6 では (−2logL) = 165.508、AIC = 171.508 である。モデル 7 では (−2logL) = 162.479、AIC = 172.479 である。

2 つのモデルの (−2logL) の差は 165.508−162.479 = 3.029、自由度は 2 であり有意ではない。また AIC を見ると、モデル 6:AIC = 171.508、モデル 7:AIC = 172.479 で交互作用をもったモデルのほうが適合度が劣っている。したがって (−2logL)の評価と AIC の評価が一致している。これらの検討より、顕著な交互作用はないと結論付けられる。

以上の検討より、ベストモデルはモデル 3 またはモデル 6 である。

3）モデルの妥当性のチェック

モデルの比例ハザード性は、**2 重対数プロット** (log-log plot)による。

$h(t,\boldsymbol{x})$をハザード関数、$\boldsymbol{x}$ を共変量とすると、ハザード関数の定義式より、

$$h(t,\boldsymbol{x}) = -\frac{dS(t,\boldsymbol{x})}{dt} \times \frac{1}{S(t,\boldsymbol{x})} = -\frac{ds(\log(S(t,\boldsymbol{x}))}{dt} \tag{18.4.1}$$

となる。ハザード関数を時点 0 から t まで積分した累積ハザード関数 $H(t)$は、

$$H(t,x) = \int_0^t h(u,x)du = -\log S(t,x) \tag{18.4.2}$$

と定義でき、さらに式を変形すると、

$$S(t,\boldsymbol{x}) = \exp(-H(t,\boldsymbol{x})) = \exp[-\exp(\beta\boldsymbol{x})H_0(t)] \tag{18.4.3}$$

となる。両辺対数をとると、

$$\log(-\log S(t,\boldsymbol{x})) = \beta\boldsymbol{x} + \log H_0(t) \tag{18.4.4}$$

比例ハザードモデルが成立していたら、上式が成り立つ。つまり間隔が $\beta\boldsymbol{x}$ で $\log(-\log S)$ と $\log(t)$ のプロットは平行になる。副腎腫のデータでは、図 18.4 となり、プロットには比例性が認められ、モデルが適切であることがうかがわれる。

表 18.4　副腎腫の生存曲線の推定値

(a) 手術なし、年齢 = 60 歳未満

ope = 0　agec = 0

time	s	lower	upper	lls	ltime
0	1.00	.	.	.	.
5	0.99	0.96	1.00	−4.41	1.61
6	0.96	0.92	1.00	−3.29	1.79
8	0.94	0.87	1.00	−2.73	2.08
9	0.88	0.78	0.99	−2.07	2.20
10	0.87	0.76	0.99	−1.94	2.30
12	0.85	0.73	0.99	−1.82	2.48
14	0.83	0.70	0.98	−1.68	2.64
15	0.81	0.68	0.97	−1.56	2.71
17	0.79	0.65	0.96	−1.44	2.83
18	0.74	0.58	0.93	−1.18	2.89
21	0.71	0.55	0.91	−1.06	3.04
26	0.64	0.48	0.86	−0.82	3.26
35	0.61	0.44	0.84	−0.70	3.56
36	0.54	0.38	0.78	−0.49	3.58
38	0.51	0.34	0.75	−0.39	3.64
48	0.47	0.31	0.72	−0.28	3.87
52	0.40	0.25	0.66	−0.10	3.95
56	0.37	0.21	0.63	0.01	4.03
68	0.33	0.18	0.59	0.11	4.22
72	0.29	0.15	0.56	0.21	4.28
84	0.25	0.12	0.52	0.34	4.43
108	0.19	0.08	0.49	0.49	4.68
115	0.10	0.02	0.56	0.82	4.74

(b) 手術あり、年齢 = 71 歳以上

ope = 1　agec = 2

time	s	lower	upper	lls	ltime
0	1.00	.	.	.	.
5	0.88	0.68	1.00	−2.09	1.61
6	0.68	0.41	1.00	−0.97	1.79
8	0.52	0.24	1.00	−0.41	2.08
9	0.28	0.08	1.00	0.25	2.20
10	0.23	0.05	0.98	0.38	2.30
12	0.19	0.04	0.95	0.50	2.48
14	0.15	0.02	0.95	0.64	2.64
15	0.12	0.01	0.95	0.76	2.71
17	0.09	0.01	0.97	0.88	2.83
18	0.04	0.00	1.00	1.14	2.89
21	0.03	0.00	1.00	1.26	3.04
26	0.01	0.00	1.00	1.50	3.26
35	0.01	0.00	1.00	1.62	3.56
36	0.00	0.00	1.00	1.83	3.58
38	0.00	0.00	1.00	1.93	3.64
48	0.00	0.00	1.00	2.04	3.87
52	0.00	0.00	1.00	2.22	3.95
56	0.00	0.00	1.00	2.33	4.03
68	0.00	0.00	1.00	2.43	4.22
72	0.00	0.00	1.00	2.53	4.28
84	0.00	0.00	1.00	2.66	4.43
108	0.00	0.00	1.00	2.81	4.68
115	0.00	0.00	1.00	3.14	4.74

4）ベースラインハザードの推定と生存関数の推定

生存関数の推定には、回帰係数の推定量が得られた後、ベースラインハザードの関数の推定が必要である。これには第 17 章で説明したカプラン-マイヤー法を利用する。推定方法の詳細は補足説明を参照されたい。実際の計算は反復計算が含まれるので、統計ソフト(SAS)で計算された結果のみ表 18.4 に示す。

さらに生存曲線をグラフ図 18.2、18.3 に示した。

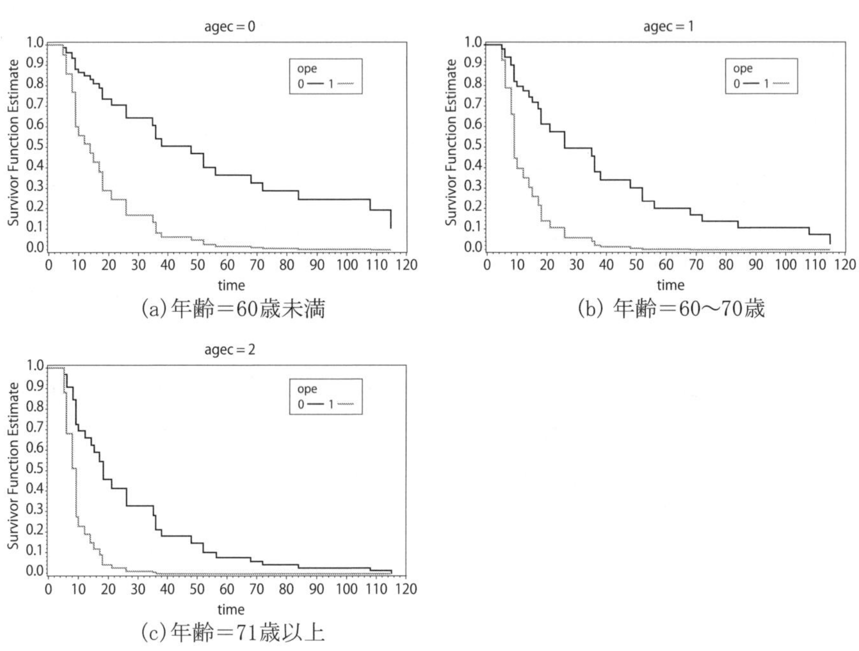

(a)年齢＝60歳未満　(b) 年齢＝60〜70歳　(c)年齢＝71歳以上

図 18.2　年齢別、手術の有無の推定生存関数のグラフ

グラフより、一番状態の悪いのは ope ありで agec＝2、一番状態のいいのは ope なしで agec＝0 である。またグラフと表より 5 年生存率は、一番状態の悪い場合 0.00、一番状態のいい場合 0.37 と推定される。

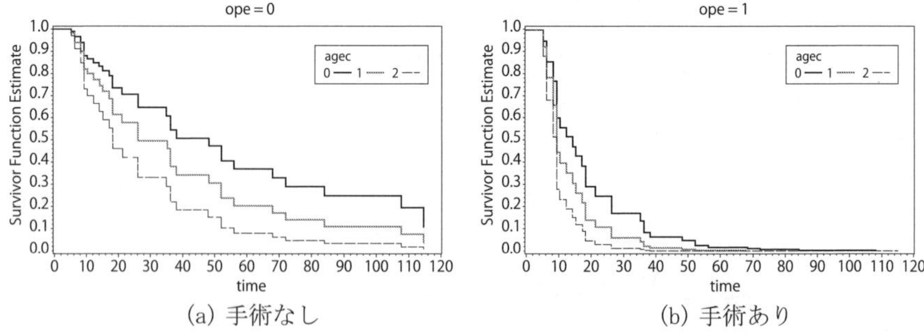

(a) 手術なし　　(b) 手術あり

図 18.3　手術有無別、年齢区間の推定生存関数のグラフ

5）回帰係数の解釈

モデルの検討で、ベストモデルはモデル 3 となった。

$$\ln\left(\frac{h(\boldsymbol{x},t)}{h_0(t)}\right) = \beta_1 \mathrm{ope} + \beta_2 \mathrm{agec} = 1.397 \times \mathrm{ope} + 0.461 \times \mathrm{agec} \tag{18.4.5}$$

グラフより、一番状態の悪いのは ope ありで agec = 2、一番状態のいいのは ope なしで agec = 0 であった。この 2 つの両極端の状況の違いで、リスク比がどれほどになるのか推定する。式(18.4.5)に 2 つの状況の数値を代入する。

一番状態の悪い状況 (ope ありで agec = 2)

$$\ln\left(\frac{h(\boldsymbol{x},t)}{h_0(t)}\right) = 1.397 \times 1 + 0.461 \times 2 = 2.319$$

ハザード比 = exp(2.319) = 10.166

一番状態のいい状況 (ope なしで agec = 0)

$$\ln\left(\frac{h(\boldsymbol{x},t)}{h_0(t)}\right) = 1.397 \times 0 + 0.461 \times 0 = 0$$

ハザード比 = exp(0) = 1

よって　リスク比 = 10.166/1 = 10.166

一番状態の悪い状況は、一番状態のいい状況と比べて死亡リスクが約 10 倍高いと推定される。また 5 年生存率の推定値は、一番状態の悪い状況 (ope ありで agec = 2)はグラフまたは表 18.4(b)より 0.0 であり、一番状態のいい状況 (ope なしで agec = 0)では表 18.4(a)より 0.37 である。

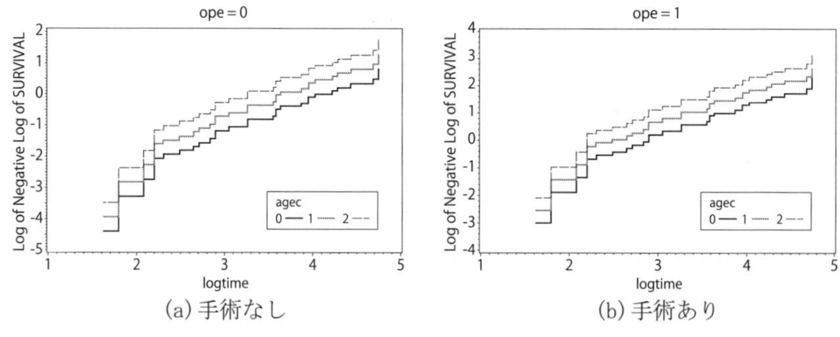

(a) 手術なし　　(b) 手術あり

図 18.4　2重対数プロット（手術有無別）

実際の解析では、信頼区間の推定や残差の検討などまだまだやらなければならないことがいろいろあるが、本書は入門編であることと、紙面の都合でそれらは割愛した。必要に応じて参考文献を参照されたい。

[補足説明 1]　予後とは

予後とはまだ起きていないが、将来起こり得る予想上の結果である。すでに起きてしまった結果は**転帰**（outcome）であり、これと混同してはいけない。**予後因子**（prognostic factor）とは、通常の臨床試験等での主評価項目（エンドポイント）は、過去の症例の治療の効果を結果として表すものである。しかし患者が死んだ後で、「だからその病気は重症であった」とか、「だから治療の効き目がなかった」といっても後の祭である。死という結果が出る前に危険を予知して、対策を立てることが必要である。そのためには死亡よりもっと早期に得られる情報で、しかもこの死亡と関連があり、その予知に役立つものが必要である。これが予後因子とよばれるものである。ここでは、予後因子を単に因子とか共変量とよぶ。

[補足説明 2]　ハザードについて

ハザードはわかりにくい量なので、補足解説する。

死亡の起こり方を特にその変化に着目してみるときには、分布関数の微分形の1つとしてのハザード関数（死亡率関数）が使われる。

ハザード関数の定義は、次式で与えられる（Tを被験者の生存時間の確率変数、tを特定の数値（生存時間）とする）。

$$h(t) = \lim_{\Delta t \to 0} \frac{P(t \leqq T < t + \Delta t \mid T \geqq t)}{\Delta t}$$

$h(t)$はハザード関数であり、$T \geqq t$すなわちt以上生存した人の、tから$t+\Delta t$の間で死亡する単位時間当たりの率（確率÷Δt）のΔtをゼロに近づけた極限値である。ハザード関数は確率ではなく率（rate）であるため、そのとる範囲は0〜1ではなく0〜∞である。

定義式は連続変数でわかりにくいので、区分データである生命表におけるハザード関数の求め方を例示する。生存時間をm個に区分化する。j番目の区間での死亡数を$d_j(j=1,2,\cdots,m)$、その区間でリスク集合に含まれる平均的被験者数は、次式で求まる。

$$n_j^* = n_j - \frac{C_j}{2}$$

C_jを2で割るのは、区間のどこで打ち切られているか不明なので、真ん中で生じたとすると公平になる。そのため2で割っている。

さらにj番目の区間の長さをτ_j、区間内の死亡率を一定とすると、この区間における平均的な生存時間は

$$(n_j^* - \frac{d_j}{2})\tau_j$$

と書ける。ここでもd_jを2で割るのはC_jと同じ理由である。これよりj番目の区間の生命表法による条件付きハザード関数は

$$h^*(t_j) = \frac{d_j}{(n_j^* - \frac{d_j}{2})\tau_j}$$

と書ける。この$h^*(t_j)$は区間iでの時間当たりの条件付き死亡率を表しており、階段関数である。また区間jでの条件付き生存率$S^*(t_j)$は、

$$S^*(t_j) = 1 - h^*(t_j)$$

である。

次の表はあるデータの生命表の一部であるが、ハザード関数の推定値を上式を使い求めたものである。

時点順位	時点区間(月)	τ_j	d_j	c_j	n_j	n'_j	h^*_j
1	0-	12	16	4	48	46.0	0.03509
2	12-	12	10	4	28	26.0	0.03968
3	24-	12	1	0	14	14.0	0.00617

[補足説明 3]　**Cox 尤度の導出**（ここの説明は Collett(2003)に準ずる）

隣り合う死亡時点の区間は、死亡のハザードに対する共変量の効果に、何の情報も与えない。なぜなら、ベースラインハザード関数の形は任意であるので、$h_0(t)$すなわち$h(t)$は死亡が起こっていないこれらの区間では、0 であると考えられる。これは、その区間は回帰係数βの値に関する情報が何もないことを意味している。

したがって$t_{(j)}$が、観測されたr人の死亡時点$t_{(1)}, t_{(2)}, \cdots, t_{(j)}, \cdots, t_{(r)}$の 1 つであるという条件の下で、$i$番目の被験者が時点$t_{(j)}$で死亡する確率を考える。つまりこれが尤度である。$t_{(j)}$で死亡した被験者の共変量ベクトルを$x_{(j)}$と書くと、この確率は次式で表される。

$$P(\text{時点 } t_{(j)} \text{で共変量 } x_{(j)} \text{をもつ被験者 } i \text{ が死亡} \mid \text{時点 } t_{(j)} \text{で 1 人死亡}) \quad (1)$$

ここで確率の関係式$P(A|B) = P(A\&B)/P(B)$より、式(1)の確率は次のように書ける。

$$\frac{P(\text{時点 } t_{(j)} \text{で共変量 } \boldsymbol{x}_{(j)} \text{をもつ被験者 } i \text{ が死亡})}{P(\text{時点 } t_{(j)} \text{で 1 人死亡})} \quad (2)$$

死亡時点は互いに独立であると仮定しているので、この式の分母は時点$t_{(j)}$での死亡確率を、その時点での死亡のリスク集合にあるすべての被験者に対し総和をとったものである。

これらの被験者をkで表し、時点$t_{(j)}$でリスク集合にある被験者集合を$R(t_{(j)})$とすると、式(1)は次のようになる。

$$\frac{P(\text{時点}\,t_{(j)}\text{で共変量}\boldsymbol{x}_{(j)}\text{をもつ被験者}\,i\,\text{の死亡})}{\sum_{k\in R(t_{(j)})} P(\text{時点}\,t_{(j)}\text{で被験者1人死亡})} \tag{3}$$

式(3)で時点 $t_{(j)}$での死亡確率を、区間 $(t_{(j)}$、$t_{(j)}+\delta t)$での死亡確率に置き換え、分子と分母を δt で割ると、

$$\frac{P\{(t_{(j)}+\delta t)\text{で共変量}\boldsymbol{x}_{(j)}\text{をもつ被験者}\,i\,\text{が死亡})\}/\delta t}{\sum_{k\in R(t_{(j)})} P\{(t_{(j)}+\delta t)\text{で被験者}k\text{が死亡})/\delta t} \tag{4}$$

このとき、δt を極限値 0 とすると、式(4)は確率の比である。

補足説明 2 のハザードの定義式より、この極限値は $t_{(j)}$での対応する死亡ハザードの比である。すなわち、

$$\frac{\text{共変量}\boldsymbol{x}_{(j)}\text{をもつ被験者}\,i\,\text{の時点}\,t_{(j)}\text{での死亡ハザード}}{\sum_{k\in R(t_{(j)})}(\text{被験者}k\text{の時点}\,t_{(j)}\text{での死亡ハザード})} \tag{5}$$

時点 $t_{(j)}$での死亡が i 番目の被験者であるので、この式の分子のハザードは $h_i(t_{(j)})$と書くことができる。

同様に分母は、時点 $t_{(j)}$での死亡ハザードをその時点でのリスク集合のすべての被験者に対し和をとったものになる。これは時点 $t_{(j)}$でのリスク集合 $R_i(t_{(j)})$の被験者に対しての $h_i(t_{(j)})$の和である。したがって、式(1)の条件付き確率は次のようになる。

$$\frac{h_j(t_{(j)})}{\sum_{k\in R(t_{(j)})} h_k(t_{(j)})}$$

式(18.2.2)より、分母分子のベースラインハザードがキャンセルされ次式となる。

$$\frac{\exp(\beta' \boldsymbol{x}_{(j)})}{\sum_{k\in R(t_{(j)})} \exp(\beta' \boldsymbol{x}_{(k)})}$$

この条件付き確率を r 個の死亡時点に対し積をとると、尤度関数が求まる。すなわち、

$$L(\beta) = \prod_{j=1}^{r} \frac{\exp(\beta' \boldsymbol{x}_{(j)})}{\sum_{k \in R(t_{(j)})} \exp(\beta' \boldsymbol{x}_{(k)})} \tag{6}$$

この尤度関数は、打ち切りの有無に関わらず実際の生存時間を直接利用していない（順序のみ利用している)。そのため完全な尤度関数ではない。それゆえこの尤度関数は**部分尤度関数**（partial likelihood function）とよばれている。下の 2 つのデータに対し Cox 尤度を求めると同値になる。つまり time の実データは使わないでその順序のみ利用しているためである。

データ(1)

被験者	time	打ち切り	薬剤（共変量）
A	2	1	1
B	3	1	0
C	4	0	0
D	8	1	1

データ(2)

被験者	time	打ち切り	薬剤（共変量）
A	1	1	1
B	5	1	0
C	7	0	0
D	78	1	1

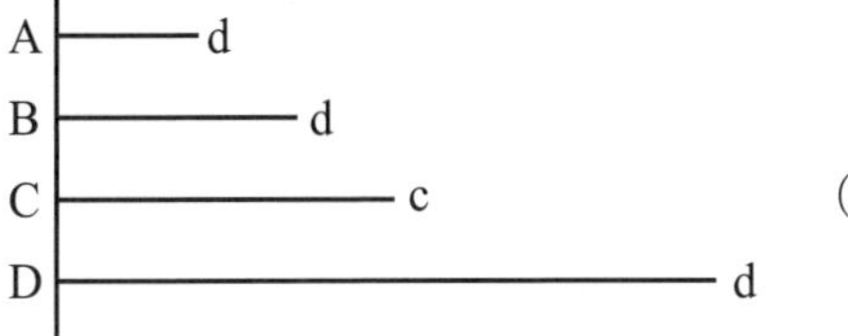

（d：死亡、c：打ち切り）

このデータは、3 人の死亡と 1 人の打ち切り例を含んでいる。i 番目(i = 1,2,3,4)の被験者の共変量を $\boldsymbol{x}_i$、表記を簡単にするため被験者のリスクスコアを $\phi(i) = \exp(\beta' \boldsymbol{x}_i)$ と書く。さらにリスク集合を $R(t_{(i)})$ で表す。たとえば被験者 B では $R(t_{(2)})$ は A と B で構成され、被験者 D では $R(t_{(3)})$ は D のみで構成される。データ(1)に対し部分尤度関数は次のように求められる。

$$L = \frac{\varphi(1)}{\varphi(1) + \varphi(2) + \varphi(3) + \varphi(4)} \times \frac{\varphi(2)}{\varphi(2) + \varphi(3) + \varphi(4)} \times \frac{\varphi(4)}{\varphi(4)}$$

[補足説明 4]　ベースラインハザードの求め方

r 人の死亡時点が観察され、それを小さい順に $t_{(1)} < t_{(2)} < \cdots < t_{(r)}$ とする。さらに時点 $t_{(j)}$ におけるリスク集合の被験者を n_j 、死亡数を d_j とする。

このとき、時点 $t_{(j)}$ におけるベースラインハザード関数の推定値は次式で与えられる（Kalbfleisch and Prentice, 1973）。

$$\hat{h}_0(t_{(i)}) = 1 - \hat{\alpha}_i \tag{1}$$

ここで表記を簡略化するため、$\hat{\theta}_i = \exp(\hat{\beta}' x_i)$ とすると、$\hat{\alpha}_i$ は次式の解である（導出は複雑なため参考文献を参照されたい）。

$$\sum_{l \in D_{t(i)}} \frac{\hat{\theta}_l}{1 - \hat{\alpha}_i^{\hat{\theta}_l}} = \sum_{l \in R_{t(i)}} \hat{\theta}_l \tag{2}$$

ここで、$i = 1, 2, \cdots, r$ である。$R_{t(i)}$ は、順序生存時間 $t_{(i)}$ におけるリスク集合に含まれる n_i 人の被験者すべての集合である。$D_{t(i)}$ は、i 番目の死亡時点 $t_{(i)}$ に死亡した d_i 人の被験者すべての集合である。

タイがあるとき、式(2)の左辺はべき指数の異なる $\hat{\alpha}_i$ を分母にもつ分数の和になるので正確に解けないため、反復計算が必要である。タイがない場合、すなわち $d_i = 1$ の場合、式(2)の左辺は項が 1 つになるため、次のように書くことができる。

$$\hat{\alpha}_i = \left(1 - \frac{\hat{\theta}_i}{\sum_{l \in R_{t(i)}} \hat{\theta}_l} \right)^{\hat{\theta}_i^{-1}} \tag{3}$$

ベースライン生存関数の推定はこの条件付き生存関数の推定量の積で得られる。

$$\hat{S}_0(t) = \prod_{i=1}^{k} \hat{\alpha}_i \tag{4}$$

ここで、$\hat{\alpha}_i$ は式(2)の解であり、$t(k) \leqq t < t(k+1)$、$k = 1, 2, \cdots, r-1$ である。

累積ハザード関数は、

$$\hat{H}_0(t) = -\ln \hat{S}_0(t) = -\sum_{i=1}^{k} \ln \hat{\alpha}_i \tag{5}$$

ここで、$t(k) \leqq t < t(k+1)$、$k = 1, 2, \cdots, r-1$ である。

i 番目の被験者の累積ハザード関数は、

$$\hat{H}_i(t) = \exp(\hat{\beta}'x) \times \hat{H}_0(t) \tag{6}$$

i 番目の被験者の生存関数は、

$$\hat{S}_i(t) = \left(\hat{S}_0(t)\right)^{\exp(\hat{\beta}'x)} \tag{7}$$

で推定できる。

式(4)でベースライン生存関数、式(6)で累積ハザード関数、式(7)で生存関数の推定値から、説明変数ベクトルが $\boldsymbol{x}_i$ である被験者に対する推定値を求めることができる。

第19章　研究デザイン

19.1　はじめに

ここでの対象の中心を医学領域に絞る。研究（調査）で開始時に必要なものは、研究計画（研究デザイン）である。研究計画は、目的に始まって、対象、データの取り方（データ構造・データを取る順序)、群構成（比較の方式)、統計モデル（統計解析法）などを含む。研究計画は、研究の基盤であると同時に最重要事項である。

よく研究者は、データを集めた後に統計解析方法を考えているが、これは全く本末転倒した考えである。すべては、観察（観測）されたデータに対しどのような解析方法が適切かは、研究計画立案時にすでに決まっているものである。たとえば、新しい予防接種の有効性を調べる研究では、従来法と新しい方法の二群比較を行い、評価項目が計量値ならば二群の t 検定を行う。ここまでは研究計画立案時にすべて決めることができる。統計デザインに関して、著名な統計学者であるベイラーとモステラー(1986,NEJM)は、「メジャーな審査つき雑誌の編集者としての6年間の経験から、統計計算が誤りだからといってその論文を却下したことはない。却下の大部分は統計デザインと統計概念といった、もっと基本的問題の不備によるものである。それらは結果が出た後では、救済されない種類のものである。」と言っている。

また、Lancet で統計審査官Gore等(1992)がデザイン面の不備について、デザイン面の指摘箇所のうち、基本デザインや適格条件（対象の記述）の不備が約40%あったと報告している。

このように、研究におけるデザインはとても重要なものである。本章では、医学・薬学研究で基本となるデザイン、さらに臨床試験のデザインについて紹介していく。

19.2 デザインの分類

医学研究の統計デザインは、観察研究と介入研究に大別できる。

19.2.1 観察研究（observational study）

観察研究とは、原則は臨床現場どおりに治療を行いつつ観察を主体にし、現在の処置法を変えないで、知りたいことを分析する研究方法である。たとえば、特定の市に在住する75歳以上の男性の喫煙と肺がん発症の関連性を調べるなどである。

観察研究には、以下のデザインがある。

- 症例集積研究（case series study）
- 横断研究（cross-sectional study）
- 縦断研究（longitudinal study）：経時的研究
- ケース・コントロール研究（case-control study）
- コホート研究（cohort study）
  - 前向き（prospective）
  - 後ろ向き（retrospective, historical）
- ケースコホート研究（case-cohort study）

詳しくは19.4節で説明する。また第11章も参照されたい。

19.2.2 介入研究（intervention (experimental) study）

介入研究とは、仮説を証明するため積極的に現在の処置法を変える、言い換えれば「介入する」研究方法である。そのため、実験研究（experimental study）ともいわれ、臨床試験や治験（薬や治療方法の認可を受けるための臨床試験）はこれに当たる。たとえば、新薬の有効性検証研究では、従来治療を変えて試験薬投与群を設定する。これは治療法に介入している。また従来の治療法でも併用のやり方を変えれば介入ということになる。

介入研究には、以下のデザインがある。

・比較対照試験　(comparative trial)

　(参考) 比較対照と同じ意味で使われるものに同時対照 (concurrent control) がある。同じ試験内で対照をとることを同時対照と表現する場合がある。

　これは並行 (parallel) 試験ともいわれ、2つの試験法がある。

　➢ ランダム化 (randomized) 試験

　➢ 非ランダム化 (non-randomized) 試験

・クロスオーバー (cross-over) 試験

・外部対照試験 (既存対照を含む) (external (historical) control)

・対照なしの研究 (uncontrolled study)

各研究 (試験) 方法は後で詳しく説明する。

EBM (evidence based medicineの略称で「根拠 (証拠) に基づく医療」) として介入研究と観察研究の結果を比較すると、下記の1から3に行くほど信頼性は低下する。

1. ランダム化比較対照試験 (randomized comparative trials)
2. 非ランダム化比較試験 (non-randomized comparative trials)
   A) コホート研究またはケース・コントロール研究
   B) 集積症例、ヒストリカルコントロール比較試験
3. 著名研究者や権威の意見や記述疫学研究

19.3　デザイン上の基本的要素

19.3.1　比較方法 (2種類の処置の比較)

比較の方式には、患者間比較と患者内比較がある

・患者間比較とは

　2種類の処置を何人かずつに与えて2群の患者間で結果を比較する。患者間の変動を誤差 (ノイズ) と考え、それに対する2群の間の平均的違い (シグナル) を比較する方式。

・患者内比較とは

同一患者の中で2種類の処置を与え、結果を比較する。

1）患者間比較

パラレル比較（parallel comparison）デザインを用いた臨床研究は、基本的には患者間比較を採用する並行群間比較デザインとよばれる。比較されるコントロール群を同時に設けるのを、同時対照（concurrent control）試験とよぶ。結果に関して患者間のバラツキが大きいと証明が困難である。ブロック化（blocking）や層化（stratification）を併用することがある。臨床試験における並行群間比較デザインについては、より詳しく説明されている19.5.1項も参照されたい。

2）患者内比較

もっとも簡単な例として、全被験者をランダムに2群に分けた場合について説明する。A群の各被験者には、最初にCを処理し、その後Tを処理する（2つの処理間にはウォッシュアウト期間（休薬期間）を設ける）。B群では、その逆を行う。1被験者にCとTが処理されるため、CとTの効果の差には個体差は含まれないので、効率のいい比較方式である。しかし、先に行う処置で対象としている症状が消えてしまうと、効果が確認できない。そのため適用には制限がある。

表19.1　クロスオーバーデザイン

（患者内比較（自己対照、self-controlled）デザイン）

群	被験者	時間		
A	1_A	C	⇒	T
	2_A	C	⇒	T
	⋮		⋮	
	N_A	C	⇒	T
B	1_B	T	⇒	C
	2_B	T	⇒	C
	⋮		⋮	
	N_B	T	⇒	C

臨床試験におけるクロスオーバーデザインについては、19.5.2項も参照されたい。

19.3.2　評価指標

実験目的の応答（レスポンス）、結果変数（評価指標）をエンドポイント（end point）ともいう。応答に影響する可能性のある変数も観測しておくべきである。応答に影響する観察可能な変数のことを要因（factor）とよぶ。要因の特定の値のことを水準（level）という。たとえば、性別であれば性という要因があって、男性・女性というのがそれぞれ水準になる。必要な要因は観察しておくよう計画すべきであるが、あまり関係ないものまで無闇に増やすことは好ましくない。

評価指標（エンドポイント）は明確に定義しておかなければならない。たとえば評価項目としては疼痛でよいが、単に疼痛の減少ではよくない。評価指標まで定めておくことが必要である。

・どの時点の疼痛度で判断するのか。

・前値との絶対差か、それとも相対差か。

死亡率でも2群比較の場合、その差なのか比なのかは決める必要がある。できるだけ臨床的に意味のある、わかりやすいものを指標に選ぶべきである。

19.3.3　ランダム化

母集団からランダムに標本を抽出する操作を、**ランダム抽出（random sampling）**という。**ランダム割り付け（random allocation）**とは、比較する処置をランダムに患者に割り当てる操作をいう。ランダム抽出とランダム割り付けとは混同しやすい用語であるが、臨床試験でいうランダム化（randomization）とはランダム割り付けを指す。

ランダム抽出は、標本で判断した結論が母集団に外挿できるという意味で**外部妥当性（external validity）**の保証となる。しかし、臨床研究ではその保証は通常していない。対象となる患者は母集団からランダムに抽出されているとは限らない。ランダム抽出は行えないのが普通である。その代わり、患者の適格条件を事前に決めて連続的にすべての患者を選択する。「連続的」に

（consecutively）という点が重要である。それは、自分の研究に都合の良い患者だけを選ばないことを保証する。

臨床研究ではランダム抽出は普通行わないが、ランダム割り付けを行う。連続的に選ばれた適格な患者という標本の中で、比較したい処置を公平に割り当てる際に行う手段としてランダム割り付けがある。これは、いわば**内部妥当性**（internal validity）や**比較妥当性**（comparative validity）を保証する。

1）母集団（population）と標本（sample）

想像を含めた広い集団である母集団を研究対象としたいが、すべてを網羅することは不可能なので適切な方法で標本を抽出する。すなわち母集団を十分代表できるような標本を選ぶことが大切である。標本に関していろいろなデータを集め、それらを解析して、結果を母集団へ回帰する。母集団への回帰の可能性を**外部妥当性**（external validity）、**一般化可能性**（generalizability）とよぶ。

なお、**マスク化**（masking、盲検化）とは、バイアスが入らないように評価に関する科学性を保証するための方法である。割り当てられた処置が何であるかを知ってしまうと、評価に影響を及ぼすため、マスクしてわからないようにする。とくに主観的な評価項目を扱う際には、マスク化は必須である。医師が患者の様子を全般的に判断して評価する場合には、少なくとも評価する医師はマスクしておかないといけない。良いと思っている治療になると、そうでないときよりも「頑張ってしまう」ことがあるため評価にバイアスが入る。マスク化するためには、比較するもの（薬剤）を区別がつかないようにしなければならない。以前は、盲検化のことを英語でblindingといっていたが、それは盲人に対する差別用語であるため、現在ではmasking（マスク化）とよぶ。

治療に関する論文での結果妥当性のチェックポイントとして、

第1のチェックポイント：

治療を患者にランダムに割り付けたか？（randomness）

試験に組み入れたすべての患者を考慮したか？（completeness）

ランダム割り付けされた群として解析したか？（intention-to-treat : ITT）

第2のチェックポイント：

患者や医師に対して治療をマスクしたか？（masking）

治療開始時点で比較群は類似していたか？（comparability）

介入を除くすべての治療は同様であったか？（fairness）

臨床試験では、論理構造としては一般化可能性は保証されない。

19.3.4　偏り（バイアス）

偏りとは、真値からのズレをさす用語である。図19.1において、(c)が真の分布とした、(a)(b)は真値からズレているので偏りがある。偏りとバラツキとは異なるものである。図19.1で(a)と(b)を比べると、(a)はバラツキが小さく、(b)はバラツキが大きいという。

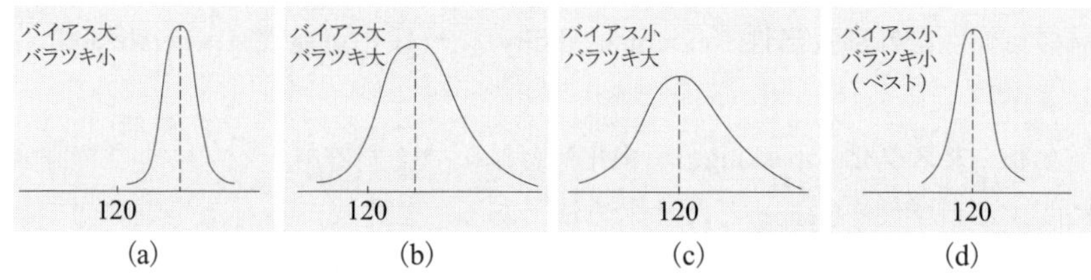

図 19.1　正確度(accuracy)と精度(precision)

正確度はバイアスの少ない程度。精度はバラツキの少ない程度。

19.3.5　割り付け法

コイン投げと同等の単純な拘束条件のない割り付け法として、単純無作為割り付け法の例を示す。

例1）2つの治療の場合

0〜4はA、5〜9はBを割り当てる。

0	5	2	7	8	4	乱数表の第1行から（乱数の開始は任意の点から始める）
↓	↓	↓	↓	↓	↓	
A	B	A	B	B	A	（割り付け表）

例2）3つの治療A、B、Cの場合

1〜3はA、4〜6はB、7〜9はCを割り当てる。0は無視する。

0	5	2	7	8	4	乱数表の第1行から
↓	↓	↓	↓	↓	↓	
-	B	A	C	C	B	（割り付け表）

19.3.6　プロトコール

プロトコールに必要な主要項目として、次のようなことを記載しなければならない。

1. 背景（今まで得られた情報）
2. 研究課題（目的、仮説）
   研究目的は、有効性など漠然としたものではなく、可能な限り具体的にする。
   得られる結果は、どのような人に当てはまるのかを明記する。
   測定や観察は一定の方法で行うことも重要である。
3. デザイン（比較の方式、群構成、必要例数）
4. 評価変数（エンドポイント）
5. 統計的方法

プロトコールの要点のみを書いた例として表19.2を示す。

表19.2　プロトコール例

項目	内容
対称疾患	インスリン非依存性糖尿病（NIDDM）
治験デザイン（群構成）	二重盲検群間比較試験（プラセボ、30mg/日）
試験タイプ	有効性検証試験
主評価項目	12週後の空腹時血糖下降率（12週後のHbA1c下降率）
主解析	主評価項目の要約統計量、信頼区間、2標本t検定
例数設定の根拠	後期第2相試験の成績から、主要評価項目である12週後の空腹時血糖下降率について、A剤（30mg）、プラセボの下降率をそれぞれ15%、0%、両群共通のSDを25%と仮定し、両側有意水準$\alpha=0.05$、$1-\beta=0.90$として60例/群と設定。

19.4　研究デザインの種類

19.4.1　実験研究（2群比較において）

薬効評価で標準的に使用される3つのデザインがある。試験群をT、対照群をCとすると、

1. **優越性試験**（superiority trial）では、TはCに優る。
2. **非劣性試験**（non-inferiority trial）では、TはCと比較してある程度以上は劣ることはない。
3. **同等性試験**（equivalence trial）では、TとCは同じ。

を検証するためのものである。

1）優越性試験

これは普通の群間比較試験であり、一般に実施される試験は「対照に対して勝った」との結論を導く片側検定が使われ、非劣性試験と区別するために、優越性試験とよばれる。

被験薬群をT、対照群をC、群の母平均をμとすると、優越性試験の仮説

検定では、

帰無仮説 $H_0 : \mu_C \geqq \mu_T$

対立仮説 $H_1 : \mu_C < \mu_T$

となる仮設を立てて検定を実施する。

2）非劣性試験

このデザインは現在のところ、製薬企業が実施する治験に限定されるものだが、よく使われるので理解が必要である。非劣性試験での「非劣性」という用語・概念はかなり新しく、最初の登場はICH E9の「臨床試験のための統計的原則」（1998年）である。

非劣性試験とは、「Tを試験群、Cを対照群として、T群はC群と比較してある程度以上は劣ることはない」との結論を導くための試験であり、「T群とC群とは同じ」との結論を導くための「同等性（equivalency）試験」と異なり、両者が混同され誤解されることも多いので注意を要する。

被験薬群をT、対照群をC、群の母平均をμとすると、非劣性試験の仮説検定では、

帰無仮説 $H_0 : \mu_C - \Delta \geqq \mu_T$

対立仮説 $H_1 : \mu_C - \Delta < \mu_T$

を立てて検定を実施する。

ここでΔは非劣性の限界値、E9 ガイドラインでは「同等限界」とよばれる。非劣性の限界値について、E9 ガイドラインでは「同等限界とは、臨床的に許容できると判断しうる最大の差であり、実薬対照の有効性を立証した優越性試験において観測された差よりも小さいものであるべきである。……。同等限界の大きさの選択には、十分な臨床的根拠を示すべきである」とされている。

被験薬の対照薬に対する非劣性の検証は通常、信頼区間に基づいて行われ、非劣性の検証は（被験薬から対照を引いた）試験治療間の差が下側同等限界より小さいという帰無仮説に対して、試験治療間の差は下側同等限界よりも大きいという対立仮説を検定する片側仮説検定に対応する。ここで、E9 ガイドラインの規定する有意水準は片側 2.5%である。

もちろん、信頼区間による方法ではなく、検定で行うこともできる（やっていることは同じことであるが）。非劣性試験の長所として、すべての被験者が実薬を投与されるため、一般にプラセボ対照試験よりも倫理上および実施上の問題は少ないと考えられている。

3）同等性試験

ここでは生物学的同等性について説明する。通常の仮説検定は、違うことを証明する論理構造であり、同じであること（同等）を証明する機能はない。しかし、後発品（ジェネリック）製造承認申請の際には同等性を証明しなければならないため、通常の仮説検定は使えない。このような場合に考えられたデザインが、**同等性試験**である。

新薬の独占的な販売期間（再審査期間および特許期間）が終了した後に発売される医薬品を、後発医薬品という。これは新薬と同じ有効成分で、効能・効果、用法・用量・剤形が同一でなければならない。後発医薬品は新薬に比べて低価格な医薬品であり、国は医療費抑制のため使用を勧めている。欧米では有効成分の一般名（generic name）で処方されることが多いため、「ジェネリック医薬品」という言葉でよばれている（ここでは後発品とよぶ）。後発品は先発品の特許が切れなければ製造販売することができないので、それまで待たなければならない。

後発品では、化合物、用法・用量、剤型（投与ルート）が先発品と同じで、そして血中薬物濃度パターンが同じならば臨床効果は同じと考え、安全性および効果の臨床試験は既に確かめられているため不要である。しかし、後発品の人での血中薬物濃度パターンが先発品と同じかどうかは、データに基づいて証明しなければならない。血中薬物濃度パターンの指標とは、バイオアベイラビリティー（吸収パターン）のパラメータとよばれ、C_{max}（最大血中濃度）やAUC（血中濃度曲線下面積：Area Under Curve）である。

後発品の製造承認を得るには、2つの製剤間（先発品と後発品）でこれらのパラメータの同等性を示す臨床試験が必要である。そのために生物学的同等性試験（BE試験、Bioequivalence Study）が必要であり、それは先発品と後発品のバイオアベイラビリティの一致を確認するための試験である。同じ薬効成分を同量含む製剤であっても、製剤のわずかの差によって薬物のバイオアベイラビリティ、すなわち効き方が違ってくる。

標準製剤（先発品）の血中濃度曲線のパラメータ（C_{max} や AUC）と、新たに申請する後発品のパラメータとを比較して差がないことを統計学的に示さなければならない。C_{max} や AUC について、2 つの製剤間の差の信頼区間が、定められた範囲内であれば同等とされる。この試験の解析方法は、次の補足説明を参照されたい。

［補足］

統計ガイドラインには起こり得るすべての場合に対応する必要から、臨床エンドポイントの同等性についても記述されている。第三者が、治療 A と B を公平な立場で評価したいといったような場合に同等性評価が必要である。また､非常に稀に起こる可能性として､十分な血中濃度が測定できない場合、BE 試験で同等性が証明できない訳だが、そのとき臨床エンドポイントで同等性を証明しなければならない。しかし、多くは臨床エンドポイント ⇒ 非劣性、BE 試験 ⇒ 同等性として取り扱われる。必要な場合は、統計ガイドライン（net で参照可能）を参照されたい。

19.4.2　疫学デザイン

1）横断研究（cross-sectional study）

横断研究とは、要因Aと、要因Bの有無を同時に調査し、そのデータ構造を調べる研究方法である。言い換えれば、ある一時点で状況（構造）を調べる調査である。また横断研究は、コホート研究の開始時の研究にも利用され、その場合はスタート時のコホートの断面構造を記述するのに使われる。別の例として、国勢調査も横断研究である。

さらに別の例として（学生数 100 人の）ある教室でアンケート調査を行うなら、それも横断研究といえる。対象となる全データ数を固定し、一時点でデータを取る調査であるためである。調査に当たって、対象者の性別や年齢などの個人情報、さらに調べたい要因 A、… についての質問項目（調査項目）を用意し、100 人の学生に 1 回で回答してもらう。

各調査項目に対し、一元的集計を行う。しかし2つの項目A、Bを組み合わせた分割表を作ったとき、「要因Aが原因となって要因Bが起こった」という両者の因果関係は結論できない。なぜなら横断研究では、すべての要因を同時に調査しているため、要因Aと要因Bのどちらが先に起こったかを区別できないからである。

しかし、現存するデータについて**同時測定できた曝露情報（過去の履歴）がある場合**は、横断データを用いて症例研究に使うことができる。言い換えれば、横断研究で現在の健康状態（がん、その他の疾患の有無など）と過去の履歴（喫煙、飲酒習慣など）を調べた場合は、探索的な立場で原因（危険因子）と結果（病気や健康状態）の関連を分析することができる。つまり横断データの中に過去の情報が取れる場合は、因果関係まで踏み込めるということである。ただ、症例対照研究（後述）では過去の情報を能動的に集める調査活動が必要であるが、横断研究ではそれをしないという違いはある。

横断研究と症例対照研究の推測可能性について、もう少し説明する。サリドマイドの例で説明すると、

	奇形あり	奇形なし	計
サリドマイド服用	a	b	m
非服用	c	d	n
計	s	f	g

この例は症例対照研究なので、s,fが固定され、服用率の差（a/s）-（b/f）は分析できる。基本的なことだが、同じデータがもしコホート研究（後述）のものなら、服用率はデザインでコントロールできるので推測の対象とならない。この場合推測可能となるのは奇形児の発症率の差（a/m）-（c/n）で、一般にリスクとよばれている。

いまの場合、服用率を一般的には曝露（率）とよんだ方がいいかもしれないが、ここでは（縦横逆方向の割合なので）仮に逆リスクとよんでおく。コホート研究ではリスク差（あるいはリスク比）は推測できるが、逆リスク差（あるいは逆リスク比）は推測できず、症例対照研究では逆リスク差（あるいは逆リスク比）は推測できるが、リスク差（あるいはリスク比）は推測で

きない。横断研究では周辺を固定しないので、いずれの推測も可能である。なおすでに述べたように、オッズ比はこれらのデザインに依存しない指標で、いずれのデザインにおいても推測可能である。

それぞれのデザインからのセルカウントの分布は、4分表の場合、

① コホート研究、前向き介入研究（臨床試験など）～要因に関する積2項分布
② ケースコントロール研究～結果に関する積2項分布
③ 横断研究～研究対象例を固定した4項分布（多項分布）

となる。したがって、上の3つの研究タイプからオッズ比、リスク比（差）、逆リスク比（差）の関連指標の推定可能性に関しては

① ○　○　×
② ○　×　○
② ○　○　○

となる。

2）コホート研究（cohort study）

コホート（cohort）の語源は、古代ローマの歩兵隊の一単位で、300～600からなる兵隊の群の意味として使われた言葉である。コホート研究とは、対象集団（コホート、cohort）を規定し、その集団を時間の経過とともに追跡し、イベントの発生を記録し、対象集団の曝露群（喫煙群）と非曝露群（非喫煙群）における、曝露後のイベント（肺がん罹患など）の発生頻度を比較する研究である。

手順としては、まず研究対象者の群（コホート）を設定する（たとえば、○○市の男性全員）。そして最初に各対象者について、目的とするイベント発生の予測に役立つと思われる特性（予測因子、例：喫煙有無）を測定しておき、その後定期的にイベント測定を行いながらフォローアップしていく。コホート研究のイメージは次の図となる。

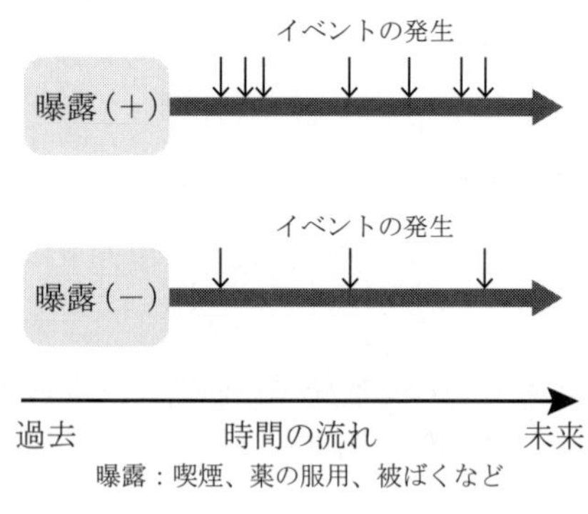

図 19.2　コホート研究（前向き研究）

ある集団の中から、要因のあるなしで2群に分けて前向き、現在から未来に向けて追跡していく。そして、イベントがどれだけ発生するかを比較する。たとえば、「喫煙による肺がん発生率への影響」を調べる場合を考えてみる。「原因」は喫煙、「結果」は肺がん。つまり、原因である喫煙している人を探して、その人たちが肺がんになるのか、ならないのかを追って観察していく（追跡していく）のがコホート研究である。

たばこを吸っている人たちだけを観察しても、たばこが肺がんの原因になっているのか判断ができないので、たばこを吸っていない人たちも同時に観察していく。それらを比較して、「たばこを吸っている人の方が、肺がんになりやすいようだ」ということがわかれば、「たばこが肺がんの原因」ということがいえる。イベントとして肺がんだけでなく、他の疾患についても同時に調べることができるが、調査項目が増える。

【例】フラミンガム研究

代表的なコホート研究として有名であり、多くのとても重要な結果を出した研究である。この研究でリスク因子という概念が確立したり、統計面ではコーンフィールドによるオッズ比、ロジスティック解析が考え出され応用された。概要は補足説明を参照されたい。

3）ケース・コントロール研究

最初にケース（症例）群とコントロール（対照）群に分けて後ろ向き、現在から過去に向けて追跡していく。そして、要因の有無を比較する。ケースとは調べるべきイベントをもつ被験者、対照とはそのイベントをもたない被験者である。

サリドマイド事件でレンツ博士が行った例で説明する(増山、1971)。奇形児出産（ケース）と健康児出産（コントロール）の母親ごとに、過去のサリドマイド使用状況を調べ、奇形児発生とサリドマイド使用との関連性を調べる。ここ半年間で、今まで経験のない奇形児出産をした人たちが何人も発生したら、その原因分析にどのような研究が考えられるか。コホート研究のような時間はなく、一刻も早く原因を調べて、対策を練る必要がある。このような場合、ケース・コントロール研究が使われる。これはコホート研究とは反対に、「奇形児出産＝結果」を起こした人を集めて、過去にさかのぼって「この人たちはサリドマイドを服用したか」どうかを調べていく。つまり、「結果（奇形児出産）」に着目して研究を始める。まず奇形児出産例を集め、次に健康児出産例（対照＝コントロール）を集めて、彼女らのこれまでの服薬記録を比較していく。関連性の指標はオッズ比である（第 11 章参照）。

マッチングした場合は、交絡因子の調整が必要な解析には、マンテル・ヘンツェル検定や、条件付きロジスティックモデルがあるが、後者は Cox の比例ハザードモデルの解析になり、少し複雑になる。ケース・コントロール研究のイメージは次の図となる。

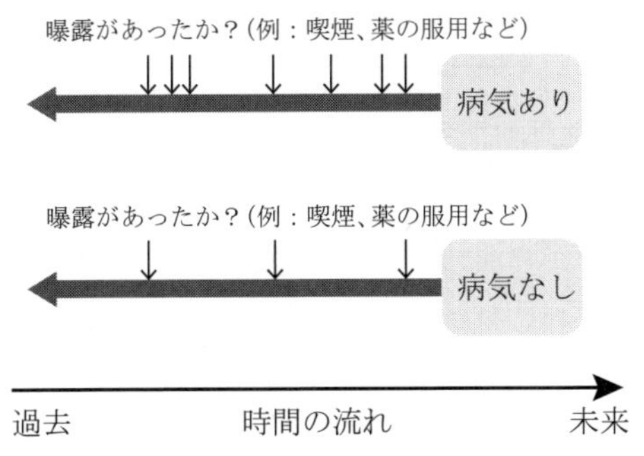

図 19.3　ケース・コントロール研究（症例対照研究、後ろ向き研究）

結果から入るのがケース・コントロール研究である。

コホート研究もケース・コントロール研究も、共に証明したいことは結果的に同じであるが、「原因」と「結果」のどちらに目をつけて研究を始めるかという違いがある。通常のケース・コントロール研究では、ケースとコントロールをマッチングさせながらサンプルを抽出することになる。対象イベントをもつ群（たとえば奇形児発症）ともたない群で曝露（たとえばサリドマイド服薬）の違いを比較して、オッズ比でその関連性を求める。また、曝露と対象の結果発生時の時間的関係を評価するのは困難である。

【例】サリドマイド（レンツ博士）のケース・コントロール研究の結果

サリドマイド事件は、1957 年 10 月から発売が開始された睡眠・鎮静剤サリドマイドを妊婦が服用することによって、胎児に奇形（特に上肢の短縮）を生じた世界的な薬害事件である。1961 年 11 月サリドマイドの催奇性を疑うレンツ博士（西ドイツ）は、自身のデータに基づく警告を行い、その 1 週間後には発売元が発売停止を決め、回収を開始した。しかし日本国内では、大日本製薬が独自の製法で 1958 年から製造販売を開始しており、なかなか薬害を認めなかったため、国内での回収が大幅に遅れ、多くの患者が発生した。

サリドマイドに関しては、レンツ博士によってケース・コントロール研究が実施された。彼の得た結果は以下のようなものであった。

表 19.3　サリドマイドのデータ（Lenz）

サリドマイド	奇形発症	正常	横計
使用	90	2	92
非使用または不明	22	186	208
縦計	112	188	300

この表のオッズ比＝380.5 である。検定するまでもなく、明らかにサリドマイドと奇形発症との関連がわかる。

当時の大阪大学工学部教授杉山博氏（専門は統計学）がレンツ博士の得た

データとその解釈を痛烈に批判し、そのようなデータはありえないとし、また解析法も間違いとした。つまり彼は、サリドマイド非服用者の奇形発症率（リスク）は22/208で約10%となるが、サリドマイドを使わない妊婦でこんなに高い発症率がありうるのか、あり得ないではないか、またサリドマイド服用率は92/300で30%の服用率となるが、このような高い服用率もあり得ないではないかと論じた。しかしこれは患者対照研究のデータの取り方と解釈を杉山氏が間違えた（つまり逆リスクで評価しなければならないところをリスクとして解釈した）ための誤った議論であり、後に杉山氏は阪大を辞めることとなった。サリドマイドは1962年9月に国内販売停止となった。詳細は参考資料(増山、1971)を参照されたい。

4）ケース・コホート研究（case-cohort study）

ケース・コホート研究には、コホート内ケース・コントロール研究(case-control study within a cohort)、ネステッド・ケース・コントロール研究(nested case-control study)、シンセティック・ケース・コントロール研究(Synthetic Case-Control Study）など、いろいろなよび名があるが同じものである。名のとおりコホート内でケース・コントロールを行うものである。

コホート内ケース・コントロール研究は、以下の手順で行われる。

(1) 曝露・非曝露の状況が調査可能なコホートを設定する。
(2) コホートを追跡し、ケースの発生を観察する。
(3) コホート内にケースが発生した場合、コホートから適切なコントロールを選択する。
(4) ケースとコントロールの詳細な交絡要因に関する情報を調査する。

これらをケース・コントロール研究の方法で解析する。

コホート内ケース・コントロール研究では、ケースを前向きに捉えるため、ケースの発生を待つ必要があり、コホート研究と同様に研究に時間がかかるという問題がある。しかしながら、コホート内ケース・コントロール研究では、追跡するコホートを明確に定義しているため、ケース・コントロール研究における選択バイアスの問題を回避することが可能である。また、コホート内ケース・コントロール研究では、コホートが設定された時点で曝露情報や性・年齢といった基本的な情報は調査されているが、詳細な交絡要因に関する情報を調査するのは、ケースおよびコントロールとして選択された被験者のみであるため、コホート研究に比較して低コストで実施することが可能である。たとえば、試料測定のコストが高い場合、試料を凍結保存し、ケースやコントロールとして選択された場合にだけ解凍して測定することにより、測定コストを軽減できる。あるいは、調査項目が多い場合、ケースやコントロールとして選択された場合にだけ調査することにより、その作業量を軽減できるメリットもある。

コホート内ケース・コントロール研究におけるコントロールの選択方法はいろいろであるが、ランダムサンプリングに基づいたサンプリングが代表的なものとして使われている。コホート被験者がケースとなった時点で、同じ観察期間のリスク集団から 1 人またはそれ以上のコントロールをランダムに選択するサンプリングは、時点マッチングとよばれる。時点マッチングを用いて観察期間を一致させることにより、ケースとコントロールの観察期間の違いの影響を調整することが可能となる。

コホート内ケース・コントロール研究のイメージは次の図となる。

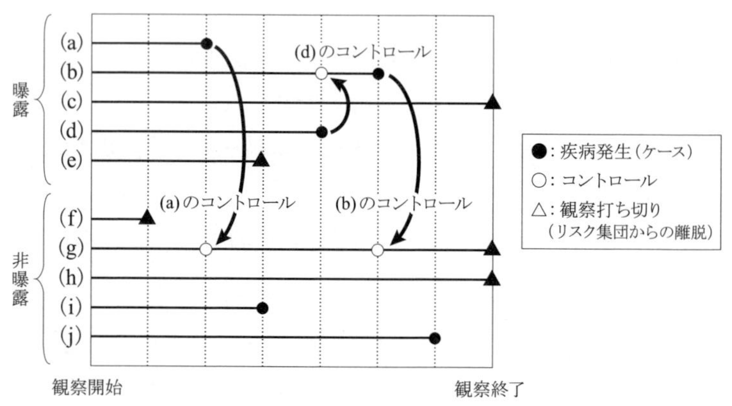

図 19.4　コホート内ケース・コントロール研究

（出典：竹内等、2013,Pharmacoepidemiol,77 より）

図 19.4 は、ある薬剤の曝露を受けた(a)〜(e)の被験者と、薬剤の曝露を受けていない(f)〜(j)の被験者からなるコホートを追跡したコホート研究において、コホート内ケース・コントロール研究における時点マッチングによるコントロールの選択のイメージを示したものである。まず、(a)がケースとなった時点で、同じ観察期間である追跡中の被験者から、コントロールをランダムに選択する。ここでは、(g)がコントロールとして選択されている。コホート内ケース・コントロール研究では、ケースとなった人および一度コントロールとして選択された人も、他のケースが生じたときに追跡中であるならばコントロールとして選択することが可能である。たとえば、(d)がケースとなった時点で、将来ケースとなる(b)がコントロールとして選択されている。また、(b)がケースとなった時点で、(a)に対するコントロールとして一度選択された(g)が、(b)に対するコントロールとして再度選択されている。なお、ケースとして用いるのは、発生したすべてのケースでもよいが、すべてのケースからランダムに選択したケースのみを用いてもよい。また、図では 1 人のケースに対して 1 人のコントロールを選択している。一般には、ケース数の 3 倍から 5 倍のコントロール数を選択することが多いが、統計的推測の精度の観点から、ケース数の 10 倍から 20 倍のコントロール数を選択する必要があるともいわれている。なお、一度コントロールとして選択された被験者は、再びコントロールとして選択しないというサンプリング方法もある。

【例】

Atherosclerosis, 2000, 149, 451-462.

がん研究より、グルタチオン S-トランスフェラーゼ M1 または T1（GSTM1 / GSTT1）のヌルポリモルフィズムが、たばこの煙中の化学物質を解毒または活性化する能力に影響を与え得ることを示唆している。GSTM1 または GSTT1 の特定の遺伝子型が喫煙関連 CHD に対する感受性に影響するという仮説を検証するために、ケース・コホート研究が行われた。コホートメンバーすべての遺伝子測定は非常に費用がかかるため、この研究ではケース・コホートデザインが使われた。

1987-1993 年に発生したコホート内ケース:CHD 症例（$n = 400$）、およびコホート内対照（$n = 924$）が、アメリカの 4 つのコミュニティにおける 15,792

人の中年男女の異人種コホートから選択された。その結果、GSTM1 または GSTT1 による喫煙 CHD 関連の影響は、グルタチオン S-トランスフェラーゼの基質であるたばこの煙中の化学物質が CHD の病因に関与している可能性があることを示唆していた。

19.5 臨床試験

本節では臨床試験のデザインについて紹介するが、基本的なことはすでに 19.3 節および 19.4 節に述べられている。初めに新薬開発のための臨床試験について簡単に述べよう。

新薬の開発は、新たに発見あるいは合成された化合物が、ヒトに対して適切な用法と用量で安全に薬効を発揮することを確認する一連のプロセスである。最初に物理化学的性質が調べられ、次に動物試験において薬理作用、薬物動態並びに毒性が調べられる。そして十分な活性があり、ヒトにおいても十分安全に投与できるであろうと判断されれば、ヒトにおける試験、すなわち臨床試験に移行することになる。

新薬開発における臨床試験は**第一相試験**、**第二相試験**、**第三相試験**と分かれ、原則としてこの順に開発が進行する。第一相では少数の健康な人（健常人）を対象に、臨床薬理や薬物動態、安全性が調べられる。その結果安全性が確認されれば、患者を対象とした第二相試験が実施される。第二相試験は前期第二相試験と後期第二相試験に分かれる。**前期第二相試験**では患者に初めて新薬物が投与され、安全で有効な用量の範囲が探索される。**後期第二相試験**では、前期第二相試験の結果に基づいて決められた用量範囲の中から最適な臨床用量を探索する。そして第三相では、後期第二相で選択された最適用量を対照薬（既存薬あるいはプラセボ）と比較する検証的試験が実施される。その結果、プラセボあるいは既存薬に優る（**優越性**）こと、あるいは既存薬に劣らない（**非劣性**）ことが証明されれば、その薬は承認されることになる。

臨床試験のデザインは、データの分析を行うための試験の枠組みである。仮説を検証するための試験を**検証的試験**、検証すべき仮説を探索するための試験を**探索的試験**とよぶが、検証的試験と探索的試験では試験の枠組みが異なる。検証的試験では仮説の検証が主目的となるため、主解析のための基本的な解析手法は、治療間の比較を行う統計的検定である。一方、本書で説明した種々の回帰手法、その他の解析手法は、主解析の妥当性をチェックしたり、付加的な情報を得るために実施される。そしてこれらの解析を妥当なものとするための枠組みが**試験デザイン**である。試験デザインは、試験の対象となる被験者集団の特性、疾患の特徴、エンドポイントとよばれる評価項目などさまざまな試験特性を考慮して決められる。

第 6 章において統計的検定の基本的な考え方が述べられ、検定の論理が背理法、つまり帰無仮説を否定することによって対立仮説を肯定するような論理法に従うことが説明された。これは裁判でアリバイの存在により被告の潔白が証明されるのと同じ論理であり、統計独自の特殊な論理ではないことを思い出そう。さらに第 7 章（特に 7.2 節）においては、検定の妥当性の根拠である比較可能性を保証するための重要な操作であるランダム化について説明がなされた。本章で述べる試験デザインは極論すれば、いかにしてランダム化を行うかという話になる。

19.5.1　並行群間比較デザイン（parallel group design）

効果を比較したい 2 つの治療 A、B を患者にランダムに割り付け、割り付けられた治療を決められた期間施すようなデザインである。治療期間終了後に各患者について治療効果を判定あるいは測定し、その結果を A 群と B 群の両群間で比較する。通常、臨床論文で**無作為化臨床試験**（randomized clinical trial：RCT）、**無作為化比較対照試験**（randomized controlled trial：RCT）、あるいは**無作為化比較対照臨床試験**（randomized controlled clinical trial：RCCT）などとよばれているのは、このタイプの試験である。最もシンプルなデザインであるため、他要因の影響を受けにくく結論に紛れがないので、臨床試験で多く使用されている。

新薬の開発では A として**被験薬**（test drug）T、B としては**実対照薬**（active control）C、あるいは**プラセボ**（placebo）P が用いられる。実薬同士を比較する場合は、盲検性を確保するために、A、B お互いのプラセボA_P、B_Pを用意して、$A + B_P$と$A_P + B$を比較する。この方式を**ダブルダミー**（double dummy）方式という。

治療 A と B を比較するための RCT の模式図を以下に示す（図 19.5）。●は**無作為化（ランダム化）**を示し、横棒は示されている治療がある決められた期間施され、その間に効果や安全性が評価されることを示す。薬の用量と反応（効果や副作用）との関係をみる用量反応試験では、通常プラセボ群を含む 3 群以上の複数の用量群Dを比較することになる。比較治療が施される治療以外は同じ手順で並行に進められるため、並行群間比較の名が付いているが、英語では単に parallel design（**並行デザイン**）である。

図 19.5　並行群間比較デザイン

本書で説明されている計量値に対する 2 標本 t 検定（7.2.2 項）や、2 つの割合の比較に関する検定（10.1.4 項）、あるいは生存時間に関するログランク検定（17.7 節）などの検定手法はこのようなデザインに適切な解析法である。割合に関する検定は 2×2 分割表の解析と同等となることから、通常は χ^2 検定（11.5 節）として実施される（150 頁の Z_0 と第 11 章の式(11.5.1.3)、式(11.5.2.2)、式(11.5.2.3)はいずれも同値な統計量である）。また、本書で説明した重回帰分析（第 15 章）やロジスティック回帰（第 16 章）、Cox 回帰（第 18 章）などの回帰手法もっとも単純な場合としてこれらの検定手法を含み、並行デザインの下で得られたデータに適用できる。

1）並行デザインにおけるサンプルサイズ

2 群比較の並行デザインにおける 1 群あたりの必要症例数（サンプルサイズ）n（両群では $2n$）は、以下の公式で計算される。ただし 2 群比較を行うものとし、両側有意水準 α、検出力 $1-\beta$ の検定を実施するものとする。

■ 計量値の場合

$$n = \frac{2(Z_{\alpha/2} + Z_\beta)\sigma^2}{\Delta^2}$$

ここにΔは A、B 両群の平均値の差$\Delta = \mu_A - \mu_B$であり、σ^2は観測値の誤差分散、$Z_{\alpha/2}$、Z_βはそれぞれ標準正規分布の上側$\alpha/2$点およびβ点を表す。1 標本の場合のサンプルサイズは本書、式(6.7.3)に示されている。2 群から一例ずつ取り出して観測値x,yの差$d=x-y$をとったとき、dの分散が$2\sigma^2$となることを考えれば、上式が式(6.7.3)の素直な拡張であることがわかる。

■ 割合の場合

$$n = \frac{(Z_{\alpha/2}\sqrt{2p(1-p)} + Z_\beta\sqrt{p_A(1-p_A)+p_B(1-p_B)})^2}{\Delta^2}$$

ここにΔは A、B 両群の割合の差$\Delta = p_A - p_B$であり、$p=(p_A+p_B)/2$である。2 群から一例ずつ取り出した 0,1 データx,yの差$d=x-y$の分散が帰無仮説の下では$2p(1-p)$、対立仮説の下では$p_A(1-p_A)+p_B(1-p_B)$なので、計量値の場合の公式を少し修正した公式になっている。

■ 生存時間の場合

生存時間の場合は、死亡などのイベント（事象）が発生するまでの時間を測定しなければいけないが、試験期間は限られるため、すべての対象でイベントが生じるとは限らない。そのためサンプルサイズを計算するための条件が複雑となり、得られる公式も複雑になるのでここでは省略する。

19.5.2　クロスオーバーデザイン（cross over design）

クロスオーバーデザインは一人の被験者に複数の治療を施すことにより、少ない症例数での効果の検出を狙うものである。被験者間のバラツキの多い領域、あるいは症例数の少ない領域でこのデザインが検討されるが、前期投与の結果が後期投与に影響を与える持ち越し効果（carry-over effect）のため、しばしば失敗するので注意が必要である。

図 19.6 に示したのは、もっとも単純な **2 剤 2 期（あるいは 2×2）クロスオーバーデザイン**である。治療 A と治療 B を比較するものとし、I 期に治療 A を施し、II 期に B を施す A→B 群と、I 期に B を施し II 期に A を施す B→A 群に分け、各患者をランダムに A→B 群、B→A 群に割り付ける。このデザインでは 1 被験者当り A、B の 2 治療を施すことから、通常の並行群間比較試験に比べて半分の症例数でよく、またこのデザインでは被験者内比較を行うことによって被験者間変動を消すことができるので、さらに症例数を減らすことができる。このようにクロスオーバーデザインは大変効率の良いデザインである。

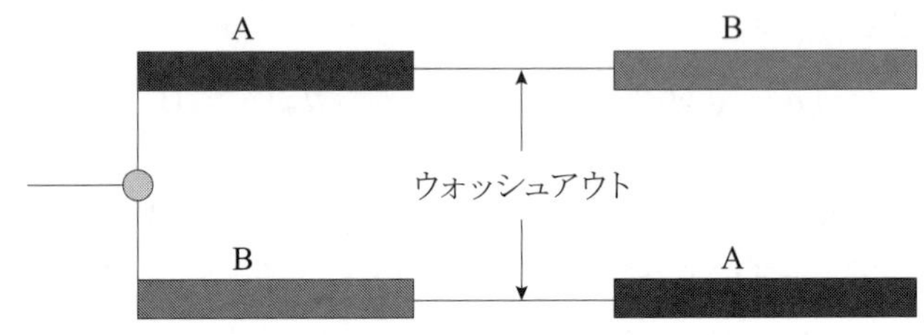

図 19.6　クロスオーバーデザイン

このデザインは、治療を施している間は効果が発現するが、止めるとすぐに症状が元に戻るような症状の安定した慢性疾患が適している。進行性の疾患だと第 I 期の治療が終わった時点で患者の状態が進行し、第 II 期は患者の状態が変わっているので、II 期の治療効果は I 期の治療効果の影響を受ける。したがって、同じ治療でも I 期の治療効果と II 期の治療効果が異なってきて、クロスオーバーデザインにおける“同じ治療であれば時期によらず治療効果が一定”という仮定が成り立たなくなる。これは治療×時期交互作用とよばれる。クロスオーバーデザインでは、通常持ち越し効果が治療×時期交互作用として現れるので、治療×時期交互作用の有無が最初に検定され、交互作用なしと判定されれば治療効果と時期効果が検定されることになる。

複数の治療（ないし用量）の比較や持ち越し効果をこのデザインで評価するため、$m \times m$ クロスオーバーや m 回反復 2×2 クロスオーバーなど高次のクロスオーバーデザインが工夫されている。薬物動態に関する BE 試験（生物学的同等性試験）では、もっぱら 2×2 クロスオーバーデザインが使われるが、それは適当なウォッシュアウト期間（休薬期間）により薬剤が体内から排泄され、持ち越し効果の発生しないことを保証できるからである。薬効比較試験では心理効果も含め効果が持続し、持ち越し効果が発生しうることに注意しなければならない。

頭痛などの慢性的な痛みの緩和が本デザインの典型的な対象と考えられているが、患者間でのバラツキの大きい不眠なども本デザインの対象となりうる。がん性疼痛の場合、倫理的観点からウォッシュアウト期間は設けられない。この場合も評価時期の数日後には前投薬の影響は消えているとみなされ、本デザインが適用可能とされている。いずれにしても検証目的でこのデザインを採用しようとする場合は、持ち越し効果が存在しないことを事前に確認しておかねばならない。

2×2 クロスオーバーデザインでは大雑把にいって並行デザインに対してサンプルサイズを 1/4 程度に減少させることが期待できる。したがって、並行デザインの場合の必要サンプルサイズの 1/4 程度と見積もっておけばよい。より厳密には誤差分散 σ_e^2 の見積もりが必要であり、先行研究ないし予備研究によってこの値を得ておく必要がある。

19.5.3　要因デザイン（factorial design）

要因デザインは 2 つ以上の要因組み合わせを比較群としたデザインであり、最も単純なデザインは 2 要因（治療）A、B とも 2 水準の場合で、図 19.7 のような組み合わせで 4 つの比較群を形成するものである。そして 4 群比較の並行群間比較デザインとして実施される。

このデザインの目的は、

① 治療 A の効果と治療 B の効果を 1 つの試験で同時に評価する。

② A と B の併用（組み合わせ）効果を評価する。

の 2 つであり、試験によって目的①が強調されたり、目的②が強調されたりする。しかし常に交互作用の評価は必要である。

	P	B
P	P（=P+P）	B（=P+B）
A	A（=A+P）	A+B

図 19.7　要因デザイン

A、B：治療。P：プラセボでない基礎治療（無治療もありうるが、非盲検となること、がんなどでは非倫理的になることなどから無治療は推奨されない）

1つの例（図 19.8）はSWOG8300（限局性非小細胞肺がん）であり、通常の胸部照射を基礎治療とし、そのうえで、化学療法の有無と PBI（予防的胸部照射）の有無の組み合わせで比較群が構成された。この試験の目的は①化学療法の効果、②PBI の効果、③化学療法と PBI の併用効果の評価であった（福田他,2004）。

またベータカロテンに関する大規模試験である ATBC スタディ（Alpha-Tocopherol, Beta-Carotene Cancer Prevention Study）もこのデザインで実施されている(The ATBC Cancer Study Group, 1994)。

	PBI-	PBI+
化学療法-	胸部照射	胸部照射 +PBI
化学療法+	胸部照射 +化学療法	胸部照射 +PBI +化学療法

図 19.8　要因デザインの例（福田他訳,2004）

要因デザインは分散分析でいう 2 元配置型のデザインとなっており、2 要因 A、B の主効果と A×B 交互作用が評価される。

19.5.4　上乗せデザイン（add on design）

2 群を比較するときにまず両方に同じ治療 B を施したうえで、一方の群に効果を評価したい治療 A をさらに上乗せするデザインで、目的は上乗せ治療

A の効果の評価である。治療 A が盲検化可能な場合は、対照には治療 A のプラセボ P を施す。典型的には、致死的あるいは回復不能の疾患で少なくとも効果の認知されている治療 B（がんなどでは、たとえば BSC(best supportive care)）があるとき、B（あるいは B+P）と A+B とを比較する。プラセボが用いられるとき、このデザインはプラセボ対照試験となる。デザインの骨格は並行デザインであり、解析法やサンプルサイズ設計の方法は並行デザインの場合と同じである。

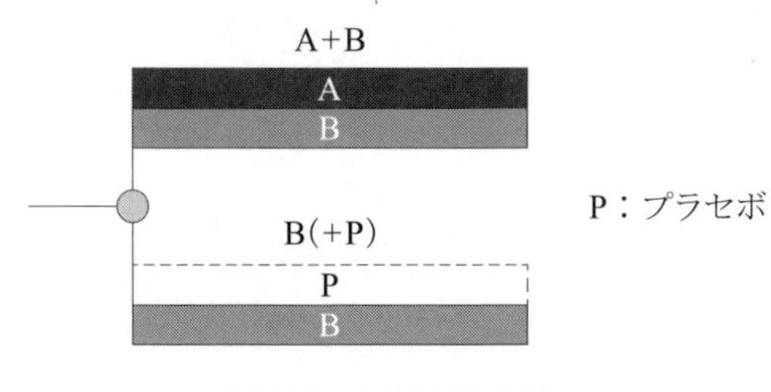

図 19.9　上乗せデザイン

19.5.5　濃縮デザイン（enrichment design）

濃縮デザイン（あるいはエンリッチメント・デザイン）は、あらかじめ効果が期待できそうもない患者、あるいはプラセボでも反応が出やすいような患者を除外することによって比較の感度を高めることを目的とする。1 つの例は抗リウマチ薬 Enbrel の臨床試験のデザインである。このデザインではあらかじめ反応が期待できない症例 (non-responder) を除外することによって、反応の期待できる患者だけが試験に入り、そのあとランダム化によりプラセボか実薬かを投薬されることによってもし実薬に十分な効果があれば、プラセボ投与例との間に差が出ることが期待されることになる。実際、抗リウマチ薬 Enbrel はアメリカで実施されたこのデザインの試験（図 19.10）で承認された。

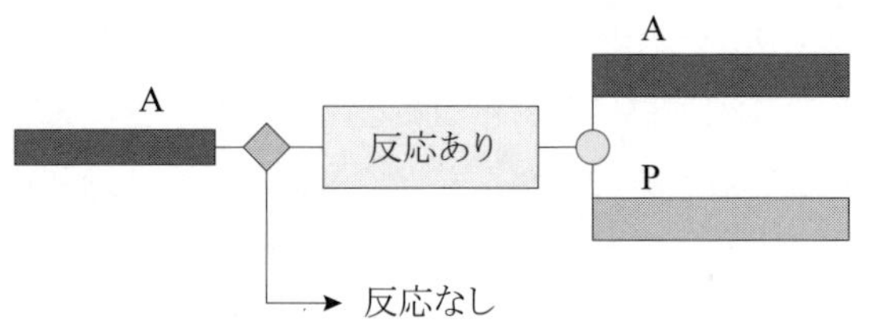

図 19.10　濃縮デザイン（Enbrel の例）

逆に向精神薬はプラセボ効果の強い領域と考えられており、プラセボに容易に反応しやすい症例（placebo responder）を除外することによって実薬のもつ真の効果を評価することが可能となる。最近ではこのデザインはゲノム関連で注目を浴びている。分子標的薬は効果の期待できるレセプターをもつ患者に絞って評価する。欧米ではこのデザインに対するガイドライン（案）も作成されており、ゲノム科学の発展と試験の効率および倫理性の観点から今後はこのデザインによる臨床試験が増えてくるであろう。しかしがんの場合などで、遺伝子変異の有無により臨床効果の優劣が逆転する**質的交互作用**（qualitative interaction）を示す場合がありうるので、デザイン上もこのような事態に対応できるような工夫が必要となる。マーカー×治療交互作用デザイン（marker-by-treatment interaction design）として、妥当な 1 つの対処法が示されている(手良向・大門(2014)10.3 節)。

19.5.6　その他のデザイン

以上に述べたもの以外の注目されるデザインについて簡単に触れておく。患者介護やダイエットなどの効果を評価したいとき、介護施設や居住地域などの単位（**クラスター**とよばれる）で介入や処置法を決めるのが現実的である。このようなクラスター単位の割り付けデザインを**クラスター・ランダム化デザイン**（cluster randomized design）とよぶ（図 19.11）。

クラスター・ランダム化試験は、地域や施設単位で同一の介入を割り付けるため通常のランダム化試験に比べてはるかに実施しやすく、できる限り医療現場に近い条件で実施される**実践的試験**（pragmatic trial）の代表的なデザインの 1 つといえる。クラスター・ランダム化デザインでは、個人単位のバラツキにクラスター間のバラツキがクラスター単位で足し込まれることにより、実施はしやすくなるが、単純なランダム化デザインよりも効率の悪いデザインとなる。この効果を**クラスター効果**（cluster effect）とよぶ。クラスター・ランダム化デザインでは、クラスター効果とクラスター内の症例数に応じてデータのバラツキが大きくなり、試験の効率を下げる。

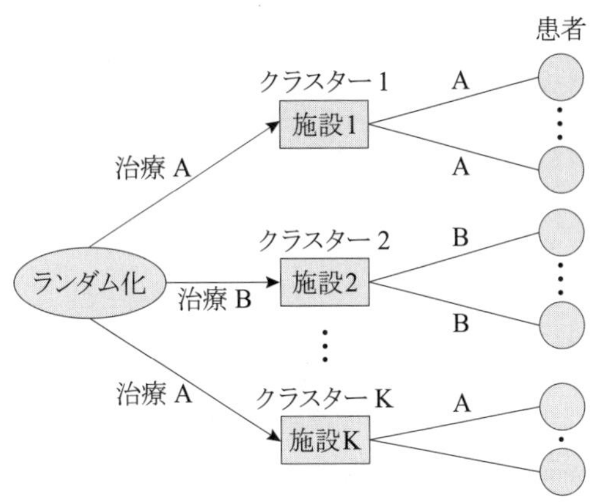

図 19.11　クラスター・ランダム化デザイン

一方、**層別ランダム化デザイン**（stratified randomization design）では、クラスターを層として、層ごとにランダム化を実施する（図 19.12）。実はこのデザインは現場でよく用いられているデザインである。層別ランダム化デザインでは、基本的に層内比較を行うことになりクラスター効果が消せるので、効率の良いデザインとなる。この場合、設定される層としては施設や、性別、疾患重症度、遺伝子型などが考えられる。Walker(2005)には、化学療法を行っているがん患者への造血効果をみる試験の例が出ているが、がんのタイプ別（子宮がん、前立腺がん、大腸がん）に合成エリスロポエチンとプラセボをランダムに割り付け、ヘモグロビンの変化量を評価している。この場合は評価量が測定値なので 2 元配置分散分析を用いて解析している。

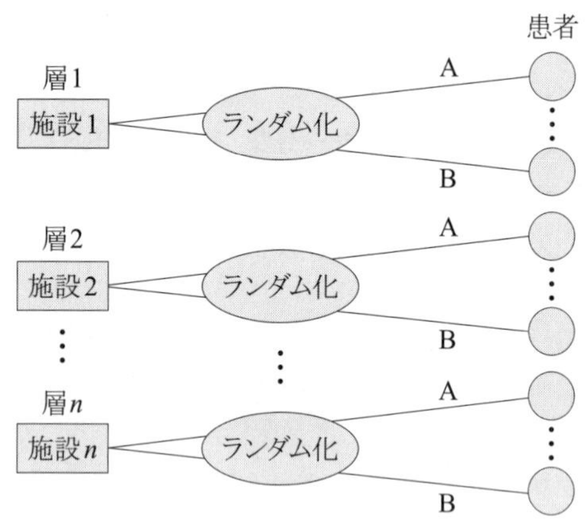

図 19.12　層別ランダム化デザイン

19.5.7　中間解析：群逐次デザインと適応デザイン

最近のデザイン手法として、**中間解析**（interim analysis）を伴う**群逐次デザイン**（group sequential design）や**適応デザイン**（adaptive design）にも触れておく必要がある。

第 17 章および第 18 章で述べた生存時間の比較を必要とするような長期の臨床試験で、早期に優劣の証拠が得られるならその時点で試験を終了するのが倫理的であり、また経済的にも効率がよい。そのため、試験の途中に中間解析を行って、早期終了を可能とする**群逐次法**あるいは**群逐次デザイン**とよばれるような方法が 1970 年代後半から発展してきた。2 つの代表的な方法として **Pocock 法**あるいは **O'Brien-Fleming 法**が知られる。これらの方法ではあらかじめ最大の解析回数と解析のタイミングを決め、中間解析で治療差が証明できるか、証明の見込みがないということがわかった時点で試験を終了し、結論が出ない場合には試験を続行する。このデザインを採用すれば中間解析を採用しない通常のデザイン（**固定標本デザイン**：fixed sample design または**固定デザイン**：fixed design）に比べてかなりの症例数を減らすことが期待できる。このデザインの拡張として、解析回数や解析のタイミングも柔軟に変化させることが可能な **Lan-DeMets 法**という柔軟なデザインも考案されている。さらに試験途中の結果に基づいて試験デザインそのものを変更する**適応**

デザイン（adaptive design）の考え方が 1990 年代から出てきた。試験途中における**症例数の再設計**（sample size re-estimation）や**割り付け変更**（response-adaptive allocation）、**検証仮説の変更**（switching/modifying hypothesis）などさまざまな方法が考案され試みられている。ただこの挑戦的なアプローチは逐次情報が得られるためバイアスが生じやすく、デザインとしての脆弱性をもつため、実践経験を通じて方法の妥当性および適切な使い方を検証・確立していく必要があるとされている。詳細は参考文献を参照されたい。

[補足説明 1]　生物学的同等性試験

■ 試験デザイン

- 原則としてクロスオーバー法を使う。
- 被験者の割り付けは無作為。
- 例数:本試験で総被験者数 20 名（1 群 10 名）以上。
- 用法・用量は先発医薬品に準ずる。
  - 投与量：臨床常用量
  - 投与方法：単回投与、10 時間以上の絶食、投与後 4 時間までは絶食

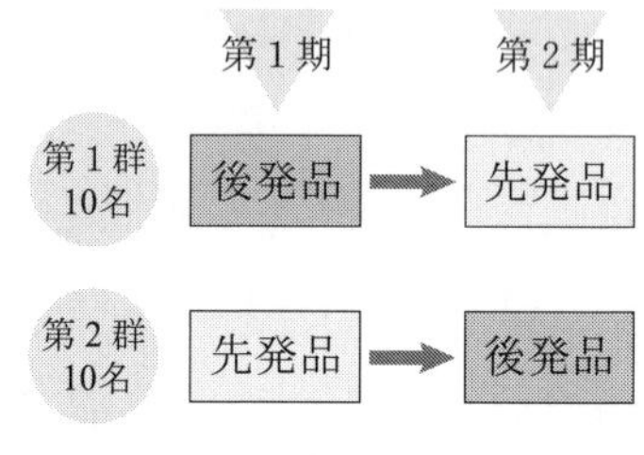

図 19.13　クロスオーバー法

採取体液：原則として血液

評価指標：C_{max} 、AUC

サンプリング回数および時間

- 評価に十分な回数の体液を採取する。
  投与直前に 1 点、C_{max} に達するまでに 1 点。
- C_{max} 附近に 2 点、消失過程に 3 点の計 7 点以上の体液の採取が必要。
- AUC_t が AUC_∞ の 80%以上になる時点まで行う（t_{max} から消失半減期の 3 倍以上にわたる時間に相当する）。
- 休薬期間 ：消失半減期の 5 倍以上の休薬期間をおく。

■ 医薬品の認可基準

C_{max}（最高血中濃度）、AUC（血中濃度−時間曲線下面積）の対数値の平均の差の両側 90%信頼区間が、ln(0.8) ～ ln(1.25)の範囲にあるとき、

後発医薬品と先発医薬品が生物学的に同等と判定する（ln は、自然対数 $=\log_e$）。後発医薬品と先発医薬品との同等性の判定の基準は、先発医薬品のバイオアベイラビリティの 80%未満や 125%を超えるバイオアベイラビリティの後発医薬品が市場に出回らないようにデザインされている。

バイオアベイラビリティのパラメータは対数正規分布することが多いので、対数変換して解析する。

- 両側 90 %信頼区間で生物学的同等性を評価する。
- 信頼区間の代わりに、有意水準 5 %の 2 つの片側検定（two one-sided tests）で評価してもよい。

次に、AUC の差の許容幅 0.8～1.25 の説明をする。特性値の差が±0.2 の範囲内ならば、経験上差がないとみなせることが知られている。

すなわち、各群の平均値を

T：後発品、R：先発品とすると、

$-0.2 \sim (\ln T - \ln R) \sim +0.2$

この対数をとれば、

$\ln(0.8) \sim \ln(T/R) \sim \ln(1.25)$

参考

$\ln(0.8) = -0.22314 \cdots \fallingdotseq -0.2$

$\ln(1.25) = 0.22314 \cdots \fallingdotseq +0.2$

より、0.2 の逆対数値として切りのいい値 0.8 と 1.25 が使われている。単回投与試験では、AUC_t および C_{max} を生物学的同等性判定パラメータとする。なお C_{max} は実測値を用い、AUC は台形法で計算した値が用いられる。

■統計解析（同等性検定）

- 通常の検定では、
  - ➢ 同等性は証明できない。
  - ➢ 違いがあることのみ証明できる。
- 同等性を証明するには、特別な工夫が必要である。

同等性検定の仮説（T：後発品、R：先発品とする）

各製剤の特性値の平均値を T、R としたとき、その対数を p_R、p_T とし、差 $p_R - p_T = d$ とすると、医学生物学的に同等とみなせる許容幅を δ とするとき、$-\delta < d < \delta$ なら同等と判定する。

同等性を証明するには仮説の構造を工夫する。

作業仮説を 2 つに分けて考える（帰無仮説に = が入っていることが重要）

検定(1) $H_{0(1)}$: $d \leqq -\delta$、$H_{1(1)}$: $-\delta < d$

検定(2) $H_{0(2)}$: $d \geqq +\delta$、$H_{1(2)}$: $d < +\delta$

検定は(1)と(2)に対し、それぞれ片側有意水準 0.05 で行う。

図 19.14　検定仮説

下記仮説は、上記仮説と等価である。

H_0 : $d \leqq -\delta$、または $d \geqq +\delta$

H_1 : $-\delta < d < +\delta$

それゆえ、この試験の d の信頼区間は両側 90%となる。

統計学的信頼区間が、生物学的同等性領域内ならば、同等と見なす。

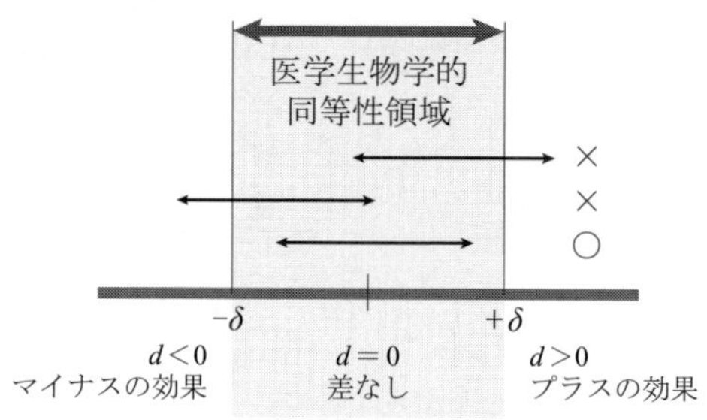

図 19.15　生物学的同等性領域

信頼幅が 90%なのは、片側有意水準 0.05 の検定を 2 回行った検定の裏事象としての信頼区間である。ここで 2 回の検定に対する多重性は、この 2 つの検定の帰無仮説は重なりがないため、第 1 種の過誤は適切に制御されているので考慮する必要はない。

【例】 補足説明のデータより、2 剤 2 期のクロスオーバー法による生物学的同等性試験を行った結果、同等性判定のパラメータについて、表に示した結果が得られたとする。これを対数変換したうえで、第 1 期と第 2 期の差の半分を計算する。両薬剤の効果の差の 90%信頼区間を求めると、対数スケールでは-0.14711〜0.17107 となり、元のスケールでは 0.863〜1.187 となる。この 90%信頼区間は ln0.8〜ln1.25 の範囲内にあることから、両薬剤は生物学的に同等と判断される。

仮想データによる解析例を次の補足説明にあげておく。

[補足説明 2] Excel による同等性解析の例

Sample data

	Period I	Period II
1 群	*R*	*T*
	75	70
	95	90
	90	95
	80	70
	70	60
	85	70
2 群	*T*	*R*
	75	40
	85	50
	80	70
	90	80
	50	70
	65	95

I　II

R	*T*	ln(I)	ln(II)	p2-p1	(p2-p1)/2	d-mean d	Squared
75	70	4.317488	4.248495	0.068993	0.034496	−0.01141	0.00013
95	90	4.553877	4.49981	0.054067	0.027034	−0.01887	0.000356
90	95	4.49981	4.553877	−0.05407	−0.02703	−0.07294	0.00532
80	70	4.382027	4.248495	0.133531	0.066766	0.020863	0.000435
70	60	4.248495	4.094345	0.154151	0.077075	0.031173	0.000972
85	70	4.442651	4.248495	0.194156	0.097078	0.051175	0.002619
		26.44435	25.89352	0.550831	0.275415		0.009832
	mean=	4.407391	4.315586	0.091805	0.045903		

T	*R*	ln(I)	ln(II)				
75	40	4.317488	3.688879	0.628609	0.314304	0.256422	0.065752
85	50	4.442651	3.912023	0.530628	0.265314	0.207432	0.043028
80	70	4.382027	4.248495	0.133531	0.066766	0.008883	7.89E-05
90	80	4.49981	4.382027	0.117783	0.058892	0.001009	1.02E-06
50	70	3.912023	4.248495	−0.33647	−0.16824	−0.22612	0.05113
65	95	4.174387	4.553877	−0.37949	−0.18974	−0.24763	0.061319
		25.72839	25.0338	0.694589	0.347295		0.221309
	mean=	4.288064	4.172299	0.115765	0.057882		

sum sq.	0.231141
n1+n2−2	10
sigma2(d)	0.023114
SE	0.087776

R−*T*=	0.01198
exp(*R*−*T*)=	1.012052
t(0.05,n1+n2−2)=	1.812461
L_CL=	−0.14711
U_CL=	0.171071

exp(L_CL)=	0.863198
exp(U_CL)=	1.186575

これが 0.8～1.25 の間にあるので、同等とみなせる。

[補足説明 3]　**フラミンガム研究（Framingham study）**

コホート研究で有名なものにフラミンガム研究がある。第二次大戦が終わり、アメリカ国民の健康上の大きな問題は冠動脈疾患（心筋梗塞や狭心症）であった。その対策にまずデータを集めるために、フラミンガム研究（前向きコホート研究）が 1948 年に開始された。

ボストン郊外のフラミンガム町（Framingham）という人口約 2 万 8 千人の町で、この長期の疫学研究が開始された。この町が選ばれたのは大都市ボストンに近いため産業が多く、働き場所が多いので、人口の出入りがきわめて少ないことが一番の理由であった。今では高血圧が心筋梗塞の危険因子であるということは当たり前のことであるが、それを科学的に実証した研究である。この研究には、フラミンガム町の住人のうち、健康な男女 5,209 人（30～62 歳）が参加した。この集団を cohort（コホート）といい、このようにある集団を長年にわたって観察し分析する研究を「コホート研究」という。30 年後にこの研究から脱落したのはたったの 3%であった（死亡を除く）ということより、アメリカ公衆衛生局がフラミンガム町をこの研究に選択した判断は正しかったことがわかる。1 つの町の多くの住民を対象に、長年にわたって健康状態をフォローした結果、どんな因子があれば冠動脈疾患にかかりやすいか（危険因子という言葉も本研究で作られた）が解明され、その予防手段が講じられるようになった。

この研究により、冠動脈疾患以外の心臓病や、脳卒中などについても広範な研究がなされ、非常に多くの有用な知見が得られた。最近話題のメタボリックシンドロームの概念の提唱もその 1 つである。最初に対象となった世代の孫の世代を対象に、現在でも研究が続けられている。1957 年、5,209 人の集団（コホート）を追跡して最初に解ったのが、高血圧と高コレステロール値が冠動脈疾患と大きな相関があること、さらに喫煙や座りがちの生活も冠動脈疾患のリスクを増大させることが確認された（参考文献 1～3)。その後も、重要ないろいろなことが解った。喫煙、肥満、糖尿病、家族歴、痛風などが心筋梗塞の危険（リスク）因子であることが解明された。すなわち、この研究により下記に示した研究開始前に立てた仮説のほとんどが証明された。この研究から解った危険因子を減らす指導と治療法の進歩の結果、1970 年から 1990 年の 20 年間で全米の冠動脈疾患による死亡率が半分に低下した。その結果を図 19.16 に示す。劇的な減少を示していることがわかる。

アメリカ公衆衛生局がこのフラミンガム町でのコホート研究を始める前に立てた仮説を次に示す。

1. 冠動脈疾患は加齢とともに増加し、男性でより早く発症し頻度も高い。
2. 高血圧は正常血圧よりも冠動脈疾患の発症率が高い。
3. 血清コレステロール値の上昇は冠動脈疾患増加と関連する。
4. 喫煙は冠動脈疾患発症増加と関係する。
5. 習慣的な飲酒は冠動脈疾患増加と関連する。
6. 身体活動が多ければ冠動脈疾患の進展は少ない。
7. 甲状腺機能亢進は冠動脈疾患発症を低下させる。
8. ヘモグロビン高値あるいはヘマトクリット高値は冠動脈疾患発症の増加率と関連がある。
9. 体重増加は冠動脈疾患の素因となる。
10. 糖尿病例では冠動脈疾患発症率が上昇する。
11. 痛風例では冠動脈疾患発症率が高い。

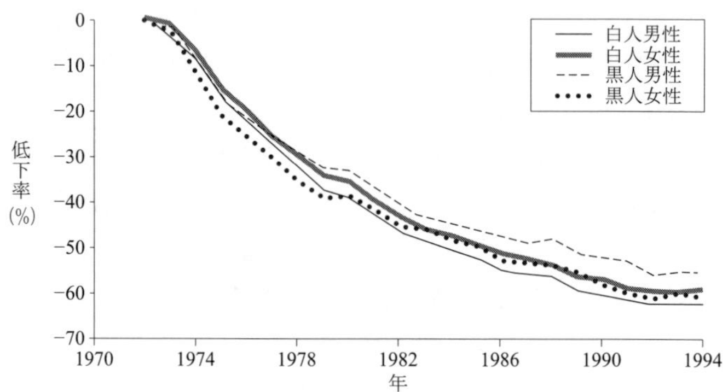

図 19.16　性別および人種による冠動脈心疾患の年齢調整死亡率の低下率
（United States, 1972-1994.）
（出典：高血圧および心血管リスクの管理における新しい方向性, Am J Hypertens. 1999;65S-75S より）

[付録１] いくつかの有用な公式

以下に確率変数の和や重み付き和に関する有用な公式をあげておく。必要なときに参考にすればよい。

x,y,u,v はそれぞれ確率変数、a,bは定数とする。また$E(x),V(x)$をそれぞれ確率変数xの期待値（平均値）と分散とし、$Cov(x,y)$を 2 つの確率変数x,yの共分散とする。このとき以下のような公式が成り立つ。

- $E(x+y)=E(x)+E(y)$
- $V(x+y)=V(x)+V(y)+2Cov(x,y)$
  もし $Cov(x,y)=0$ なら、$V(x+y)=V(x)+V(y)$
- $E(ax)=aE(x),\quad V(ax)=a^2V(x)$
- $E(ax+by)=aE(x)+bE(y)$
- $V(ax+by)=a^2V(x)+b^2V(y)+2abCov(x,y)$
- $Cov(x+y,u+v)=Cov(x,u)+Cov(x,v)+Cov(y,u)+Cov(y,v)$
- 特に $x=u$ なら
  $Cov(x+y,x+v)=V(x)+Cov(x,v)+Cov(x,y)+Cov(y,v)$
- また $x=u, y=v$ なら
  $Cov(x+y,x+y)=V(x+y)=V(x)+V(y)+2Cov(x,y)$
- $\bar{x}=\sum_{i=1}^{n}x_i/n$ としたとき、各 x_i が独立で同一分布に従うならば

$$E(\bar{x})=E(\sum_{i=1}^{n}x_i)/n=\sum_{i=1}^{n}E(x_i)/n=n\mu/n=\mu(=E(x))$$

$$V(\bar{x})=\frac{1}{n^2}V(\sum_{i=1}^{n}x_i)=\frac{1}{n^2}\sum_{i=1}^{n}V(x_i)=\frac{n\sigma^2}{n^2}=\frac{\sigma^2}{n}(\sigma^2=V(x))$$

［付録2］分布間の関係

ここでは本書で既に説明した分布間の関係について、再度簡単な説明を行う。分布の多くは正規分布あるいは近似的な正規分布に依存しているため、正規分布の周辺の理論となる。これらは必ずしも知っておく必要はないが、知っておくと理解が深まるだろう。

1．正規分布

確率変数 Y が平均 μ 、分散 σ^2 の正規分布に従うとき以下のように表す。

$$Y \sim N(\mu, \sigma^2)$$

2．中心分布

1）$Y_1, \cdots, Y_n$ ：平均 $E(Y_i) = \mu_i$ 、分散 $V(Y_i) = \sigma_i{}^2$ の独立な正規分布

$$\Rightarrow U = \sum_{i=1}^{n} a_i Y_i \sim N\left(\sum_{i=1}^{n} a_i \mu_i, \sum_{i=1}^{n} a_i{}^2 \sigma_i{}^2\right)$$

特に、$\mu_i = \mu,\ \sigma_i{}^2 = \sigma^2$ のとき、$U \sim N\left(\mu \sum_{i=1}^{n} a_i, \sigma^2 \sum_{i=1}^{n} a_i{}^2\right)$

さらに $a_i = 1, i = 1, \cdots, n$ なら、U は $Y_1, \cdots, Y_n$ の和となって、

$U \sim N(n\mu, n\sigma^2)$

また $a_i = 1/n, i = 1, \cdots, n$ なら、U は $Y_1, \cdots, Y_n$ の平均となって、

$U \sim N(\mu, \sigma^2 / n)$

2）$Y \sim N(\mu, \sigma^2)\ \Rightarrow Z = \dfrac{Y - \mu}{\sigma} \sim N(0,1)$ ：平均 0、分散 1 の正規分布

$N(0,1)$ ：標準正規分布とよぶ。

Z : 標準正規確率変数とよび、Y から Z への変換を標準化とよぶ。

3）$Z = (Y - \mu) / \sigma, Y \sim N(\mu, \sigma^2)$

$\Rightarrow Z^2 \sim \chi_1^2$ ：自由度 1 の χ^2 確率変数

4） $Y_1, \cdots, Y_n$ ：平均 $E(Y_i)=\mu_i$、分散 $V(Y_i)=\sigma_i{}^2$ の独立な正規分布

$$Z_i = \frac{Y_i - \mu_i}{\sigma_i} \Rightarrow \sum_{i=1}^{n} Z_i{}^2 \sim \chi_n^2$$

：自由度 n の χ^2 変数

$Z_i \sim N(0,1),\ Z_i{}^2 \sim \chi_1^2$ となることに注意。

＊独立な χ^2 変数の和は χ^2 変数

特に $E(Y_i)=\mu$，$V(Y_i)=\sigma^2$ なら、

$$Z_i = \frac{Y_i - \mu}{\sigma} \Rightarrow \sum_{i=1}^{n} Z_i{}^2 = \frac{\sum_{i=1}^{n}(Y_i-\mu)^2}{\sigma^2} \sim \chi_n^2$$

したがって、$\sum_{i=1}^{n}(Y_i-\mu)^2 \sim \sigma^2\chi_n^2$ ：平方和は χ_n^2 に σ^2 を掛けた確率変数となる。

5） 中心極限定理（Central limit Theorem）

$Y_1, \cdots, Y_n$ ：平均 $E(Y_i)=\mu$、分散 $V(Y_i)=\sigma^2$ （<∞）の独立で同一の分布に従う確率変数（正規分布とは限らない）

$\Rightarrow Z = \dfrac{\overline{Y}-\mu}{\sigma/\sqrt{n}} = \dfrac{\sqrt{n}(\overline{Y}-\mu)}{\sigma}$ は $n \to \infty$ のとき、$N(0,1)$ に分布収束（分布として収束）

＊ n が十分に大きいとき、$\overline{Y}$ は元の分布に係わらず近似的に正規分布 $N(\mu, \sigma^2/n)$ にしたがう。

6） $Z \sim N(0,1),\ V \sim \chi_\nu^2$ かつ Z と V は独立

$$\Rightarrow t = \frac{Z}{\sqrt{V/\nu}} \sim t_\nu$$

：自由度 ν の t 分布

7） $V \sim \chi_\nu^2,\ W \sim \chi_\eta^2$ かつ V と W は独立

$$\Rightarrow \frac{V/\nu}{W/\eta} \sim F_{\nu,\eta}$$

：自由度 ν, η の F 分布

3．非心分布

正規分布に関連した多くの検定で、検定統計量の分布は帰無仮説の下で 2. の中心分布に従い、対立仮説の下で以下の非心分布に従う。中心分布は検定統計量の棄却点（限界値）や p 値を求めるのに使われ、非心分布は、考えている検定の検出力や必要症例数を求めるのに使われる。非心度＝0 なら中心分布に帰着。

1）$X \sim N(\delta,1), V \sim \chi^2_\nu$ かつ X と V は独立

$$\Rightarrow \frac{X}{\sqrt{V/\nu}} \sim t_{\nu,\delta}$$ ：自由度 ν、非心度 δ の非心 t 分布

2）$X \sim N(\delta,1) \Rightarrow X^2 \sim \chi^{2'}_{\nu,\delta^2}$ 自由度 ν、非心度 δ^2 の非心 χ^2 分布

3）$X_1,\cdots,X_n$：$E(X_i)=\delta_i, V(X_i)=1$ の独立な正規確率変数

$$\Rightarrow \sum_{i=1}^{n} X_i^2 \sim \chi^{2'}_{n,\lambda}$$ ：自由度 n、非心度 $\lambda = \sum_{i=1}^{n}\delta_i^2$ の非心 χ^2 分布

4）$V \sim \chi^{2'}_{\nu,\lambda}, W \sim \chi^2_\eta$ かつ V と W は独立

$$\Rightarrow \frac{V/\nu}{W/\eta} \sim F'_{\nu,\eta,\lambda}$$ ：自由度 ν,η、非心度 λ の非心 F 分布

参考用語

第 3 章

・確率変数（random variable）：とり得る値がランダムであり、その値が確率という属性を持った変数。確率変数がどの値をとるかは、あらかじめ知ることはできない。実験や観察によって値が得られる。

第 4 章

・無作為抽出（random sampling）：母集団よりランダム（無作為）に標本を抽出すること。
・標本（sample）：全数検査ができないとき、母集団の一部についてのみ観測が行われ、このときのデータの集まりを標本とよぶ。
・標本抽出（sampling）：母集団の一部のデータを標本として抽出すること。
・標本数（number of samples）：標本の個数。注意）データ数ではない。
・標本の大きさ、標本サイズ（sample size）：標本内のデータ数
・*SD*（standard deviation）標準偏差：データのバラツキ
・*SE*（standard error）標準誤差：標本平均のバラツキ

第 6 章

◆仮説検定で使われる用語・記号

・帰無仮説（null hypothesis）：H_0
・対立仮説（alternative hypothesis）：H_A 、H_1
・検定統計量（test statistic）：Z_0 、t_0 など
・有意水準（significance level） ＝ 危険率 ＝ 第 1 種の過誤率：α
・棄却限界値（critical value）：検定統計量の値が、この値を超えたとき“有意”、すなわち“帰無仮説を棄却する”とする限界の値　（例）1.960 など
・棄却（reject）：帰無仮説を捨てること
・棄却域（rejection region）：帰無仮説を棄却する領域　（例）$|Z_0| \geqq 1.960$
・採択（accept）（採択域）　（例）$|Z_0| < 1.960$

・両側検定（two tailed test）：比較に差の大きい方（正の方向）も小さい方（負の方向）もどちらも検出したい検定　（例）両側対立仮説 $H_1 : \mu \neq \mu_0$ を設けた検定
・片側検定（one tailed test）：比較に差の大きいか小さいかどちらかの方向性のある検定　（例）片側対立仮説 $H_1 : \mu > \mu_0$ を設けた検定
・p 値（p value）：帰無仮説のもとで、観測値以上のより極端な値が生じる確率
・検出力（power of the test）：$1-\beta$、検定の切れ味
・第 2 種の過誤率（type II error rate）：β
・用語の使い方
　正しい表現：有意性検定
　正しくない表現：有意差検定

第 8 章

・要因、因子（factor）：主効果、交互作用効果、誤差などを含めた特性値変動の原因となる要因の総称。たとえば薬剤群。一般には、処置の種類を変えて特性値の違いを調べるための要因。
・水準（level）：因子内部の分類　（群、区分、カテゴリー）。
・平均平方（mean sqare）：平方和を自由度で割ったもの（＝分散）。
・主効果（main effect）：因子 A による特性値への影響度。一元配置では 1 つの因子しか取り上げていないが、同時に他の因子を取り上げる場合（多元配置）、他の因子に影響されないその因子だけによる効果をいう。
・交互作用効果（interaction）：A と B の 2 つの因子を同時に取り上げたとき、 A と B の水準の特別の組み合わせで生じる特性値への効果。

参考文献

第 1 章

1. 床屋医者パレ、福武文庫、(1991)
2. 1000 万人のコンピューター科学　文学編　文章を科学する、岩波書店、(1995)
3. 統計学者としてのナイチンゲール、医学書院、(1991)
4. ナイチンゲールは統計学者だった、日科技連、(2008)
5. ナイチンゲールの統計グラフ、小林印刷、(1991)
6. Medical Research Council. Streptomycin treatment of pulmonary tuberculosis, BMJ (1948); 2, 769–782.
7. BMJ leading article, Streptomycin in Pulmonary Tuberculosis and The Controlled Therapeutic Trial, BMJ, 30, (1948), 790-792.
8. C.R.Rao., (2010)、統計学とは何か、ちくま学芸文庫
9. 森口 (1997)、おはなし統計入門、日本規格協会
10. Cohen, B.L. and Lee, I.S., (1979), A Catalog of Risks., Health Physics, **36**, 707.
11. Cohen, B.L., (1991), Catalog of Risks Extended and Updated.,Health Physics, **61**, 317.

第 7 章

1. Gans: Commun. Statist(B), (1981)
2. Miller, Beyond Anova, (1986)

第 9 章

1. Hajek J., (1969), Nonparametric Statistics, Holden-Day Inc.
2. Siegel S., (1956), Nonparametric Statistics for the Behavioral Science., McGRAW-HILL.
3. レーマン(2007)、ノンパラメトリックス-順位にもとづく統計的方法、森北出版

第 10 章

1. 竹内啓 (1975)、確率分布と統計解析 7 章：2 項分布、日本規格協会

第 11 章

1. フライス (1975)、佐久間訳、計数データの統計、東京大学出版会

第 13 章

1. Anscombe,F.J., (1973), American Statistician.

第 14 章

1. Breslow, N. E., Day, N. E., (1980), *Statistical Methods in Cancer Research*: vol. 1,

WHO, IARC No.32, p.142.

2. Mantel N., Haenszel W., (1959), Statistical aspects of the analysis of data from retrospective studies of disease., J. National Cancer Ins., **22**,719-748.
3. Woolf, B., (1955), On estimating the relation between blood groups and disease, Annals of Human Genetics, **19**, 251-253.
4. Robins, J. M., Breslow, N. E.. Greenland, S., (1986), Estimators of the Mantel-Haenszel log-odds-ratio estimate, Biometrics, **42**, 311-323.
5. Lachin , J. M., (2011), *Biostatistical Methods. The Assessment of relative risks*、2nd. Ed., Wiley.
6. Gail, M., Simon, R., (1985), Testing for qualitative interaction between treatment effects and patient subsets. Biometrics, **41**, 361-372.

第 15 章

1. ドレイパー、スミス (1970)、中村訳、応用回帰分析、森北出版
2. チャタジー、プライス (2000)、佐和訳、回帰分析の実際、新曜社
3. Campbell., (2001)、一歩進んだ医療統計学
4. Cronbach, L.J., (1987), Psychological Bulletin, **102**, 414.
5. Dobson., (2008)、田中、森川、山中、冨田訳、一般化線形モデル入門 (原著第 2 版)、共立出版
6. 奥野、久米、芳賀、吉澤 (1971)、多変量解析法、日科技連出版社
7. Armitage,P.,Berry,G.,Matthews,J., (2002), Statistical Methods in Medical Research, Blackwell Science.
8. Aiken, West., (1991), Multiple regression:Testing and interpreting interactions., Sage Publications.
9. 田中豊ほか (1984)、パソコン統計解析ハンドブック II 多変量解析編、共立出版
10. 芳賀敏郎ほか (1996)、SAS による回帰分析、東京大学出版会

第 16 章

1. Dobson., (2008)、田中、森川、山中、冨田訳、一般化線形モデル入門 (原著第 2 版)、共立出版
2. Hosmer & Lemeshow, Sturdivant., (2013), Applied Logistic Regression, 3rded. Wiley.
3. Rao., (1986)、統計的推測とその応用、奥野忠一ほか訳、東京図書
4. Schlesselman., (1982)、患者対照研究、ソフトサイエンス
5. 丹後、高木、山岡 (2013)、新版ロジスティック回帰分析—SAS を利用した統計解析の実際 (統計ライブラリー)、朝倉書店

6. Truett, Cornfield, Kannel., (1967), J.Chronic diseases, **20**, 511-524.
7. Halperin, Blackwelder, Verter., (1971), J. Chronic Diseases, **24**, 125-158.
8. Cox,D.R., (1970)、後藤ほか訳、二値データの解析、朝倉書店

第 17 章

1. Collett,D., (2003)、医療統計のための生存時間データ解析、共立出版

第 18 章

1. Collett, D., (2003), Modelling Survival Data in Medical Research, 2nd Ed. Chapman & Hall/CRC. 宮岡悦良監訳(2013)、医薬統計のための生存時間データ解析、共立出版
2. Cox, D. R., (1972), Regression models and life tables. J. R. Stat. Soc. [B], **34** , 187-220.
3. Cox, D.R. and Oakes,D., (1984), Analysis of Survival Data, Chapman & Hall/CRC.
4. Kalbfleisch, J.D. and Prentice, R.L., (1973), Marginal likelihoods based on Cox's regression and life model. Biometrika, **60**, 267-278.
5. Kalbfleisch, J.D. and Prentice, R.L., (1980), The Statistical Analysis of Failure Time Data, John Wiley and Sons.
6. Lachin, J. M., (2000), Biostatistical Methods: The Assessment of Relative Risks. John Wiley & Sons.
7. 大橋靖雄、浜田知久馬 (1995)、生存時間解析、東京大学出版会
8. ホスマー、レメショウ、メイ (2014)、生存時間解析（原著第 2 版）、東京大学出版会

第 19 章

1. The ARIC investigators., (1989), The Atherosclerosis Risk in Communities (ARIC) Study: design and objectives., Am J Epidemiol, **129**, 687-702.
2. Bailar J.C., Mosteller, F., (1986), Medical uses of statistics,NEJM Books, Boston.
3. Gore, Jones, Thompson., (1992), The Lancet's statistical review process: areas for improvement by authors. Lancet. **340**, 100.
4. Pocock, S.J., (1983), Clinical Trial s –A practical approach, John Wiley & Sons.
5. Rothman KJ,Greenland S,Lash TL., (2008), Modern Epidemiology, Third edition. Philadelphia PA：Lippincott Williams & Wilkins.

フラミンガム研究報告(6-8)

6. DAWBER TR, MOORE FE, MANN GV., (1957), Coronary heart disease in the Framingham study. Am J Public Health. **47**: 4-24.

7. DAWBER TR, KANNEL WB, REVOTSKIE N, STOKES J, KAGAN A, GORDON T., (1959), Some factors associated with the development of coronary heart disease: six years' follow-up experience in the Framingham study. Am J Public Health. **49**: 1349-56.
8. Kannel WB, Eaker ED., (1986), Psychosocial and other features of coronary heart disease:insights from the Framingham Study. Am Heart J. **112**: 1066-73.
9. 折笠 (1996)、臨床研究デザイン、真興交易
10. 竹内久朗ほか (2013)、コホート研究とケース・コントロール研究(研究デザインの最近の動向) 薬剤疫学 Jpn J. Pharmacoepidemiol, **18**(2)：77
11. 増山元三郎 (1971)、サリドマイド、東京大学出版会
12. Alpha-Tocopherol, Beta Carotene Cancer Prevention Study Group. The effect of vitamin E and beta carotene on the incidence of lung cancer and other cancers in male smokers. N Engl J Med. **330**(15);1029-1035 (1994).
13. Goodman GE et al., (2004), The Beta-Carotene and Retinol Efficacy Trial: incidence of lung cancer and cardiovascular disease mortality during 6-year follow-up after stopping beta-carotene and retinol supplements. J Natl Cancer Inst. **96**(23);1743-1750.
14. Walker, GA., (2002), Common Statistical Methods for Clinical Research: With SAS Examples. SAS.
15. 手良向聡・大門貴志訳 (2014)、臨床試験デザイン：ベイズ流・頻度流の適応的方法，メディカル・パブリケーションズ. (Yin G., (2012), Clinical Trial Design: Bayesian and Frequentist Adaptive Methods. John Wiley & Sons)
16. 福田治彦・新美三由紀・石塚直樹訳 (2004)、米国 SWOG に学ぶがん臨床試験の実践—臨床医と統計家の協調をめざして. 医学書院.（Green S, Crowley J, Benedetti J., (2002), Clinical Trials in Oncology, 2nd ed. Chapman & Hall/CRC)

付　表

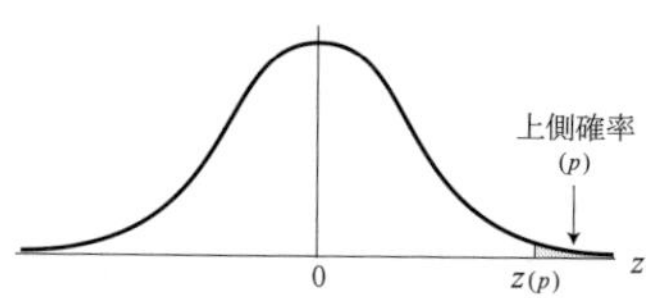

付表 1　標準正規分布表

無限大からの $z(p)$ までの上側の確率

$z(p)$		小数第 2 位									
		0.00	0.01	0.02	0.03	0.04	0.05	0.06	0.07	0.08	0.09
1の位と小数第1位	0.0	0.5000	0.4960	0.4920	0.4880	0.4840	0.4801	0.4761	0.4721	0.4681	0.4641
	0.1	0.4602	0.4562	0.4522	0.4483	0.4443	0.4404	0.4364	0.4325	0.4286	0.4247
	0.2	0.4207	0.4168	0.4129	0.4090	0.4052	0.4013	0.3974	0.3936	0.3897	0.3859
	0.3	0.3821	0.3783	0.3745	0.3707	0.3669	0.3632	0.3594	0.3537	0.3520	0.3483
	0.4	0.3446	0.3409	0.3372	0.3336	0.3300	0.3264	0.3228	0.3192	0.3156	0.3121
	0.5	0.3085	0.3050	0.3015	0.2981	0.2946	0.2912	0.2877	0.2843	0.2810	0.2776
	0.6	0.2743	0.2709	0.2676	0.2643	0.2611	0.2578	0.2546	0.2514	0.2483	0.2451
	0.7	0.2420	0.2389	0.2358	0.2327	0.2296	0.2266	0.2236	0.2206	0.2177	0.2148
	0.8	0.2119	0.2090	0.2061	0.2033	0.2005	0.1977	0.1949	0.1922	0.1894	0.1867
	0.9	0.1841	0.1814	0.1788	0.1762	0.1736	0.1711	0.1685	0.1660	0.1635	0.1611
	1.0	0.1587	0.1562	0.1539	0.1515	0.1492	0.1469	0.1446	0.1423	0.1401	0.1379
	1.1	0.1357	0.1335	0.1314	0.1292	0.1271	0.1251	0.1230	0.1210	0.1190	0.1170
	1.2	0.1151	0.1131	0.1112	0.1093	0.1075	0.1056	0.1038	0.1020	0.1003	0.0985
	1.3	0.0968	0.0951	0.0934	0.0918	0.0901	0.0885	0.0869	0.0853	0.0838	0.0823
	1.4	0.0808	0.0793	0.0778	0.0764	0.0749	0.0735	0.0721	0.0708	0.0694	0.0681
	1.5	0.0668	0.0655	0.0643	0.0630	0.0618	0.0606	0.0594	0.0582	0.0571	0.0559
	1.6	0.0548	0.0537	0.0526	0.0516	0.0505	0.0495	0.0485	0.0475	0.0465	0.0455
	1.7	0.0446	0.0436	0.0427	0.0418	0.0409	0.0401	0.0392	0.0384	0.0375	0.0367
	1.8	0.0359	0.0351	0.0344	0.0336	0.0329	0.0322	0.0314	0.0307	0.0301	0.0294
	1.9	0.0287	0.0281	0.0274	0.0268	0.0262	0.0256	0.0250	0.0244	0.0239	0.0233
	2.0	0.0228	0.0222	0.0217	0.0212	0.0207	0.0202	0.0197	0.0192	0.0188	0.0183
	2.1	0.0179	0.0174	0.0170	0.0166	0.0162	0.0158	0.0154	0.0150	0.0146	0.0143
	2.2	0.0139	0.0136	0.0132	0.0129	0.0125	0.0122	0.0119	0.0116	0.0113	0.0110
	2.3	0.0107	0.0104	0.0102	0.0099	0.0096	0.0094	0.0091	0.0089	0.0087	0.0084
	2.4	0.0082	0.0080	0.0078	0.0075	0.0073	0.0071	0.0069	0.0068	0.0066	0.0064
	2.5	0.0062	0.0060	0.0059	0.0057	0.0055	0.0054	0.0052	0.0051	0.0049	0.0048
	2.6	0.0047	0.0045	0.0044	0.0043	0.0041	0.0040	0.0039	0.0038	0.0037	0.0036
	2.7	0.0035	0.0034	0.0033	0.0032	0.0031	0.0030	0.0029	0.0028	0.0027	0.0026
	2.8	0.0026	0.0025	0.0024	0.0023	0.0023	0.0022	0.0021	0.0021	0.0020	0.0019
	2.9	0.0019	0.0018	0.0018	0.0017	0.0016	0.0016	0.0015	0.0015	0.0014	0.0014
	3.0	0.0013	0.0013	0.0013	0.0012	0.0012	0.0011	0.0011	0.0011	0.0010	0.0010

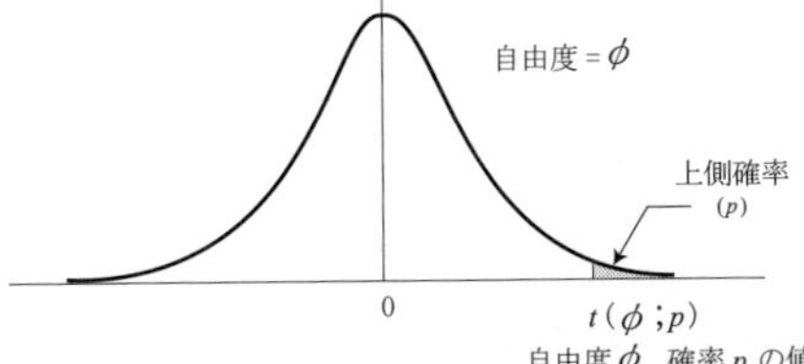

自由度ϕ　確率pの値

付表２　t 分布表

ϕ \ p	0.300	0.250	0.100	0.050	0.025	0.010	0.005
1	0.727	1.000	3.078	6.314	12.706	31.821	63.656
2	0.617	0.816	1.886	2.920	4.303	6.965	9.925
3	0.584	0.765	1.638	2.353	3.182	4.541	5.841
4	0.569	0.741	1.533	2.132	2.776	3.747	4.604
5	0.559	0.727	1.476	2.015	2.571	3.365	4.032
6	0.553	0.718	1.440	1.943	2.447	3.143	3.707
7	0.549	0.711	1.415	1.895	2.365	2.998	3.499
8	0.546	0.706	1.397	1.860	2.306	2.896	3.355
9	0.543	0.703	1.383	1.833	2.262	2.821	3.250
10	0.542	0.700	1.372	1.812	2.228	2.764	3.169
11	0.540	0.697	1.363	1.796	2.201	2.718	3.106
12	0.539	0.695	1.356	1.782	2.179	2.681	3.055
13	0.538	0.694	1.350	1.771	2.160	2.650	3.012
14	0.537	0.692	1.345	1.761	2.145	2.624	2.977
15	0.536	0.691	1.341	1.753	2.131	2.602	2.947
16	0.535	0.690	1.337	1.746	2.120	2.583	2.921
17	0.534	0.689	1.333	1.740	2.110	2.567	2.898
18	0.534	0.688	1.330	1.734	2.101	2.552	2.878
19	0.533	0.688	1.328	1.729	2.093	2.539	2.861
20	0.533	0.687	1.325	1.725	2.086	2.528	2.845
21	0.532	0.686	1.323	1.721	2.080	2.518	2.831
22	0.532	0.686	1.321	1.717	2.074	2.508	2.819
23	0.532	0.685	1.319	1.714	2.069	2.500	2.807
24	0.531	0.685	1.318	1.711	2.064	2.492	2.797
25	0.531	0.684	1.316	1.708	2.060	2.485	2.787
26	0.531	0.684	1.315	1.706	2.056	2.479	2.779
27	0.531	0.684	1.314	1.703	2.052	2.473	2.771
28	0.530	0.683	1.313	1.701	2.048	2.467	2.763
29	0.530	0.683	1.311	1.699	2.045	2.462	2.756
30	0.530	0.683	1.310	1.697	2.042	2.457	2.750
40	0.529	0.681	1.303	1.684	2.021	2.423	2.704
60	0.527	0.679	1.296	1.671	2.000	2.390	2.660
120	0.526	0.677	1.289	1.658	1.980	2.358	2.617
∞	0.524	0.674	1.282	1.645	1.960	2.326	2.576

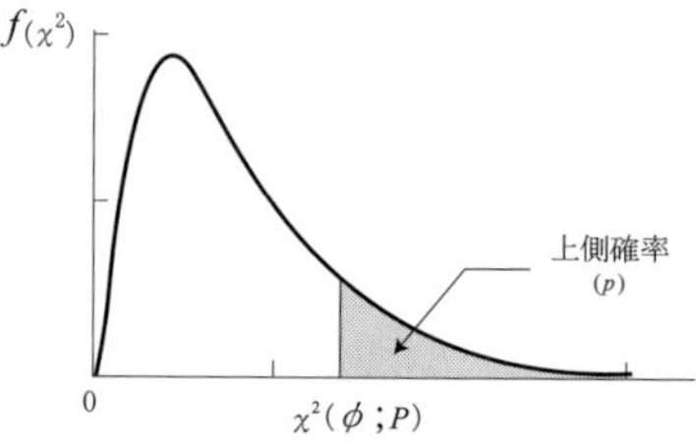

付表3　χ^2分布表

ϕ \ P	0.995	0.990	0.975	0.950	0.900	0.750	0.500	0.250	0.100	0.050	0.025	0.010	0.005
1	0.000	0.000	0.001	0.004	0.016	0.102	0.455	1.323	2.706	3.841	5.024	6.635	7.879
2	0.010	0.020	0.051	0.103	0.211	0.575	1.386	2.773	4.605	5.991	7.378	9.210	10.597
3	0.072	0.115	0.216	0.352	0.584	1.213	2.366	4.108	6.251	7.815	9.348	11.345	12.838
4	0.207	0.297	0.484	0.711	1.064	1.923	3.357	5.385	7.779	9.488	11.143	13.277	14.860
5	0.412	0.554	0.831	1.145	1.610	2.675	4.351	6.626	9.236	11.070	12.833	15.086	16.750
6	0.676	0.872	1.237	1.635	2.204	3.455	5.348	7.841	10.645	12.592	14.449	16.812	18.548
7	0.989	1.239	1.690	2.167	2.833	4.255	6.346	9.037	12.017	14.067	16.013	18.475	20.278
8	1.344	1.646	2.180	2.733	3.490	5.071	7.344	10.219	13.362	15.507	17.535	20.090	21.955
9	1.735	2.088	2.700	3.325	4.168	5.899	8.343	11.389	14.684	16.919	19.023	21.666	23.589
10	2.156	2.558	3.247	3.940	4.865	6.737	9.342	12.549	15.987	18.307	20.483	23.209	25.188
11	2.603	3.053	3.816	4.575	5.578	7.584	10.341	13.701	17.275	19.675	21.920	24.725	26.757
12	3.074	3.571	4.404	5.226	6.304	8.438	11.340	14.845	18.549	21.026	23.337	26.217	28.300
13	3.565	4.107	5.009	5.892	7.042	9.299	12.340	15.984	19.812	22.362	24.736	27.688	29.819
14	4.075	4.660	5.629	6.571	7.790	10.165	13.339	17.117	21.064	23.685	26.119	29.141	31.319
15	4.601	5.229	6.262	7.261	8.547	11.037	14.339	18.245	22.307	24.996	27.488	30.578	32.801
16	5.142	5.812	6.908	7.962	9.312	11.912	15.338	19.369	23.542	26.296	28.845	32.000	34.267
17	5.697	6.408	7.564	8.672	10.085	12.792	16.338	20.489	24.769	27.587	30.191	33.409	35.718
18	6.265	7.015	8.231	9.390	10.865	13.675	17.338	21.605	25.989	28.869	31.526	34.805	37.156
19	6.844	7.633	8.907	10.117	11.651	14.562	18.338	22.718	27.204	30.144	32.852	36.191	38.582
20	7.434	8.260	9.591	10.851	12.443	15.452	19.337	23.828	28.412	31.410	34.170	37.566	39.997
21	8.034	8.897	10.283	11.591	13.240	16.344	20.337	24.935	29.615	32.671	35.479	38.932	41.401
22	8.643	9.542	10.982	12.338	14.041	17.240	21.337	26.039	30.813	33.924	36.781	40.289	42.796
23	9.260	10.196	11.689	13.091	14.848	18.137	22.337	27.141	32.007	35.172	38.076	41.638	44.181
24	9.886	10.856	12.401	13.848	15.659	19.037	23.337	28.241	33.196	36.415	42.980	42.980	45.559
25	10.520	11.524	13.120	14.611	16.473	19.939	24.337	29.339	34.382	37.652	40.646	44.314	46.928
26	11.160	12.198	13.844	15.379	17.292	20.843	25.336	30.435	35.563	38.885	41.923	45.642	48.290
27	11.808	12.879	14.573	16.151	18.114	21.749	26.336	31.528	36.741	40.113	43.195	46.963	49.645
28	12.461	13.565	15.308	16.928	18.939	22.657	27.336	32.620	37.916	41.337	44.461	48.278	50.993
29	13.121	14.256	16.047	17.708	19.768	23.567	28.336	33.711	39.087	42.557	45.722	49.588	52.336
30	13.787	14.953	16.791	18.493	20.599	24.478	29.336	34.800	40.256	43.773	46.979	50.892	53.672
40	20.707	22.164	24.433	26.509	29.051	33.660	39.335	45.616	51.805	55.758	59.342	63.691	66.766
50	27.991	29.707	32.357	34.764	37.689	42.942	49.335	56.334	63.167	67.505	71.420	76.154	79.490
60	35.534	37.485	40.482	43.188	46.459	52.294	59.335	66.981	74.397	79.082	83.298	88.379	91.952
70	43.275	45.442	48.758	51.739	55.329	61.698	69.334	77.577	85.527	90.531	95.023	100.425	104.215
80	51.172	53.540	57.153	60.391	64.278	71.145	79.334	88.130	96.578	101.879	106.629	112.329	116.321
90	59.196	61.754	65.647	69.126	73.291	80.625	89.334	98.650	107.565	113.145	118.136	124.116	128.299
100	67.328	70.065	74.222	77.929	82.358	90.133	99.334	109.141	118.498	124.342	129.561	135.807	140.169

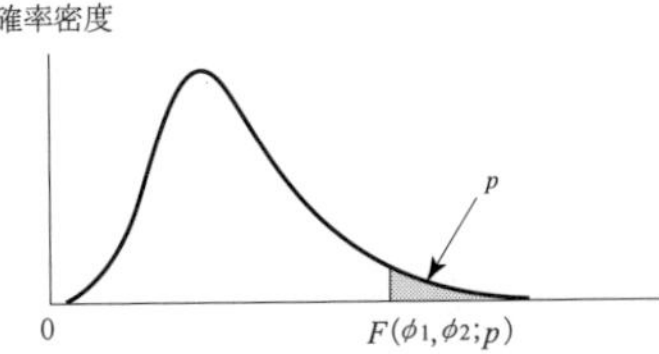

付表4　F分布表　($p=0.05$)

ϕ_2 \ ϕ_1	1	2	3	4	5	6	7	8	9	10	20	40
2	18.513	19.000	19.164	19.247	19.296	19.330	19.353	19.371	19.385	19.396	19.446	19.471
3	10.128	9.552	9.277	9.117	9.013	8.941	8.887	8.845	8.812	8.786	8.660	8.594
4	7.709	6.944	6.591	6.388	6.256	6.163	6.094	6.041	5.999	5.964	5.803	5.717
5	6.608	5.786	5.409	5.192	5.050	4.950	4.876	4.818	4.772	4.735	4.558	4.464
6	5.987	5.143	4.757	4.534	4.387	4.284	4.207	4.147	4.099	4.060	3.874	3.774
7	5.591	4.737	4.347	4.120	3.972	3.866	3.787	3.726	3.677	3.637	3.445	3.340
8	5.318	4.459	4.066	3.838	3.687	3.581	3.500	3.438	3.388	3.347	3.150	3.043
9	5.117	4.256	3.863	3.633	3.482	3.374	3.293	3.230	3.179	3.137	2.936	2.826
10	4.965	4.103	3.708	3.478	3.326	3.217	3.135	3.072	3.020	2.978	2.774	2.661
11	4.844	3.982	3.587	3.357	3.204	3.095	3.012	2.948	2.896	2.854	2.646	2.531
12	4.747	3.885	3.490	3.259	3.106	2.996	2.913	2.849	2.796	2.753	2.544	2.426
13	4.667	3.806	3.411	3.179	3.025	2.915	2.832	2.767	2.714	2.671	2.459	2.339
14	4.600	3.739	3.344	3.112	2.958	2.848	2.764	2.699	2.646	2.602	2.388	2.266
15	4.543	3.682	3.287	3.056	2.901	2.790	2.707	2.641	2.588	2.544	2.328	2.204
16	4.494	3.634	3.239	3.007	2.852	2.741	2.657	2.591	2.538	2.494	2.276	2.151
17	4.451	3.592	3.197	2.965	2.810	2.699	2.614	2.548	2.494	2.450	2.230	2.104
18	4.414	3.555	3.160	2.928	2.773	2.661	2.577	2.510	2.456	2.412	2.191	2.063
19	4.381	3.522	3.127	2.895	2.740	2.628	2.544	2.477	2.423	2.378	2.155	2.026
20	4.351	3.493	3.098	2.866	2.711	2.599	2.514	2.447	2.393	2.348	2.124	1.994
21	4.325	3.467	3.072	2.840	2.685	2.573	2.488	2.420	2.366	2.321	2.096	1.965
22	4.301	3.443	3.049	2.817	2.661	2.549	2.464	2.397	2.342	2.297	2.071	1.938
24	4.260	3.403	3.009	2.776	2.621	2.508	2.423	2.355	2.300	2.255	2.027	1.892
26	4.225	3.369	2.975	2.743	2.587	2.474	2.388	2.321	2.265	2.220	1.990	1.853
28	4.196	3.340	2.947	2.714	2.558	2.445	2.359	2.291	2.236	2.190	1.959	1.820
30	4.171	3.316	2.922	2.690	2.534	2.421	2.334	2.266	2.211	2.165	1.932	1.792
35	4.121	3.267	2.874	2.641	2.485	2.372	2.285	2.217	2.161	2.114	1.878	1.735
40	4.085	3.232	2.839	2.606	2.449	2.336	2.249	2.180	2.124	2.077	1.839	1.693
50	4.034	3.183	2.790	2.557	2.400	2.286	2.199	2.130	2.073	2.026	1.784	1.634
60	4.001	3.150	2.758	2.525	2.368	2.254	2.167	2.097	2.040	1.993	1.748	1.594
120	3.920	3.072	2.680	2.447	2.290	2.175	2.087	2.016	1.959	1.910	1.659	1.495
∞	3.842	2.996	2.605	2.372	2.214	2.099	2.010	1.938	1.880	1.831	1.571	1.394

索 引

P

S

T

V

W

Z

あ

か

さ

た

な

は

ま

あとがき

はからずも寺尾教授のご依頼により、本テキストの執筆を手伝わせて頂くことになった。本テキストにおける寺尾先生の狙いは、前書きにも書かれているように、初心者にもわかりやすく、かつ“ごまかさないで”統計の初歩概念について正しい知識を与えることである。一見わかりやすそうに見える多くの初等テキスト（とよばれているもの）が、結局のところは説明し辛いところは避け、説明しやすいところだけを説明していることによって、最初の見掛けの良さに飛びついた学生が、やがては「やっぱりわからないや」と去っていく、あるいは投げ出すことになっている。このことを避けることを必達目標としたいという寺尾教授の思いと、この問題に真っ向から取り組もうとされている姿勢に共鳴し、及ばずながら協力させていただくことにした。そのためにはどう説明すればよいか、2 人でかなりシビアな討論を重ねたうえでできあがったのが、この教科書である。

どの学問領域においても最も基本的なところは説明が難しい。本書においても、確率の概念、分布の概念、仮説検定、信頼区間のどれをとっても、初歩レベルの知識しかない学生諸君に納得のいくように“正しい”知識を与えることは至難の技である。しかし我々はこの問題を最低限クリアしたつもりである。気軽に読め、なおかつ手順だけの書かれている単なるハウ・ツー本でなく、基本的な考え方がきちっと書かれており、確かにわかる入門書だと学生たちから評価してもらえば我々の目的は達成されたことになる。共著者としてこのことを強く望むものである。なお本書には私の名前も書かれてはいるがほとんどは寺尾教授の書かれたものであり、先生の努力の結晶であることを付言しておく。これは授業を受けている学生諸君にはいわずもがなのことかもしれない。

2018 年 8 月

森川敏彦

著者紹介

寺尾　哲（てらお　あきら）

1971 年　甲南大学理学部修士(物理学専攻)卒

同　年　武田薬品勤務

元城西大学薬学部教授

森川　敏彦（もりかわ　としひこ）

1970 年　東京大学工学部計数工学科卒

数理学博士（九州大学）

元武田薬品統計解析部長

元久留米大学教授

日本計量生物学会名誉会員、元 ISI 選出会員

2018 年 8 月 27 日	改訂増補版　第 1 刷発行
2023 年 3 月 13 日	改訂増補版　第 2 刷発行
2023 年 9 月 30 日	第 2 版　　第 1 刷発行

[第 2 版]
生物統計学 標準教科書

著　者　寺尾　哲／森川敏彦　©2023
発行者　橋本豪夫
発行所　ムイスリ出版株式会社

〒169-0075
東京都新宿区高田馬場 4-2-9
Tel.(03)3362-9241(代表)　Fax.(03)3362-9145　振替 00110-2-102907

イラスト：藤井笙子　　ISBN978-4-89641-323-6　C3041